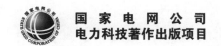

国家电网公司
电力科技著作出版项目

考虑不确定性因素的电网规划

曾平良　周勤勇　张彦涛　杨京齐　代倩 ◎ 编著

中国电力出版社
CHINA ELECTRIC POWER PRESS

内 容 提 要

本书从科学研究与工程实践两个方面，系统地介绍了新能源大规模接入电网后带来的不确定性因素下的电网规划关键技术。主要内容包括电网形态的发展与电网规划、电网规划不确定性因素的分析方法及指标体系、考虑不确定性因素的电力电量平衡方法、适应不确定性因素的电网规划方法、考虑不确定性因素的电网规划软件系统，并对未来的电网规划进行了展望。

本书可供电力系统规划、调度等专业科技人员和管理人员学习使用，也可供大专院校相关专业师生阅读参考。

图书在版编目（CIP）数据

考虑不确定性因素的电网规划 / 曾平良 周勤勇 等 编著 . —北京：中国电力出版社 , 2023.1
ISBN 978-7-5198-5572-7

Ⅰ . ①考 ... Ⅱ . ①曾 ... Ⅲ . ①电力系统规划 Ⅳ . ① TM715

中国版本图书馆 CIP 数据核字（2021）第 078769 号

出版发行：中国电力出版社
地　　址：北京市东城区北京站西街 19 号（邮政编码 100005）
网　　址：http://www.cepp.sgcc.com.cn
责任编辑：陈　丽
责任校对：黄　蓓　王海南
装帧设计：郝晓燕　赵丽媛
责任印制：石　雷

印　　刷：河北鑫彩博图印刷有限公司
版　　次：2023 年 1 月第一版
印　　次：2023 年 1 月北京第一次印刷
开　　本：787 毫米 ×1092 毫米　16 开本
印　　张：15
字　　数：346 千字
定　　价：120.00 元

前　言

　　发展可再生能源是我国解决环境污染、能源安全及实现国民经济可持续发展和经济转型的重大措施之一。截至 2021 年 12 月底，全国风电累计装机容量为 3.28 亿 kW，其中陆上风电累计装机容量为 3.02 亿 kW，海上风电累计装机容量为 2639 万 kW。全国光伏电站累计装机容量为 3.06 亿 kW，其中集中式累计装机容量为 1.98 亿 kW，分布式累计装机容量为 1.08 亿 kW。预计 2030 年，风光装机容量需要达到 16.9 亿 kW，非化石能源消费占比 27%，非化石发电量占比 47%，风光合计发电量占比 20%。

　　与传统电源相比，可再生能源输出功率具有间歇性和波动性。大规模间歇式电源并网给电力系统分析、规划、运行、安全稳定等方面带来了重大影响，在西北、东北、内蒙古等可再生能源发展较快的地区带来了弃风、弃光问题。目前亟须从规划上解决规模化风电、太阳能发电等间歇式电源并网后的电网、电源安全协调运行问题，大幅度提高电网接纳间歇式电源的能力。

　　本书是在国家电网有限公司科技项目"考虑不确定性因素的电网规划关键技术研究与开发"的研究基础上撰写的。主要解决不确定性电源随机波动带来的分析难和规划难的问题，从规划分析的角度解决规模化开发风能和太阳能等可再生能源的随机性、间歇性给电网带来的安全问题，大幅度提升电网接纳清洁能源的能力。本书系统地总结了与资源强相关的间歇式电源综合有功功率建模、不确定性负荷建模、间歇式电源并网可靠性评估、随机生产模拟、适应不确定因素的电网规划方法等方面的研究成果。本书阐述了广域区间考虑相关性的间歇式电源综合有功功率建模方法，间歇式电源参与系统电力电量平衡的原则与方法，间歇式电源参与随机生产模拟方法，适应不确定性因素的动态与静态电网规划方法等研究内容，并介绍了基于上述研究内容的考虑不确定性因素的电网规划平台。

　　在电网规划不确定性因素的分析方法及指标体系方面，本书构建了间歇式电源数学模型，建立了间歇式能源有功功率相关性的置信容量评估方法；提出了基于 Copula-ARMA 多个间歇式能源联合输出功率模型；建立了量化分布式电源接入后对电网产生影响的评估指标体系；介绍了负荷响应的分类及其响应机理特性；提出和定义了电力系统灵活性的概念；建立了电力系统灵活性综合评价体系。

在考虑不确定性因素的电力电量平衡方面，本书提出了间歇式能源参与电力电量平衡的原则和方法；分析了提高系统消纳间歇式能源电力电量能力的方法与措施；明确了风火打捆比例的原则，建立了引入储能装置、可调负荷后的优化模型以提高间歇式能源的消纳能力，并对相关的方案进行了效益成本评估；建立了系统消纳间歇式能源能力的评估方法；提出了含间歇式能源的随机生产模拟计算方法和计算流程，可满足超大规模系统生产模拟。

在适应不确定性因素的电网规划方法方面，本书提出了一种快速自动产生候选线路的方法，降低电网规划问题的求解难度；推出了系统阻塞计算方法；提出了基于随机对偶理论的动态规划方法，有效地解决了不确定性因素带来的规划难问题；定义了不确定因素下电网规划方案评价指标，建立了三种考虑不确定因素的输电网规划模型；在此基础上，提出了综合考虑以上三种不同方法的电网不确定性规划模型。在考虑负荷侧不确定性因素的电网规划方面，提出了一种配电网分布式电源对输电系统功率缺额的补偿模型和输电系统分层风险计算方法；提出了负荷侧多态能效电厂模型；提出了考虑负荷侧不确定性因素的变电站选址与定容方法，有效支撑上游电网规划方案的制定。

本书介绍了考虑不确定性因素的电网规划软件系统，其功能涵盖电网规划计算分析的各个环节，包括电源侧不确定性因素的评估模块、负荷侧不确定性因素的评估及负荷预测模块、灵活性资源的建模和评估；考虑不确定性因素的电力电量平衡方面，实现了电力系统的随机生产模拟和间歇式电源的消纳评估方法；考虑不确定性因素的电网静态规划、动态规划和变电站选址模块，实现了考虑间歇式电源随机性特征的电网静态和动态规划；各个功能模块均达到了预期的效果，并以甘肃—青海电网为例对本书开发的规划方法及软件系统进行了工程验证。

通过编写组的共同努力，实现了电力系统运行灵活性评估与优化分析、考虑电动汽车、弹性负荷响应情况下的新能源消纳机理及与规划的适应性分析、考虑分布式电源、储能及需求侧负荷等不确定性的新型电网规划和基于随机对偶动态理论的不确定性电网动态规划技术四大技术和创新。本书的研究成果及所开发的考虑不确定性因素的电网规划软件为大规模间歇式电源并网消纳、规划及分析提供了理论和技术支撑及应用分析平台。

曾平良教授带领中国电力科学研究院有限公司周勤勇、张彦涛、杨京齐、代倩、黄镔、韩家辉、张立波，伯明翰大学张晓明，上海交通大学程浩忠，西安交通大学王秀丽，东南大学陈丽娟，上海理工大学孙伟卿等开展书中涉及的研究工作，感谢参与研究的全体成员的辛勤工作和努力付出。

本书所依托项目的研究还得到了国家高技术研究发展计划（"863"计划，2011AA05A103）、国家自然科学基金（U1766201 和 U2166211）以及国家重点研发计划（2018YFE0208400）项目的支持，在此表示衷心感谢。

由于作者水平有限，书中难免有不当之处，欢迎广大读者给予指正。

作者

2022 年 8 月

目 录

第一章

电网形态的发展与电网规划

为了应对化石能源枯竭和气候变化问题，可再生能源发电获得了全球的重视。2002年，约翰内斯堡世界环境发展大会上，将可再生能源发展纳入联合国千年目标的重要组成部分。近年来，全球可再生能源发电发展迅速。截至2020年年底，全球风电累计装机容量达到702GW，全球光伏累计装机容量达到760.4GW。风电是全球发展比较稳定并具有竞争力的可再生能源技术，目前已经成为继火电、水电和核电之后的第四大发电电源，也是当年增量仅次于火电的最大的发电电源。太阳能光伏发电是世界上增长最快的发电技术，目前已有100多个国家建有光伏发电工程。

未来20年是我国工业化和城市化快速发展的时期，也是我国能源实现战略转型，推进科学发展的重要时期。2021年我国的人均用电量为5186kWh，比上年增加241kWh/人。为满足这样巨大的电力需求，我国将从多方位开发火电、核电、水电、风电、太阳能发电以及其他电源。

伴随着世界能源体系向清洁低碳、安全高效转型，我国能源和电力发展处于重要战略机遇期，能源供需格局持续快速发展。电网作为能源传输和转换的核心，承担着各大能源基地电力外送、可再生能源有序接入，以及多种能源资源优化配置的重要责任。近年来，我国风电、光伏等新能源得到跨越式发展，电力系统中新能源装机容量占比日益提高。截至2020年6月底，我国风电、光伏发电装机容量分别达到2.17亿kW、2.16亿kW，占比超过20%，发电量占比达到11%。我国成为世界上新能源装机容量规模最大、发展速度最快的国家。未来，我国能源发展将继续保持迅猛势头，能源消费总量与新能源装机总量仍将快速发展。据国网能源研究院测算，预计到2050年，我国能源发展会出现"两个50%"，即在能源生产（发电）环节，非化石能源占一次能源的比重超过50%，在终端消费环节，电能在终端能源消费中的比重超过50%。在电网建设方面，国家电网有限公司将着力建设以特高压电网为骨干网架，各级电网协调发展，具有信息化、自动化、互动化特征的坚强智能电网，把国家电网建设成为网架坚强、安全可靠、绿色低碳、经济高效并具有强大资源配置能力、服务保障能力和抵御风险能力的现代化大电网。要完成这样巨大的电网投资规模在世界上是史无前例的，而且国家电网有限公司所面临的规划投资环境问题也比西方发达国家在电网建设相同时期所面临的问题要复杂得多。因此迫切需要研究适应新形势的电网规划理论与方法，构建工程实用的电网规划决策支持系统，为公司实现高效、经济、安全的投资决策提供坚强的理论和实践依据。

我国把发展风电、光伏和核电作为改善电力结构的重要举措。截至 2021 年 12 月底，全国风电装机容量为 3.28 亿 kW，光伏装机容量为 3.06 亿 kW。国家发展改革委、国家能源局印发的《"十四五"现代能源体系规划》中明确提出，到 2025 年，非化石能源消费比重提高到 20％左右，非化石能源发电量比重达到 39％左右。

国家电网有限公司积极推动构建以新能源为主体的新型电力系统建设，为推动实现国家"碳达峰、碳中和"目标做出积极贡献。截至 2020 年年底，国家电网有限公司经营区清洁能源装机 710GW，占比 42％。其中风电和太阳能发电装机 450GW，占比 26％，比 2015 年提高 14 个百分点，利用率达到 97.1％；21 个省区新能源成为第一、第二大电源；风电和太阳能发电量 5872 亿 kWh，减少电煤消耗 2.5 亿 t、减排二氧化碳 4.5 亿 t。展望"十四五"，在"碳达峰、碳中和"背景下，我国将加快构建坚强智能电网，建设更加智慧、更加绿色、更加安全的以电为中心的能源互联网。

一方面，分布式电源及负荷响应也将对电网规划带来巨大的不确定性和挑战，应在未来电网规划中予以考虑。

负荷管理和负荷响应也叫需求侧响应，主要指通过直接和间接政策或经济激励机制改变电力用户用电行为的措施，如削峰填谷、节能用电等。负荷响应可以根据是针对整个电力系统平衡或发电容量充裕度不足还是针对某一特定区域的电网瓶颈进行进一步的划分。随着间歇性可再生能源（例如风能和太阳能）发电的发展，需求响应资源可以在这些能源类型发电输出高的情况下，增加电力需求，尤其是与储能和电动汽车充放电相结合时，可以有效提高可再生能源的消纳和增加可再生能源参加电力电量平衡的能力。在美国、英国等较早实现电力市场的发达国家，负荷响应起到越来越重要的作用，需求侧资源已成功参与到辅助服务市场中，其中绝大多数是提供短期运行备用服务。国际上的研究表明，需求响应的潜力巨大。例如，根据 2009 年美国联邦能源管理委员会《需求响应潜力国家评估》报告的估算，在最乐观的情况下，美国 2019 年可通过需求响应削减 1.88 亿 kW 的高峰负荷，这相当于当年没有需求响应情况下预计峰荷值的 20％。根据美国 2005 年《能源政策法案》，联邦能源管理委员会负责每两年针对智能电表的普及和需求响应发展的进度进行全美调查。调查结果显示，需求响应项目报告的预期峰荷削减量从 2006 年的 2970 万 kW 增加至 2012 年的 6600 多万 kW，如图 1-1 所示。

从 2010 年年底开始，中国政府出台了一系列关于负荷侧响应的政策与规定，已经形成了政府为主导、电网公司为实施主体、电力用户参与的格局，并取得了一定的经济效益和社会效益。在中国，国家电网有限公司和中国南方电网有限责任公司承担着全国的电网运营。目前，两大电网公司已基本形成了完善的节能服务体系：中国南方电网有限责任公司于 2010 年年底成立南网综合能源有限公司，2013 年年初，国家电网公司成立国网节能服务公司，各网省公司成立 27 家省属节能服务公司，通过建设节能服务体系积极推动电力需求侧管理工作的开展。在 2015 年公布的《关于进一步深化电力体制改革的若干意见》中，国务院不仅明确了需求响应和其他需求侧资源在确保电力供需平衡上的重要作用，而且重点提出了深化电价改革以及引入市场机制的目标。在这些领域的进一步努力有助于增强电力系统运行中的价格信号以及资源规划和调度的灵活性。此外，有序地缩减行政需求规划以及鼓励用户与电力公司签订可中断负荷合同也是政策鼓励的方向。从本质上来说，这些举措应该能够为需求响应的发展提供更加有利的环境。目前，我国在负荷侧响应的机制及利用还处于起步阶段，但是由于我国用电机构以工业用电和商业用电为主，因此其发展潜力巨大。

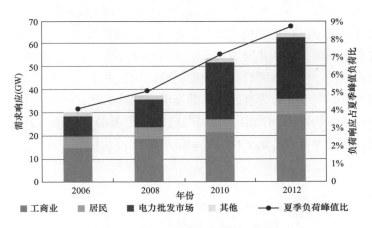

图 1-1　美国居民需求响应调查结果

另一方面，电动汽车的快速发展对电力系统的影响越来越受到国家和电力行业的重视。截至 2020 年纯电动汽车产销分别完成 110.5 万辆和 111.5 万辆，占比分别为 80.89％和 81.57％；插电式混合动力汽车产销分别完成 26 万辆和 25.1 万辆，占比分别为 19.03％和 18.36％。2020 年 11 月，国务院办公厅印发的《新能源汽车产业发展规划（2021—2035 年）》明确了未来新能源汽车的发展目标，提出到 2025 年纯电动乘用车新车平均电耗降至 12.0kWh/百公里；到 2035 年纯电动汽车成为新销售车辆的主流，公共领域用车全面电动化。在政策的推动下，未来我国新能源汽车的渗透率将会进一步提高。在各种政策的激励和引导下，入网电动汽车和可再生能源发电将得到迅猛发展。预计到 2050 年我国纯电动汽车保有量将达到或超过 5 亿辆。电动汽车充放电具有很强的随机性，其充电功率大而充电电量小。典型电动汽车慢充功率可达到 7kW，而快充时则可高达 100kW。电动汽车充电行为不能得到有效管理，即电动汽车拥有者什么时候想充电就充电。电动汽车充电同时率高，研究表明到 2050 年我国电动汽车充电功率可达到 7 亿 kW，造成峰上加峰，对配电网、输电网及发电系统产生极大的影响，增加系统投资及运行费用，降低系统运行效率。另外，电动汽车 95％的时间处于静止状态，电动汽车电池是一个有用的储能装置，可以为电力系统提供灵活性和辅助服务。研究表明通过适当激励机制对电动汽车充放电进行有效管理，大规模电动汽车的接入对电力系统的影响可以降低至最小，而且为电力系统提供辅助服务还能带来巨大的效益。

目前，在工程实践中广为应用的电网规划理论与方法是在过去 50 多年里逐步建立起来的。这种传统电网规划方法是在电源与电网规划具有较强的协调性和对电源、负荷以及系统潮流流向具有很好的预测性的基础上建立的。其具体方法是以未来某个时间段的负荷峰值和预测的相应发电场景为背景对电力系统进行确定性潮流和安全性分析。如果不能满足系统的安全性和可靠性要求，就需要对系统进行进一步的投资、加强；对面临的一些不确定性因素，如负荷预测的不确定性等，有时也对所选投资项目进行灵敏度分析。

随着大规模可再生能源、分布式电源的快速发展，以及电动汽车、微网和需求侧响应等大量新型可控单元（负荷）在电网的大量涌现，一方面可再生能源的快速发展将使可再生能源变为重要发电方式之一，在局部地区甚至是占主导地位的发电方式，改变传统发电结构；另一方面，随着电动汽车的跳跃式发展及智能电网的深入推广，负荷侧响应将发挥越来越大的作用，改变负荷特性，极大地增加负荷侧的不确定性。由于可再生能源、分布式电源、电动汽车、负荷侧响应的功率和行为具有极强的不确定性，因此它们的发展将极大地改变电网形态，将传统的从发电到输电到配电、到用户这种可预测的、单一形态变为电力流向不确定、网状的结构，这将为电力系统运行、规划带来挑战。

第二章

电网规划不确定性因素的分析方法及指标体系

第一节　间歇式电源有功功率不确定性因素分析方法及指标体系研究

一、电源侧不确定因素的研究现状

间歇式能源是指风能、太阳能、潮汐能等不能连续产生的且具有不确定性的能源。在化石能源日趋枯竭且给环境带来巨大压力的今天，世界各国都在寻求新的替代能源来改善能源结构，缓解化石能源带来的窘况。间歇式能源作为一种新的替代能源正在快速发展，各种可再生间歇式能源的装机容量均在逐年增长，尤其是风能和太阳能这两种间歇式能源。

风力发电和光伏发电最具潜力，在过去十多年里得到了快速发展。到 2020 年底，全球风电累计装机容量达到 742GW，光伏 760.4GW，如图 2-1 所示。全球风能协会（Global Wind Energy Council，GWEC）预测，到 2050 年，风电装机容量将达到 3702GW，占世界总装机容量的 30.6%；国际能源署（International Energy Agency，IEA）预测，到 2050年，光伏装机容量将增加到 4600GW。

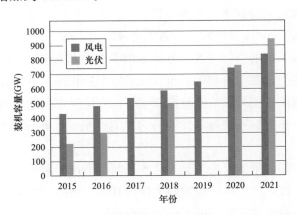

图 2-1　全球累计风电和光伏装机容量

我国风电和光伏装机容量世界第一，截至 2020 年底，分别达到 281GW 和 253GW，如图 2-2 所示。根据中国科学院报告《我国中长期能源电力供需及传输的预测和对策》，到2050 年，风电和光伏可能达到 2164GW，占总装机容量的 56%，占总发电功率的 32%。

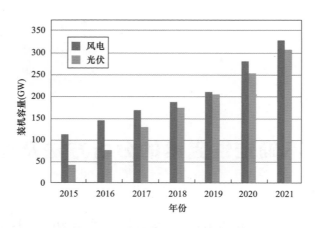

图 2-2 我国累计风电光伏装机容量

虽然间歇式能源并网在一定程度上缓解了能源危机和环境压力，但由于风力发电、光伏发电都具有随机性、波动性的特点，间歇式能源大量接入的同时也给电力系统的可靠性和电力电量平衡带来了新的挑战，如果仅看到间歇式能源的接入给电网带来的弊端而忽略这类能源的容量价值，将会导致过度投资和严重的资源浪费。

间歇式能源发电的置信容量被用以表征这类新能源在系统中的可信容量。目前，国内外在这方面的研究多集中在单个间歇式能源场站置信容量的评估，但对于我国而言，风、光资源较多地集中在"三北"（东北、西北、华北北部）地区，离负荷中心较远，只能集中大规模并入电网，因而仅研究单个间歇式能源电场容量价值的实际意义不大，而应综合考虑各间歇式能源场站间输出功率的相关性，研究广域区间内多个间歇式能源的协调运作集中并入电网的综合置信容量。

对于多个间歇式电源场站输出功率关系的研究，其本质上就是研究多个随机变量的相关性，通常采用相关系数或联合概率分布等数学工具，由于这两种方法在理论上存在缺陷，目前的研究更倾向于引入 Copula 函数来表示随机变量的相关性。

对于含间歇式电源系统的可靠性评估方法，由于求解方式不同，随机生产模拟又大致可分为解析法和模拟法两类。最为典型的解析法就是标准卷积法，并在此基础上发展了很多其他的算法；常见的模拟法主要是蒙特卡罗模拟法，该方法又可分为非时序蒙特卡罗模拟法和时序蒙特卡罗模拟法，是评估系统可靠性的有力工具。模拟法相比解析法具有更高的精度，但计算量也相对较大。

评估间歇式能源置信容量的目的就是要从容量角度考虑间歇式能源电场的规划设计，从而既保证系统供电可靠性，又可经济高效地大规模利用新能源。置信容量是指电源可以被信任的容量。目前国内外对间歇式能源的置信容量没有形成统一的衡量标准，大致可分为如下两类考虑方式。

（1）从负荷侧考虑：保证新增电源接入前后系统的可靠性水平不变，新增电源能够多承载的负荷量，即有效载荷能力。

（2）从发电侧考虑：在保证可靠性不变的前提下，新增电源能够替代的常规机组容量。

迭代法和非迭代法是置信容量评估常用的两类计算方法。目前常用的迭代法有中点分割法、简化牛顿法、弦截法等。其中，弦截法可以看作是牛顿迭代法的变形，其优点是不必求导。目前国外有许多算法对上述步骤进行简化，得到一些简化的非迭代近似算法，主要包括迦弗尔近似法、容量因子法、Z-统计法等。这些近似法只需重复计算几次系统的可靠性指标，无需大量反复的迭代，从而大大减小了计算的繁重程度。

二、间歇式能源发电技术现状和发展趋势

由于可再生能源有功功率具有间歇性、可变性的特点，在本书中称为间歇式电源。目前主要间歇式电源包括风能、太阳能、潮汐能和波浪能。

1. 风力发电

风力发电自 20 世纪 80 年代开始快速发展，涌现出许多形式的风力发电技术。目前兆瓦级的风力发电机组均采用变速恒频技术，主要有双馈异步风力发电机（doubly fed induction generator，DFIG）和直驱永磁同步发电机（direct-driven wind turbine unit with permanent magnet synchronous generator，DDPMSG）两种机型，所以本书重点讨论这两种风力发电机组。

（1）双馈异步风力发电机。DFIG 属于异步发电机，其定子绕组直接接入电网，转子为绕线式三相对称绕组，经"背靠背"变流器与电网相连，能够给 DFIG 提供交流励磁。

DFIG 机组由叶片、轮毂、低速轴、齿轮箱、高速轴、桨距角控制器、基于 PWM（脉宽调制）的"背靠背"变流器及各种控制器组成。DFIG 机组"背靠背"变流器的功率一般为发电机额定功率的 20%～30%。

（2）直驱永磁同步发电机。它由叶片、轮毂、传动轴、永磁同步发电机（PMSG）、基于 PWM 的全功率"背靠背"变流器及各种控制器组成。DDPMSG 有三个特点：

1）没有增速齿轮箱，风力机的轴直接连接 PMSG 的转子，降低了机械部分的损耗和噪声，同时也降低了维护成本。由于转速低，PMSG 转子的极对数远多于普通同步机，因此径向尺寸很大而轴向长度很短，外形类似一个圆盘。

2）PMSG 转子由永磁材料做成，不需要进行励磁控制，但对永磁材料的稳定性要求较高。

3）PMSG 的定子经全功率变流器并网，变流器容量通常要达到发电机额定功率的 120%，成本较高。

随着风电技术和海上风电的发展，风电机组的整体趋势是单机容量的大型化和多样化。目前，5～6MW 风电机组已开始在海上风电项目中应用；到 2030 年，中国进入海上风电大规模开发阶段，5～10MW 机组将是海上风电场的主流机组。在 2020 年前，主要开发应用 3MW 以下风电机组轻量化和环境适应性技术（低风速、抗冰冻等），优化 3～5MW 风电机组设计，开展 5～10MW 海上风电机组研究与设计，并开展 20MW 特大型海上风电机组关键技术研究；2020～2030 年，我国实现 5～10MW 海上风电机组的商业化应用，完成 20MW 海上风电机组的技术验证。到 2050 年，20MW 或更大规模的风电机组得到商业化

应用。

2. 太阳能发电

太阳能发电主要有太阳能光伏发电和太阳能光热发电两大方向。

（1）太阳能光伏发电。相比于风能，太阳能具有稳定性好、受季节性影响小的优点，在世界范围内得到了充足的发展，特别是在美国、日本、德国等发达国家已开始了大规模光伏发展计划和太阳能屋顶计划。而规模化和大型化的光伏发电产业已成为我国可再生能源发展战略的重要组成部分。太阳能发电有有不同于传统电源的发电特点，大规模太阳能发电及其并网运行特性的研究成为目前太阳能发电产业和电力领域共同关心的重要问题。

太阳能光伏发电是利用光伏电池将太阳能直接转变为电能。太阳能光伏发电系统主要由光伏电池板、控制器和逆变器三大部分组成。目前应用最广泛的太阳能电池包括单晶硅光伏电池、多晶硅光伏电池以及薄膜光伏电池等。

典型太阳能光伏发电系统由光伏阵列、DC/DC 变换器、基于 PWM（脉宽调制）的逆变器及其控制器组成。光伏阵列将太阳能转换为直流电能；DC/DC 变换器功能是阻抗变换，通过调节变换器开关的占空比来调节负载，从而实现光伏阵列的最大功率点跟踪；逆变器将直流电转换为与电网同步的交流电；滤波器实现滤波功能。

光伏发电成本与光伏累计装机容量的关系大致遵从史旺森定律（Swanson's Law）。具体来说，光伏累计装机容量每增加 10 倍，光伏成本下降 20%。我国光伏上网电价预计将随着光伏规模的增加而持续下降。我国光伏产业链中各环节的成本逐年下降，再加上光伏发电效率的提升带来了光伏电站投资成本与度电成本的不断下降，光伏发电成本逐步逼近燃煤发电成本。

（2）太阳能光热发电。太阳能光热发电基本原理与常规火力发电相似，如图 2-3 所示，

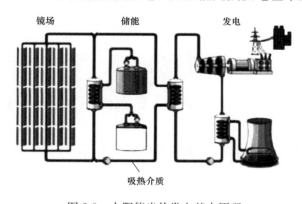

它主要利用大规模阵列镜面集聚太阳热能，通过换热装置加热产生蒸汽，然后驱动传统的汽轮发电机产生电能。世界上现有太阳能光热发电系统大致分为槽式系统、塔式系统和碟式系统三类。相比太阳能光伏发电而言，太阳能光热发电技术不需要昂贵的晶硅光电转换工艺，具有较高的发电效率。另外，利用相对成熟的热存储技术，可以存储部分热能，到了晚上，利用蓄热发电。

图 2-3 太阳能光热发电基本原理

光热发电的技术进步反映在成本上，光电转换效率是影响太阳能光热发电成本的重要因素，太阳能发电工质的参数（温度、压力）对系统效率产生重要影响。以系统年平均发电率为引领，以发电工质温度和换热介质种类为主线可把太阳能光热发电划分为 4 代，如图 2-4 所示。

我国的气候和环境特点决定了光热发电技术路线将由槽式向塔式、蝶式等高聚光比、高光热转换效率的技术倾斜。电站也将向规模化、集群化发展。

参数	第一代技术	第二代技术	第三代技术	第四代技术
年均效率	12%	20%	30%	35%
发电温度	230~430℃	375~530℃	650~950℃	800~1100℃
介质	水/油	熔融盐/离子液体	空气	固体
2006~2010年	1MW实验室/中试	0.1MW	1MW基础	0.02MW概念
2011~2015年	5MW模块 100MW示范	1MW实验室 5MW中试	5MW实验室	1MW基础
2016~2020年	100~1000MW推广	100MW示范	1MW实验室/中试	10MW实验室
2021~2025年		100MW推广	5MW示范	1MW实验室/中试
2026~2030年			100MW推广	100MW放大

图 2-4 太阳能光热发电技术发展路线图

3. 潮汐发电

潮汐发电是利用潮水涨落产生的水位差所具有势能来发电，也就是把海水涨、落潮的能量变为机械能，再把机械能转变为电能的过程。潮汐发电的工作原理与一般水力发电的原理是相近的，即在河流或海湾筑一条大坝，以形成天然水库。水轮发电机组就装在拦海大坝里。但潮汐发电站的水位落差不及水力发电站，世界上最高的潮汐是 10m 左右，远远不及水力发电站动辄几十米、上百米的水位差。因此潮汐发电的水轮机也不同于水力发电站，其结构必须要适合低水头、大流量的特点。正是由于天体的作用，故而潮汐会出现间歇性、周期性、可预见性的特点，且潮汐能电站的修建工期、占地、消耗物资等远远超过水力发电站。我国潮汐发电开始于 20 世纪 50 年代后期，我国江厦潮汐发电站的装机容量高达 3200kW，是目前世界上第三大潮汐发电站。潮汐发电的主要技术难题有：工程投资大、水轮发电机组造价高，水头低、机组耗钢量多，发电不连续，泥沙淤积问题，海水、海生物腐蚀和挂粘问题。

4. 波浪发电

波浪发电是利用波浪运动的位能差、往复力或浮力产生动力，通过发电机来产生电能。波浪发电技术按波浪发电机的种类被分为传统型和试验型。传统型波浪发电技术采用旋转式电机作为发电单元，技术相对成熟，运行相对稳定，但能量转换装置使能源利用率较低。试验型波浪发电装置采用各种新型发电装置作为发电单元，如直线电机、飞轮电池及各种切割磁感线装置等，相应技术都处于试验或理论设计阶段，但简化或省去了能量转换装置，提高了能源利用率。

振荡水柱（oscillationg water column，OWC）式波浪发电装置是当今世界最普遍的海洋波浪能转换器，它有效地将不规则波浪能转换为双向直线运动的气流，从而带动涡轮发电机发电，由于装置内气流双向运动，研制单向旋转的空气透平发电机成为其关键技术，图 2-5 所示为 OWC 波浪发电原理和双向冲击式透平。

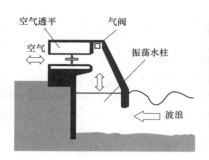

图 2-5　OWC 波浪发电原理和双向冲击式透平

目前国外一些国家已经安装了波浪发电装置，尤其英国投入商业运营的较多。近 30 年，我国波浪发电的研究发展迅速，弯管型浮标波浪发电装置已出口国外，这标志着我国在微型波浪发电技术和小型岸基式波浪发电技术上已进入世界先进行列。波浪能的并网方案和策略一直是国内研究的焦点。为解决由于潮汐造成的水位差，波浪发电自适应装置的研究也成为国内主要的研究方向。

未来我国的海洋能开发仍将以波浪能、潮汐能为主。低成本建设及运维技术、高可靠性生存技术等将成为决定性的关键技术。预计到 2030 年可突破大规模应用各项关键技术，总装机容量达到 30GW，度电成本降至 1 元以下；到 2050 年，大规模海洋能发电场技术与小型装置即投即用技术将成熟，海洋能总装机容量达到 100GW，其中波浪能 30GW、潮汐能 30GW。海洋能发展过程中的各关键技术路线图如图 2-6 所示。

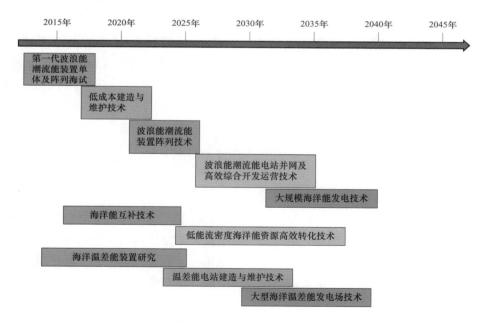

图 2-6　海洋能发展过程中的各关键技术路线图

三、主要间歇式电源有功功率特性

目前风电和光伏发电从装机规模上占间歇式电源总装机容量的比重很大，后续研究将以这两种主要的间歇式电源作为研究对象。

1. 风力发电有功功率不确定特性

风机输出功率特性与切入风速 V_{in}、切出风速 V_{out} 有关。当风速高于 V_{in} 时，风机启动；当风速高于额定风速 V_{rs} 时，风机输出恒定功率 P_{WTd}；当风速高于切出风速 V_{out} 时，为了保护风机，风机停机。若风速预测值或实测值不在所示曲线上，可利用线性插值法求得。典型风机输出功率特性如图 2-7 所示。

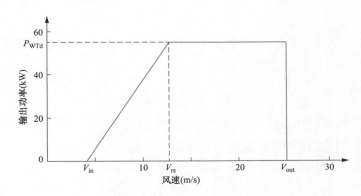

图 2-7 典型风机输出功率特性

风电场的发电功率等于所有风电机组发电功率之和，风电场输出功率的变化主要源于风速和风向的波动。由于风电场场地有限，坐落在下风向的风电机组的风速将低于坐落在上风向的风电机组的风速，称之为尾流效应。风电场的运行经验表明，尾流效应造成损失的典型值是 10%。因此，风速影响了风电场的输出功率。

由于气流瞬息万变，因此风的波动、日变化、季变化以至年际的变化都十分明显，波动很大。通常自然风是一种平均风速与瞬间激烈变动的紊流相重合的风。紊乱气流所产生的瞬时高峰风速也叫阵风风速。

（1）风速年变化特性。各月平均风速的空间分布与天气、气候和地形以及海陆分布等有直接关系。三北地区和黄河中下游（比如内蒙古多伦、北京），全年风速最大的时期绝大部分出现在春季，风速最小的时期出现在秋季。新疆北部是春末夏初（4～7 月）风速最大，冬季风最小。图 2-8 所示为长江中下游地区、东南沿海和青藏高原全年风速变化。

（2）风速日变化特性。风速日变化即风速在一日之内的变化，主要与下垫面的性质有关。一般有陆地上和海上日变化两种类型。风速日变化是因高空动量下传引起的，而动量下传又与海陆昼夜稳定度变化不同有关。陆地上风速日变化

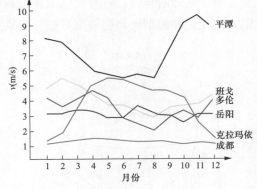

图 2-8 长江中下游地区、东南沿海和
青藏高原全年风速变化

是白天风速大，午后 14 时左右达到最大，晚上风速小，在黎明前 6 时左右风速最小。海上风速日变化是白天风速小，午后 14 时左右最小，夜间风速大，清晨 6 时左右风速最大。海上和陆地风速日变化对比如图 2-9 所示。

（3）风速随高度的变化。风速随高度变化，服从普朗特乱流经验理论公式，即

$$v = \frac{v_*}{K} \ln\left(\frac{Z}{Z_0}\right) \tag{2-1}$$

$$v_* = \sqrt{\frac{\tau_0}{\rho}} \tag{2-2}$$

式中：v 为高度 Z 上的风速；K 为卡曼常数，其值为 0.4 左右；v_* 为摩擦速度；ρ 为空气密度；τ_0 为地面剪切应力；Z_0 为粗糙度参数。

$$v_n = v_1 \frac{\ln Z_n - \ln Z_0}{\ln Z_1 - \ln Z_0} \tag{2-3}$$

式中：v_n 为在高度 Z_n 处的风速；v_1 为在高度 Z_0 处的风速。

武汉阳逻铁塔不同高度平均风速日变化如图 2-10 所示。

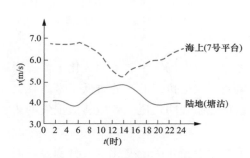

图 2-9　海上和陆地风速日变化对比

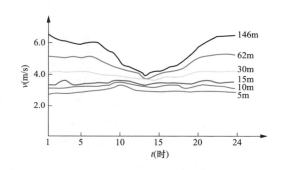

图 2-10　武汉阳逻铁塔不同高度平均风速日变化

2. 光伏发电有功功率不确定特性

（1）光辐射强度日变化特性。太阳相对地平面位置变化使得地面接收到的太阳能量时刻在变。由于地球的自转，一日之内太阳位置时刻在变化，一天中的太阳位置用时角 ω 表示，太阳方位变化和典型光辐射强度日变化分别如图 2-11 和图 2-12 所示。

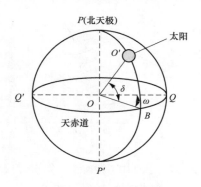

图 2-11　太阳方位变化

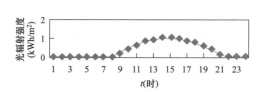

图 2-12　典型光辐射强度日变化图

（2）光辐射强度年变化特性。光辐射强度在一年的各月间也会出现差异，由于地球的公转，一年之中太阳在地球南北回归线之间移动，使得太阳高度角在每个月份会有所差异，太阳高度角为 δ，因此地面光辐射强度随月份发生变化，典型年光辐射强度随月份变化曲线如图 2-13 所示。

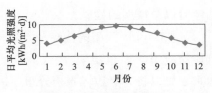

图 2-13　典型年光辐射强度随月份
变化曲线图

四、广域区间间歇式电源综合有功功率特性及预测方法

间歇式电源的有功功率具有明显的波动性和不确定性，波动性是指间歇式电源的有功功率受季节变更、昼夜交替和天气因素的影响而持续变化的特性；不确定性是指其有功功率变化难以预测或预测的准确性较低的特性。间歇式电源大规模并网后，给电力系统带来了更多的不确定因素，对电力系统的规划设计、调度运行、保护控制、经济性和仿真分析等产生重要的影响。为此，本书提出 Copula-ARMA 模型，建立了考虑间歇式能源输出功率相关性的综合有功功率随机模型，可兼顾风电场、光伏电站输出功率的自相关性和互相关性，在此基础上，采用序贯蒙特卡罗模拟法建立了含间歇式电源的发电系统的可靠性评估和间歇式电源的容量可信度评估模型。本书为研究间歇式能源大规模并网后的电力系统电力电量平衡问题和电力系统规划建立了模型基础。科学合理的电力电量平衡，对电源开发规划和网架配套建设相关研究至关重要。

1. 基于 Copula-ARMA 模型的多元序列相关性建模理论与方法

序列的相关性建模主要包括对单一序列的自相关性建模和多元序列间的互相关性建模。自相关性表达了同一过程在时间上的相依关系，而互相关性表示不同过程在某一时刻的相依关系。间歇式能源的自然特性受到客观环境的影响，其本身就具有一定的自相关性和互相关性，例如当前的风速处于高风速区时，则邻近的几个时刻的风速将会有比较大的概率处于高风速区，即在时间上的自相关相依特性。而处于同一地区的不同风电场间的风速序列间具有在空间上的互相关相依特性。

为了反映间歇式能源本身具有的相关性特性，首先引入能够反映序列变化自相关信息的自回归滑动平均（autoregressive and moving average，ARMA）模型，它可呈现序列本身的构造规律关系以及相依关系，并预测其未来值。在此基础上引入能够反映多个序列间互相关信息的 Copula 函数，该函数将各个变量的边缘分布连接起来构成联合分布函数来描述变量间的相关性，本节探索利用 Copula 函数分析间歇式能源间相关性的可行性。

（1）自回归滑动平均模型。自回归滑动平均模型是一种应用广泛的时间序列分析模型，也被称 B-J 方法。自回归滑动平均 ARMA（p，q）模型为

$$x_t = \varphi_1 x_{t-1} + \varphi_2 x_{t-2} + \cdots + \varphi_p x_{t-p} - \theta_1 \varepsilon_{t-1} - \theta_2 \varepsilon_{t-2} - \cdots - \theta_q \varepsilon_{t-q} \qquad (2-4)$$

式中：p 和 q 分别是模型的自回归阶数和滑动平均阶数；θ 和 φ 是不为零的待定系数；ε_t 是独立的误差项；x_t 是平稳的、服从标准正态分布的时间序列。

ARMA 模型的构造方法：建立一元时间序列模型需要经过平稳性检验、模型参数估计

与定阶以及模型的检验。

（2）Copula 模型的构建和参数估计方法。Copula 理论早在 1959 年就已提出，但并未得到广泛应用，20 世纪 90 年代，该函数才得以受到关注。Copula 函数实际上是一种连接函数，它可以将 n 个边缘累积分布连接起来构造成 n 维联合累积分布函数，因而 Copula 函数可以描述变量间的相关性。

根据 Copula 函数的相关性质和理论，以下采用两阶段法来构建 Copula 模型。

阶段一：利用基于非参数分布估计方法的核密度估计来确定边缘分布。

阶段二：利用随机变量间的散点图，选择合适的 Copula 函数来描述随机变量间的相关结构。

构建完 Copula 模型后，还需要确定模型的参数，一般有两个步骤，即：

1）最大似然估计法是估计 Copula 模型参数最常用的方法，最大似然估计法如下。

设两个随机变量 X、Y 的联合累积分布函数为

$$H(x,y;\theta_1,\theta_2,\alpha) = C(F(x,\theta_1),G(y,\theta_2);\alpha) \tag{2-5}$$

(X, Y) 的联合密度函数为

$$\begin{aligned}h(x,y;\theta_1,\theta_2,\alpha) &= \frac{\partial^2 H}{\partial x \partial y}\\ &= c[F(x,\theta_1),G(y,\theta_2);\alpha]f(x,\theta_1)g(y,\theta_2)\end{aligned} \tag{2-6}$$

可得样本 (X_i, Y_i) $(i=1, 2, \cdots, n)$ 的似然函数为

$$\begin{aligned}L(\theta_1,\theta_2,\alpha) &= \prod_{i=1}^{n} h(x_i,y_i;\theta_1,\theta_2,\alpha)\\ &= \prod_{i=1}^{n} c[F(x_i,\theta_1),G(y_i,\theta_2);\alpha]f(x_i,\theta_1)g(y_i,\theta_2)\end{aligned} \tag{2-7}$$

于是，得对数似然函数，即

$$\begin{aligned}\ln L &= \sum_{i=1}^{n} \ln c[F(x_i,\theta_1),G(y_i,\theta_2);\alpha]\\ &+ \sum_{i=1}^{n} \ln c[f(x_i,\theta_1)] + \sum_{i=1}^{n} \ln c[g(y_i,\theta_2)]\end{aligned} \tag{2-8}$$

求出式（2-8）中 $\ln L$ 最大值，即可得到 Copula 函数中待求参数的最大似然估计值，即

$$\hat{\theta}_1,\hat{\theta}_2,\hat{\alpha} = \mathrm{argmax} \ln L(\theta_1,\theta_2,\alpha) \tag{2-9}$$

由于边缘分布采用非参数核密度估计，因此无需对边缘分布进行参数估计，仅需要采用样本经验分布函数来代替边缘分布函数，进而估计 Copula 模型的参数 α。

2）模型检验。确定了 Copula 函数的类型以及参数后，还应验证所求的 Copula 函数是否最为合适，也就是要评价 Copula 函数的拟合效果。本书采用最短欧式距离法来检验和评价选用的 Copula 函数是否合适。首先引入经验 Copula 函数，即

$$C_e(u,v) = \frac{1}{n} \sum_{i=1}^{n} I_{[F_n(x_i) \leqslant u]} I_{[G_n(y_i) \leqslant v]}, \quad u,v \in [0,1] \tag{2-10}$$

其中，$I_{[.]}$ 为示性函数，当 $F_n(x_i) \leqslant u$ 时，$I_{[F_n(x_i) \leqslant u]} = 1$，否则 $I_{[F_n(x_i) \leqslant u]} = 0$。

最短欧式距离法就是将所构建的理论 Copula 函数与经验 Copula 函数进行处理，得到欧式平方距离，即

$$d(C,C_e) = \sum_{i=1}^{n} |C(u_i,v_i) - C_e(u_i,v_i)|^2 \tag{2-11}$$

若所选用的 Copula 函数的欧式平方距离最小，则说明所构建的 Copula 函数为最佳 Copula 函数，可以用来作为相关性建模的依据。

2. 多风电场联合输出功率特性及模型

（1）Copula-ARMA 多元时序风速模型。建立了 ARMA 模型后，风速序列的大体变化趋势就被确定下来，而想要控制不同风速序列间的相关性，只能通过 $\varepsilon_{k,t}$ 这个唯一的可控变量来实现。在此构造一个 n 元 Copula-ARMA（p, q）模型，假设 $x_{1,t}$，$x_{2,t}$，…，$x_{n,t}$ 是由 n 个风电场风速标准化序列构成的随机序列，那么 n 元 Copula-ARMA 模型可表示为

$$\begin{cases} x_{k,t} = \sum_{i=1}^{p_k} \varphi_{k,i} x_{k,t-i} + \varepsilon_{k,t} - \sum_{j=1}^{q_k} \theta_{k,j} \varepsilon_{k,t-j}, \ k=1,2,\cdots,n \\ (\varepsilon_{1,t},\cdots,\varepsilon_{n,t}) \sim C_a \left[\Phi\left(\frac{\varepsilon_{1,t}}{\sigma_1}\right),\cdots,\Phi\left(\frac{\varepsilon_{n,t}}{\sigma_n}\right) \right] \\ v_{k,t} = \mu_{k,t} + x_{k,t} \sigma_{k,t} \end{cases} \tag{2-12}$$

其中，（$\varepsilon_{1,t}$，$\varepsilon_{2,t}$，…，$\varepsilon_{n,t}$）均为正态白噪声序列，σ_1，σ_2，…σ_n 分别为序列 $x_{1,t}$，$x_{2,t}$，…$x_{n,t}$ 的标准差，$\Phi(\cdot)$ 为标准正态分布函数，$C_a[\Phi_1(\cdot),\cdots,\Phi_n(\cdot)]$ 为根据 n 元风速序列构建的一个 n 元 Copula 函数，它描绘了 n 个白噪声序列之间的相关结构。

基于多元 Copula-ARMA 的相依时序风速模拟的具体过程如下：

1）ARMA 模型模拟阶段。分别构建 n 个风电场风速序列的 ARMA 模型 $x_{1,t}$，$x_{2,t}$，…，$x_{n,t}$。

2）Copula 函数模拟阶段。根据 Copula 相关定理，对变量做严格单调增变换，相应的 Copula 函数不变，由于（$\partial x_{k,t}/\partial \varepsilon_{k,t}$）$=1>0$（$k=1$, 2, …, n），因此函数 $C_a[\Phi_1(\cdot),\cdots,\Phi_n(\cdot)]$ 同时也是连接序列 $x_{1,t}$，$x_{2,t}$，…，$x_{n,t}$ 并反映它们间条件相关结构的 Copula 函数。

3）Copula-ARMA 连接与还原阶段。产生服从 n 元 Copula 联合概率分布函数的随机数序列（u_1, u_2, …, u_n）；令 $\varepsilon_{k,t} = \sigma_{k,t} \times \Phi^{-1}(u_k)$（$k=1$, 2, …, n），得到与原风速序列具有相同相依结构的高斯白噪声序列（$\varepsilon_{1,t}$，$\varepsilon_{2,t}$，…，$\varepsilon_{n,t}$）；根据（$\varepsilon_{1,t}$，$\varepsilon_{2,t}$，…，$\varepsilon_{n,t}$），利用 ARMA 递推公式得到标准化风速序列（$x_{1,t}$，$x_{2,t}$，…，$x_{n,t}$）；令 $v_{k,t} = \mu_{k,t} + \sigma_{k,t} x_{k,t}$（$k=1$, 2, …, n），得到 n 个风电场 t 时刻的风速值，实现多元相依时序风速模拟。

（2）模型验证。将四元 Copula 函数和四个 ARMA 模型依次代入，得到四元风速序列的 Copula-ARMA 模型，为了验证所用的模型是否准确，采用该模型模拟产生多年的四元风速数据，并将模拟风速与风电场实测风速做几个重要特性的对比（以下部分给出的是风电场 1、风电场 2 的验证结果，风电场 3、风电场 4 与之类似不再给出）。

1）自相关特性。图 2-14 给出了实测风速与模拟风速的自相关性对比，可以看出这两条曲线非常接近，而且均能反映出由于昼夜循环产生的有规律的阻尼振荡衰减。

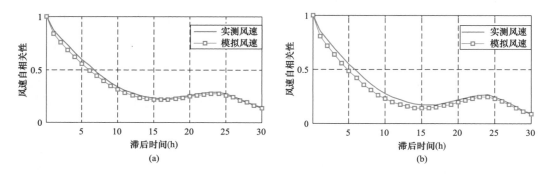

图 2-14 实测风速与模拟风速自相关性对比
(a) 风电场 1 风速序列自相关性;(b) 风电场 2 风速序列自相关性

2) 互相关特性。表 2-1 将模拟数据与实测数据的相依测度进行对比,可以看出模拟风速序列较好地保持了实测风速序列的空间相依特性。

表 2-1　　　　　　　　　　两地区模拟风速与实测风速相依测度对比

风电场组合	线性相关系数	
	实测风速	模拟风速
(1, 2)	0.8111	0.7983
(1, 3)	0.6995	0.6948
(1, 4)	0.5767	0.5650
(2, 3)	0.6713	0.6548
(2, 4)	0.5842	0.5563
(3, 4)	0.6842	0.6763

3. 风电场、光伏电站联合输出功率特性及模型

基于 Copula 函数和自回归滑动平均模型,提出既能反映风电场、光伏电站输出功率自相关性又能反映两者互相关特性的风电场和光伏电站联合输出功率模拟方法。这种方法与介绍的多元风速序列的建模过程具有相同的理论基础,光辐射强度序列与风速序列都是时间序列,在建模上具有一定的相似性,同时需要考虑太阳能这种资源具有昼夜交替特性。

(1) 光伏电站输出功率建模。光伏电站的输出功率与光辐射强度、温度、光电转换效率、光伏电板倾角因素有关,其中光辐射强度的变化直接决定了光伏输出功率曲线,而温度则对光伏输出功率曲线的影响较为细微,温度之所以会影响光伏电站的发电,主要是由于温度的变化会改变光伏电池的性能。功率温度系数一般取为 $-0.35\%/℃$,即光伏电池温度每升高 1℃,功率减少 0.35%。但在使用了最大功率跟踪(maximum power point tracking,MPPT)技术以及双轴跟踪装置后,光伏组件的输出功率就仅受到光辐射强度和温度影响。

光电转换模型为

$$P_{PV} = Y_{PV} \left(\frac{R_T}{R_{STC}} \right) [1 + \alpha_P (T_C - T_{STC})] \tag{2-13}$$

式中:P_{PV} 为光伏组件的输出功率;Y_{PV} 为光伏组件的额定功率;R_T 为实际光辐射强度;

R_{STC}为标准测试条件下的光辐射强度，一般取 1000W/m²；α_p 为光伏组件的功率温度系数，一般取 $-0.35\%/℃$；T_C 为光伏组件的实际温度；T_{STC} 为标准测试条件下的电池温度。生成的太阳辐射量以及环境温度模拟值代入光伏系统功率输出模型，最终可得到光伏系统输出功率。

（2）温度建模。光伏电板电池组件的温度是由气象条件决定的，它往往显示出与标准条件下不同的特性。光伏电板电池组件的温度要高于环境温度。光伏电板电池组件的温度通常与这些因素成比例地变化。但由于温度对光伏输出功率的影响较为微小，这里暂不考虑温度与某种气象条件的相关性，仅仅基于历史数据对温度建模。

气象站一般给出的是逐日的温度数据，而温度的连续性较强，因而本书采用正弦分段模拟法来模拟温度序列。假设每日的最高温和最低温分别是 T_{max} 和 T_{min}，则每天 24h 的温度波动规律可用式（2-14）描述

$$T_t = \alpha \sin\omega_t + \beta \tag{2-14}$$

$$\begin{cases} \alpha = \dfrac{T_{max} - T_{min}}{2} \\[2mm] \beta = \dfrac{T_{max} + T_{min}}{2} \end{cases} \tag{2-15}$$

式中：T_t 为 t 时刻的温度；ω_t 为 t 时刻的太阳时角。

（3）光辐射强度序列昼夜分离及合并方法。由于光辐射强度序列具有明显的昼夜特性，简单的采用风速的平稳化方法将无法适用于光辐射强度序列。另外，在夜间光伏电站输出功率为零，不存在与风电场输出功率的相关性，如果忽略这种昼夜特性，将会严重影响到相关性分析的模拟的精度。鉴于此，本节提出一种将光辐射强度序列昼夜分离与合并的方法，只采用分离出的昼间序列作为建模的依据，从而为光辐射强度序列自相关性和互相关性模型的构建提供数据基础。

光辐射强度序列不仅具有昼夜特性，还具有季节特性，不同的季节，昼夜的时间比例不同。这对光辐射强度序列的昼夜分离带来一定的困难，不能按照固定的时间间隔去分离序列。昼夜分离方法为：

1）构建均值序列 $\mu_{r,t}$ 作为昼夜分离的基准序列。$\mu_{r,t}$ 由光伏电站附近气象站近 10 年的历史光辐射强度序列在每一时刻的均值构成。

2）对比光伏电站实测的光辐射强度序列与基准序列，将实测序列中与基准序列中为零的数据对应的元素剔除。

采用昼间光辐射强度序列进行建模后，得到的模拟数据亦是只含有昼间信息的光辐射强度序列，而实际的光辐射强度序列具有昼夜特性，需将模拟数据与之前剔除的夜间序列进行合并。合并过程为：

1）将模拟得到的昼间光辐射强度序列与基准序列中的非零数据按照时间顺序一一对应，并替换掉基准序列中的非零数据。

2）新建一个光辐射强度序列 r＿pre，并将基准序列赋值给该序列，得到合并后的光辐

射强度序列。

4. 计及相关性的风速、光辐射强度序列建模

（1）确定风速、光辐射强度联合概率分布模型。从风电场实测风速序列 $\{v_t\}_{t=1}^{T_1}$ 中提取昼间风速序列 $\{v_t^{dan}\}_{t=1}^{T_2}$，同时，从光伏电站实测光辐射强度序列 $\{r_t\}_{t=1}^{T_1}$ 中提取昼间光辐射强度序列 $\{r_t^{dan}\}_{t=1}^{T_2}$；进而选择几个常用 Copula 函数来分别建立昼间风速和昼间光辐射强度序列的联合分布函数，并估计出其中的参数；最后，根据最短欧式平方距离，选择最为合适的 Copula 函数。

（2）建立风速、光辐射强度序列的 ARMA 模型。由于光辐射强度序列同风速一样，也是非平稳的时间序列，因而首先要对光辐射强度进行标准化处理。因光辐射强度序列不同于风速的一点在于晚上其数值为零，因而对于光辐射强度序列而言，对其进行标准化处理之前应该把零值去除，然后处理方法同风速一样。具体过程如图 2-15 所示。

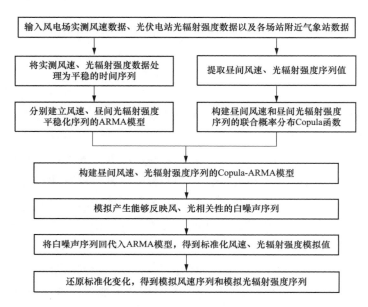

图 2-15　多元相依时序风速、光辐射强度模拟过程

5. 广域区间间歇式电源输出功率预测

（1）预测方法。基于预测时间尺度的不同，风电功率预测可以分为超短期预测、短期预测和中长期预测。短期预测是目前应用最为广泛的预测技术，时间尺度可以达到 48～72h。

目前短期风电功率预测主要有物理方法、统计方法以及两者结合的混合方法。

物理方法首先采用数值天气预报提供未来某个时间点的风速和风向数据，再将数值天气预报模型的输出结果应用到风电场，然后将本地的风速数据转换成风电功率，最后再将预测应用到整个区域。

统计方法基于"学习算法"，通过一种或多种算法建立数值天气预报历史数据与风电场历史输出功率数据之间的联系，再根据该关系，由数值天气预报数据对风电场输出功率进行预测。

以上两种方法的优缺点如表 2-2 所示。

表 2-2　　　　　　　　　　　　　　物理方法和统计方法的优缺点

方法	优点	缺点
物理方法	(1) 不需要风电场的历史数据，适用于新建风电场。 (2) 可以对每一个大气过程进行详细的分析，并根据分析结果优化预测模型，从而获得更准确的预测结果	对由错误的初始信息所引起的系统误差非常敏感
统计方法	(1) 在数据完备的情况下，理论上可以达到较高预测精度。 (2) 可根据系统的内在变化进行自我调整，对于不是经过训练集中的输入也能给出合适的输出	(1) 需大量历史数据的支持，对历史数据变化规律的一致性有很高的要求。 (2) 建模过程带有"黑箱"性，难以理解网络的学习和决策过程，不利于模型的进一步优化

光伏发电功率预测的方法与风电功率预测方法类似，也可以分为统计方法和物理方法。统计方法是对历史数据进行统计分析，找出其内在规律并用于预测；物理方法将气象预测数据作为输入，采用物理方程进行预测。从预测方式上可分为直接预测和间接预测两类。直接预测方式是直接对光伏电站的输出功率进行预测；间接预测方式首先对地表辐照强度进行预测，然后根据光伏电站输出功率模型得到光伏电站的输出功率。物理方法需要根据光伏电站所处的地理位置，综合分析光伏电站内部光伏电池板、逆变器等多种设备的特性，建立光伏电站输出功率与数值天气预报的物理关系，从而对光伏电站的输出功率进行预测。在光伏发电功率预测中，需要考虑的因素很多，如太阳光照强度、太阳入射角度、光伏阵列的安装角度、转换效率、大气压、温度以及其他一些随机因素。

数值天气预报是目前在风电功率和光伏发电功率预测中广泛采用的一种关键技术。其工作原理是根据大气实际情况，在一定的初值和边值条件下，通过大型计算机做数值计算，求解描述天气演变过程的流体力学和热力学的方程组，预测未来一定时段的大气运行状态和天气情况，并将相应结果作为后续输出功率预测的输入条件。通过分析对比，发现影响风电场输出功率的主要气象因素为风速、风向、气温、气压等，而影响光伏电站输出功率的主要气象因素为太阳辐射、云量和气溶胶等。针对这些因素对数值天气预报系统的参数进行优化，可以建立专用于风电/光伏发电功率预测的高分辨率数值天气预报系统。

(2) 预测精度。风电功率预测的精度可以采用不同的指标进行衡量，最常采用的是均方根误差。无论采用何种预测方法，预测时间尺度为 36h 时，单个风电场的预测误差都为装机容量的 10%～20%。空间聚集效应会大大降低预测误差，正如它会降低输出功率波动一样。预测精度会随着预测地区的增大而提高，这都是空间平滑效应的作用。图 2-16 中纵轴表示区域预测误差的均方根值与单场预测误差均方根值的比值，该结果是基于对德国 40 个风电场的测量得出的。如果预测的地区可以达到 $750km^2$，则预测误差可以减小 50%。如果预测区域大到一定程度，预测误差就可以低于 10%。

另外，预测误差随着预测时间尺度的增加而增大而且预测技术在近几年已经取得了较大的进步。通常情况下，对于单个风电场，提前 1～2h 的预测误差为 5%～7%，但是日前预测的误差就会增大到 20%。

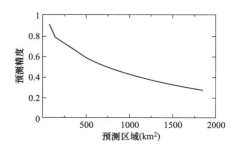

图 2-16　德国 40 个风电场预测精度

五、含间歇式能源的电力系统可靠性评估方法

电力系统可靠性是指系统按照一定的标准不间断地向用户提供电能的能力。对于这种能力的度量可以采用一系列的指标来评价，目前主要分为充裕性和安全性两大类。充裕性又称作静态可靠性，是指在考虑检修停运的情况下，电力系统能向用户不间断地提供电能的能力；安全性又称为动态可靠性，是指电力系统突然受到扰动时，系统依然能够连续地向用户提供电力的能力。在电网规划阶段，一般只需要考虑系统的静态可靠性问题。间歇式能源置信容量的评估一般在规划阶段，因此本节主要涉及的也是静态可靠性评估，从而为新增间歇式能源置信容量的评估做好理论铺垫。

1. 发电可靠性评估指标

对于电力系统不同的子系统，具体评价的指标可能有所不同，但归纳起来一般有概率指标和期望值指标两大类。

（1）概率指标。概率指标主要是指电力系统发生故障的概率，最常用的概率指标是电力不足概率（loss of load probability，LOLP），表示系统由于设备故障造成负荷缺额的概率。
$LOLP$ 的计算式为

$$LOLP = P[X \geqslant (C-L)] \tag{2-16}$$

式中：C 为电力系统的总装机容量；L 为日峰值负荷。

（2）期望值指标。

1）电力不足期望值（loss of load expectation，LOLE）。电力不足期望值是指系统的停运容量不小于系统的备用容量的概率，而系统备用容量是指系统的装机容量与负荷的差值，系统负荷模型常采用日峰值负荷曲线。$LOLE$ 的计算式为

$$LOLE = P[X \geqslant (C-L)] \tag{2-17}$$

式中：C 为电力系统的总装机容量；L 为日峰值负荷。

全年的 $LOLE$（单位为 h/a）可采用式（2-18）计算，即

$$LOLE = \sum_{i=1}^{m} \sum_{j=1}^{n_i} \sum_{k=1}^{24} P_i[X \geqslant (C_i - L_{ijk})] \tag{2-18}$$

式中：m 为一年中的时间段数；n_i 为第 i 个时间段中的天数；L_{ijk} 为第 i 个时间段内第 j 天第 k 小时的负荷峰值；C_i 为第 i 个时间段中系统的装机容量；$P_i[X \geq (C_i - L_{ij})]$ 为第 i 个时间段第 j 天停运容量大于或等于备用容量的概率。

2）电量不足期望值（expected energy not serve，EENS）。电量不足期望值表示电力系统由于机组强迫停运而造成用户电能不足的期望值，这个指标可以表征系统故障的严重程度，因为电力系统的可靠性不仅仅受到电力不足的限制，电量不足也会对系统造成很大影响。$EENS$ 的计算式为

$$EENS = (X - R) \times P(X) \tag{2-19}$$

式中：R 为系统备用容量，即 $R = C$。

一年中 $EENS$ 值可由式（2-20）计算，即

$$EENS = \sum_{i=1}^{m} \sum_{j=1}^{n_i} \sum_{k=1}^{24} \sum_{X=C_i-L_{ijk}}^{C_i} [X - (C_i - L_{ijk})] P_{ijk}(X) \tag{2-20}$$

式中：$P_{ijk}(X)$ 为第 i 时间段第 j 天第 k 小时停运容量不小于 X 的概率；m 为一年中的时间段数；n_i 为第 i 时间段中的天数；L_{ijk} 为第 i 时间段第 j 天第 k 小时的小时负荷。

2. 可靠性模型

含间歇式能源的电力系统可靠性评估的关键在于如何将间歇式能源有功功率等效到传统系统中，为了考虑间歇式能源的随机性和波动性，采用模拟法，将风电场等效为一个多态机组，即根据风速序列的模拟值、风电转换功率以及风机的强迫停运率来计算风电场输出功率。下面给出采用时序蒙特卡罗模拟法计算间歇式能源可靠性时各系统元件的可靠性模型和可靠性评估方法。

（1）常规机组可靠性模型。常规机组的运行状态较为复杂，除了较为常见的正常运行和故障停运外，还有局部输出功率、计划检修和临时检修等状态。为了简化模型的规模，本书仅考虑正常运行状态和故障停运状态，常规机组状态转移如图 2-17 所示。

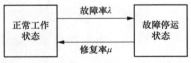

图 2-17　常规机组状态转移图

一般情况下，正常运行持续时间和故障修复时间服从指数分布，即故障率 λ 和修复率 μ 是常数。正常运行持续时间 t_1 和故障修复时间 t_2 的计算公式为

$$\begin{cases} t_1 = -\dfrac{1}{\lambda}\ln\gamma = -t_{\mathrm{MTTF}}\ln\gamma \\ t_2 = -\dfrac{1}{\mu}\ln\gamma = -t_{\mathrm{MTTR}}\ln\gamma \end{cases} \tag{2-21}$$

式中：γ 为 $[0, 1]$ 间均匀分布的随机数序列；t_{MTTF} 为平均工作时间；t_{MTTR} 为平均修复时间。

（2）风电场可靠性模型。在可靠性分析时，风电机组检修方便、结构简单，可不考虑风电场的计划检修对含风系统可靠性的影响，此时风力发电机组就可以分为正常状态和故障状态，但与常规机组不同的是，其处于正常稳定的运行状态时输出功率不定额。根据前面介绍的风电转换关系可以看出，风电机组的输出功率是风速的函数，因此在构建风电场的可靠性模型时还应考虑风速对可靠性模型的影响。

（3）光伏电站可靠性模型。光伏电站与风电场类似，即使处于正常的运行状态，输出功率也是不稳定的。故本书采用如下的多状态模型来描述光伏电站的可靠性模型。

该多状态模型的主要原理是比例分摊法，具体步骤为：设光伏电站的有功功率序列为 $x = [x_0, x_1, \cdots, x_i, \cdots, x_n]$，其中 n 为样本容量，设光伏电站有 $N+1$ 种状态，则其状态序列可表示为 $X = [X_0, X_1, \cdots, X_j, \cdots, X_N]$，其中，$X_0$ 表示输出功率为零的状态，X_N 为满额状态。

根据图 2-18，判断光伏电站在某一时刻的有功功率 $x_i (i=1, 2, \cdots, n)$ 所属的状态区间。

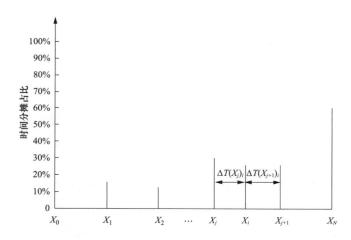

图 2-18　基于比例分摊法的光伏电站多状态模型

若 x_i 在区间 $[X_j, X_{j+1}]$ 内，那么

$$\begin{cases} \Delta T(X_j)_i = \dfrac{X_i - X_j}{X_{j+1} - X_j} \times \Delta T(x_i) \\ \Delta T(X_{j+1})_i = \dfrac{X_{j+i} - X_i}{X_{j+1} - X_j} \times \Delta T(x_i) \end{cases} \quad X_j \leqslant x_i \leqslant X_{j+1}, \ j = 0, 1, \cdots, N-1 \quad (2\text{-}22)$$

式中：$\Delta T(x_i)$ 为有功功率 x_i 的滞留时间；$\Delta T(X_j)_i$ 和 $\Delta T(X_{j+1})_i$ 分别为有功功率 x_i 按比例分摊给状态 X_j 和状态 X_{j+1} 的滞留时间。

每一种状态的概率为

$$P(X_j) = \frac{\sum\limits_{i=1}^{n} \Delta T(X_j)_i}{T}, \quad j = 0, 2, \cdots, N \quad (2\text{-}23)$$

式中：T 为整个可靠性计算的时段；$P(X_j)$ 为状态 X_j 的概率。

3. 基于时序蒙特卡罗模拟法的系统可靠性评估

采用蒙特卡罗随机抽样的方式来计算系统的某一状态或特征，得到系统参数的近似解。该方法相比解析法，运用起来更为灵活，不会受到系统规模的限制，但计算量及精度将会受到一定的影响。按照是否考虑时序状态，蒙特卡罗模拟法又可分为时序蒙特卡罗模拟法和非时序蒙特卡罗模拟法，前者不用考虑系统的时序性。本书采用的时序蒙特卡罗模拟法研究含间歇式能源的发电系统可靠性，此时系统的可靠性可以表示为

$$\bar{I} = \frac{1}{T}\int_0^T f(x_t)\,\mathrm{d}t \tag{2-24}$$

式中：$\bar{I}$ 为可靠性指标，可以是 $LOLP$，也可以是 $LOLE$ 等；T 为仿真时间；x_t 是 t 时刻系统元件的状态；$f(x_t)$ 代表的是在元件状态 x_t 下，系统某种性能的表征。当仿真时间足够长时，可靠性指标 $\bar{I}$ 将收敛于期望值 I，即可得到系统的可靠性指标。

上述的求解方式是一个连续的过程，并不方便求解，由于 x_t 不是随时都在变化，每一个状态都会持续一段时间，因而可以把式（2-24）离散化，把连续的过程转化为累加求和的方式来解决。首先把仿真时间 T 分解为 n 年，且假设系统每一年有 N_i 种运行状态，则 x_{ij} 代表系统第 i 年的第 j 种运行状态，而 $D(x_{ij})$ 则表示系统每一种状态的持续时间。式（2-25）是离散化后的系统可靠性指标计算公式，即

$$\bar{I} = \frac{1}{n}\sum_{i=1}^n \frac{1}{8760}\sum_{j=1}^{N_i} f(x_{ij})D(x_{ij}) = \frac{1}{n}\sum_{i=1}^n I_i \tag{2-25}$$

采用时序蒙特卡罗模拟法评估系统可靠性的一般步骤为：

（1）设置仿真时间和时间间隔，例如仿真时间设为 n 年，并以 1 年为周期，时间间隔为 1h。在每一年内，对系统的每一元件状态持续时间抽样，得到每一元件按照时间顺序排列的运行和修复过程，即状态转移序列，如图 2-19 所示的元件 A、元件 B、元件 C。

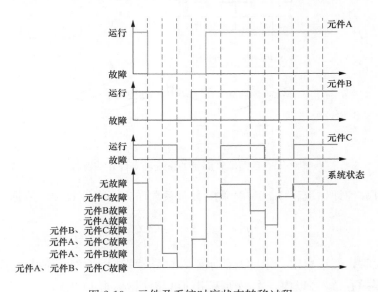

图 2-19　元件及系统时序状态转移过程

（2）合并各元件的状态转移序列，从而得到具有时间先后顺序的系统状态转移过程，如图 2-19 所示。

（3）对系统状态转移过程中的每一个状态进行分析计算，然后采用式（2-25）中 I_i 的计算过程，计算第 i 年的系统可靠性指标，在仿真时间范围内重复计算 n 次，得到系统的可靠性指标。

4. 含间歇式能源的系统可靠性评估流程

图 2-20 给出了含间歇式能源的系统可靠性评估流程，可靠性评估的第一步就是要计算常规机组和间歇式能源的可用容量，第二步是根据系统的负荷曲线和电源输出功率情况，按小时进行电力电量平衡比较，第三步就是计算系统的可靠性指标，并判断可靠性指标的收敛情况。

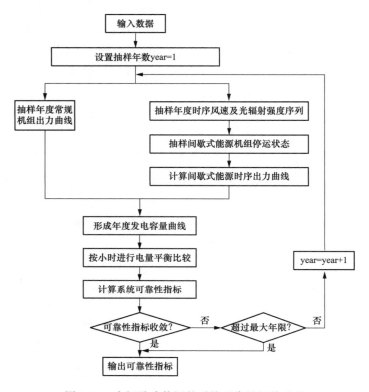

图 2-20　含间歇式能源的系统可靠性评估流程

在上述的可靠性评估流程中，一般采用方差系数作为可靠性收敛的依据，即

$$\beta = \frac{\sqrt{V(\bar{I})}}{\bar{I}} = \frac{\sigma / \sqrt{n}}{\bar{I}} \tag{2-26}$$

当 n 足够大时，假设给定一定的置信水平，可靠性指标 I 的实际值与时序蒙特卡罗仿真的估计值 $\bar{I}$ 的误差在 ±2% 以内，本书所采用的可靠性指标是 LOLE。

六、满足电网安全约束和系统可靠性的间歇式能源容量置信度评估方法

实际电力系统运行中，普遍存在电网安全约束，目前我国的电网建设滞后于电源建设，已经出现较为严重的风电无法为电网所接纳的现象，如内蒙古属于供电大区，但是不属于用电大区，尤其是冬季。另外，风电场选址偏远，风电入网和外送都很困难，电网的消纳问题导致风电弃风现象。因此进行电力系统可靠性分析和电源容量可信度计算必须考虑输电线路故障，即考虑电网安全约束。

考虑电网安全约束的含间歇式能源的系统可靠性评估流程如图 2-21 所示。

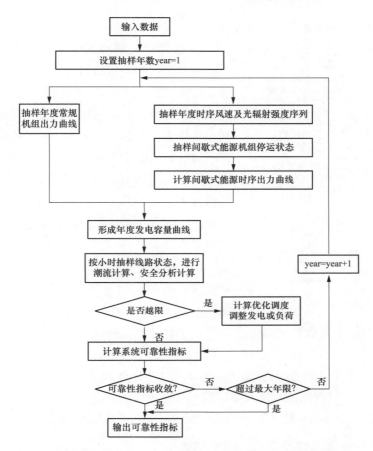

图 2-21　考虑电网安全约束的含间歇式能源的系统可靠性评估流程

1. 基于有效载荷能力的间歇式能源置信容量定义

有效载荷能力（effective load carry capability，ELCC）被认为是评估系统新增电源置信容量的首选标准，是指当电力系统接入新的电源后，在保证系统可靠性水平不变的条件下新增电源可以多承载的负荷量与新增电源容量的比值。间歇式能源的置信容量可以理解为：在广域区间内，多个间歇式能源场群作为一个整体接入电网时可被信任的容量。

假设原系统的可靠性为 R_0，当系统接入间歇式能源时，可靠性水平上升达到 R_1，此时，若逐渐提高电网负荷，系统可靠性逐渐降低。当负荷水平为 L' 时，可靠性水平恢复为 R_0，如式（2-27）所示，即

$$R_0 = f_0(G,L) = f_1(G + G_{int}, L') \tag{2-27}$$

式中：L 为系统负荷；G、G_{int} 分别为系统初始装机容量和风电装机容量。

对式（2-27）两边分别求逆得

$$L' = f_1^{-1}(G + G_{int}, R_0) \tag{2-28}$$

所以，新增间歇式能源的置信容量，即 ELCC 为

$$ELCC = \frac{\Delta L}{G_{int}} = \frac{f_1^{-1}(G+G_{int},R)-L}{G_{int}} \qquad (2-29)$$

ELCC 的计算流程如图 2-22 所示。

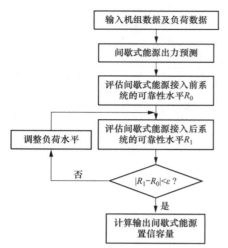

图 2-22　间歇式能源 ELCC 计算流程

2. 基于弦截法的置信容量评估流程

由前文可知，在已知负荷数据的情况下，可以通过蒙特卡罗模拟来得到系统的可靠性指标，但反过来已知可靠性指标，求解负荷的变化却很复杂，常需要利用迭代法来求解。理论上，新增的间歇式能源能够多承载的负荷量应为间歇式能源的额定容量 G_{int}，但由于间歇式能源有功功率的波动性和不连续性，ΔL 应该位于 $[L_0, L_0+G_{int}]$ 之间。在这样的前提下，本章利用弦截法来计算间歇式能源的置信容量。计算过程如下。

（1）设系统的初始负荷为 L_0，此时原系统的可靠性水平为 R_0，接入间歇式能源 G_{int} 后，计算负荷不变，即 $L_1=L_0$ 时系统的可靠性指标为 R_1，得到点 $X_1(L_1, R_1)$，进而计算负荷增加 G_{int}，即 $L_2=L_0+G_{int}$ 时，系统的可靠性为 R_2，得到点 $X_2(L_2, R_2)$。

（2）求点 X_1 与 X_2 的连线与原始可靠性水平 R_0 交点的横坐标对应的负荷水平 L_3，进而计算在负荷 $L=L_3$ 时含间歇式能源系统的可靠性 R_3，得到点 $X_3(L_3, R_3)$。

（3）求点 X_3 与 X_2 的连线与原始可靠性水平 R_0 交点的横坐标对应的负荷水平 L_4，计算 $L=L_4$ 时的可靠性 R_4，得到点 $X_4(L_4, R_4)$。

（4）如此不断迭代，直到 $|R_n-R_0|<\varepsilon$，即所求点逐步逼近目标点 $X_n(L_n, R_0)$，此时 X_n 点的横坐标 L_n 与初始负荷水平 L_0 的差值 ΔL 就是间歇式能源的置信容量。

弦截法计算 ELCC 原理见图 2-23。

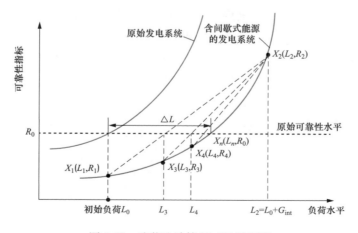

图 2-23　弦截法计算 ELCC 原理图

七、广域区间间歇式电源容量置信度及其与渗透率之间的关系

采用 IEEE-RBTS 测试系统来验证本书提出的间歇式能源功率模型及置信容量评估算法，该系统包含 11 台传统的常规发电机组，机组容量从 5MW 到 40MW 不等，总装机容量为 240MW。利用时序蒙特卡罗模拟法评估系统的可靠性，进而运用弦截法迭代求解置信容量，这里可靠性指标采用电力不足期望（LOLE）指标，置信容量采用有效载荷能力（ELCC）。

1. 广域多风电场置信容量评估

（1）风速模型对置信容量的影响。为了考察各种不同的风速模型对风电场置信容量的影响。以下构建三种风速场景，其特征如表 2-3 所示。采用这三种模型分别产生风电场 1 和风场 2 的风速序列，计算基于这三种不同模型的风电场置信容量并与实测风速计算得到的置信容量对比。

表 2-3   基于不同风速模型的风电场置信容量

模型	特征	置信容量（ELCC）
ARMA 时序模型	良好的自相关性，无法刻画互相关性	29.16%
Copula 分布模型	良好的互相关性，无法刻画自相关性	18.61%
Copula-ARMA 模型	既能保证自相关性，又能刻画互相关性	24.19%
实测风速模型	既能保证自相关性，又能刻画互相关性	22.13%

与实测风速计算得到的置信容量相比，Copula-ARMA 模型兼顾了风速的自相关性、互相关性，得到的置信容量与实测风速所得置信容量较为相近。实测风速数据较为欠缺的地区，可以直接采用本书提出的 Copula-ARMA 模型作为风速模型。

（2）风速互相关性对置信容量的影响。风电场间风速相关性对置信容量有一定的影响，通过改变二元 M-Copula-ARMA 模型中 M-Copula 函数的相关参数，产生具有不同相依结构的风速序列，将其运用到多风电场的置信容量评估中，得到图 2-24 所示的相关系数与 ELCC 的关系曲线。

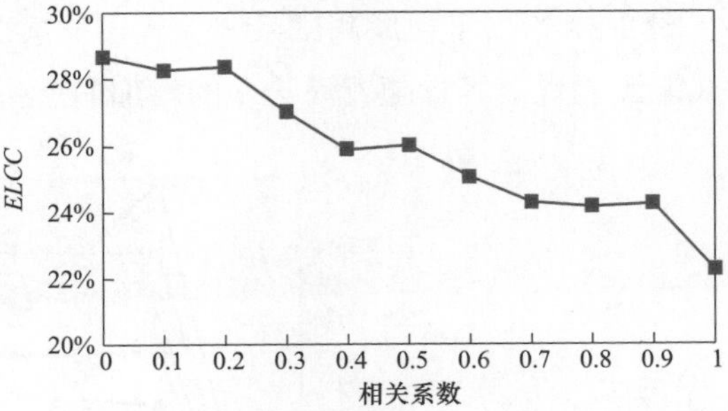

图 2-24　相关系数与 ELCC 的关系曲线

由图 2-25 可以看出，曲线呈现波动式递减趋势。可见风速间存在的互相关性对置信容量起到消极的作用，风速的相关性对置信容量影响不可忽略。

（3）间歇电源装机规模对置信容量的影响。图 2-25 给出了不同风电渗透率下多风电场的置信容量。

由该图可以看出，不论相关程度的大小，风电场的置信容量随着风电装机容量的增加逐渐减少。

在不同的风电场装机容量下，风速相关性对多风电场置信容量产生不同程度的影响，具

体的影响程度如图 2-26 所示。

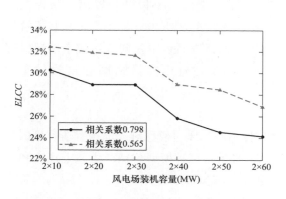

图 2-25 不同风电渗透率下多风电场的 ELCC

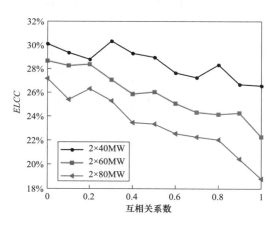

图 2-26 多风电场 ELCC 与互相关系数及
装机容量三者间的关系

不论在何种装机容量下，三条曲线均呈现波动式递减趋势。可见风速间存在的互相关性对置信容量起到消极的作用。在装机容量较低时，这种消极的影响并不十分显著，而随着装机容量的增加，相关性对置信容量的影响也愈加显著。装机容量越大，置信容量随着相关程度的增加递减的也越快。可见，在大规模风电场接入的情况下，风速的相关性对置信容量有着不可忽略的影响。

2. 风电场光伏电站置信容量评估

对于实测数据较为欠缺的地区，可以直接采用本书提出的 Copula-ARMA 模型作为风速及光辐射强度模型。

图 2-27 给出了在原测试系统加入不同容量配置的风电、光伏联合发电系统后，两种间歇式能源的置信容量随着渗透率的增加而产生的一些变化情况。

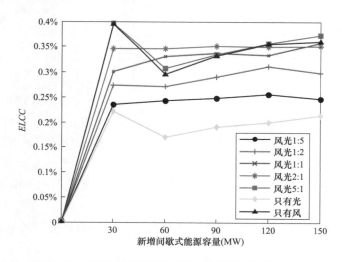

图 2-27 不同容量配置及渗透率的间歇式能源 ELCC

就单独接入光伏电站而言，它带来的容量效益很小，这主要和光伏发电固有的昼夜特性以及所采用的负荷模型特性有关。测试系统选用的日负荷特性在17～22时会出现第二个用电高峰，而此时由于没有光照，光伏发电有功功率为零，也就是说，在此时段光伏发电对系统的停电事故无法起到缓解作用，在相同可靠性的条件下，光伏发电几乎无法携带负荷，因而置信容量大大减小。通过比较不同容量配置的间歇式能源发电系统可以得出，风光互补的混合系统在一定程度上优于单一间歇式能源发电系统，尤其是在风光容量配比较高的条件下。综上所述，采用风光混合发电能够有效地对两种不同特性的间歇式能源起到互补作用，从而提高间歇式能源对电网的可靠性及容量贡献。

八、广域区间间歇式电源发电评价指标体系

为了进一步了解间歇式能源接入对电网的影响程度，需要通过具体的评估指标来进行量化分析。相比常规化石能源发电，间歇式能源主要有清洁、可再生和不稳定三大特点。本书主要针对风电这一间歇式能源，对于评价指标也主要围绕这三个特点来开展，分为运行水平、开发利用水平、经济性和社会性四个方面。评价指标尽量采用相对值，这样便于不同地区进行对比。表2-4为风电接入电网评价指标体系。

表 2-4 风电接入电网评价指标体系

指标体系	评价指标	指标公式
运行水平	平均年利用小时数（h）	风电全年发电量/风电装机总容量
	平均单机容量（MW）	风电装机总容量/风机总数量
	风电并网平均容量（万kW）	风电装机总容量/并网点数量
	风电平均并网电压（kV）	（风电场1容量×并网点1电压＋…＋风电场n容量×并网点n电压）/风电场总容量
	具备低电压穿越能力的风机比例	具备低电压穿越的风机数量/风机总数量
	安装风功率预测的风电场比例	安装风功率预测的风电场数量/风电场总数量
	风电功率预测系统准确性	（风电场1功率预测准确性×风电场1容量＋…＋风电场n功率预测准确性×风电场n容量）/安装功率预测风电场的总容量
开发利用水平	弃风电量比例	（风电理论发电量－风电实际发电量）/风电理论发电量
	装机容量占比	风电装机总容量/地区装机总容量（均指地区调度范围）
	装机容量与最大负荷比例	风电装机总容量/地区最大负荷
	年发电量与全社会年用电量比例	风电年发电量/地区全社会年用电量
	风电瞬时有功功率占用电负荷比例最大值	max（风电瞬时有功功率/同一时刻负荷），统计周期为"年"
	地区可接纳风电容量占比	理论计算可接纳风电容量/地区装机总容量（以当前年计算）
	地区风电开发水平	风电装机总容量/地区风电资源装机容量
经济性	风电上网电价水平	风电购电均价/地区平均购电均价
社会性	减排效果	风电减少污染排放量/（风电减少污染排放量＋地区污染物排放总量）
	节能效果	风电节能规模/地区一次能源消耗总量

九、甘肃—青海电网算例

以甘肃—青海电网为算例进行验证，甘肃—青海电网（甘青电网）已建成的风电场总装机容量达到 13563MW，光伏电站总装机容量达到 1745MW。风电场主要集中在甘肃地区，光伏电站主要集中在甘肃、青海地区。规划水平年，拟新建风电场装机容量 7212MW，拟新建光伏电站 6136MW，利用本书所述方法，研究广域大规模间歇式电源的接入对甘青电网可靠性的影响，并计算新增间歇式电源的置信容量。

规划水平年甘青电网的年峰值负荷为 44899MW，外送功率为 13500MW，电网包括 369 台常规发电机组，容量从 2.5MW 到 1000MW 不等，总装机容量为 73223MW。研究的可靠性指标主要有电力不足期望（LOLE）和电量不足期望（EENS），置信容量采用有效载荷能力（ELCC）。

自研究实施以来，对甘肃、青海等地的风电场、光伏电站进行了相关调研，对风、光等间歇式电源的有功功率特性及相关性进行了研究与分析，并在此基础上完成了基于 Copula-ARMA 的间歇式电源有功功率模拟；研究了间歇式电源接入后对系统的可靠性影响，主要选取 LOLE、LOLP 以及 EENS 三种可靠性指标作为评估标准，并通过时序蒙特卡罗模拟法实现可靠性评估；研究了间歇式电源的置信容量，分析了相关性、渗透率、容量配置比等对置信容量的影响；最后，采用美国爱荷华州的风、光等气象信息对本书所提模型和方法进行了验证，并将模型应用到西北实际电网中，分析了甘肃、青海地区的风电场、光伏电站的置信容量。

表 2-5 给出了甘青电网的可靠性指标（LOLE 和 EENS）计算情况。

表 2-5　　　　　　　　　　甘青电网可靠性指标计算结果

可靠性指标	LOLE(h)	EENS(MWh)
结果	0.068	39.366

表 2-6 给出了甘青电网规划水平年新建风电场装机、置信容量及容量置信度。

表 2-6　　　　甘青电网规划水平年新建风电场装机容量、置信容量及容量置信度

新建风电场	装机容量（MW）	置信容量（MW）	容量置信度
甘昌风 W1	501	93.3101	18.62%
甘昌风 W2	501	93.3101	18.62%
甘威风 W1	751.5	138.0819	18.37%
甘威风 W2	751.5	138.0819	18.37%
甘掖风 W1	751.5	76.0021	16.11%
甘掖风 W2	751.5	76.0021	16.11%
甘玉门 W1	801	83.4804	16.42%
青海风 W1	801	177.1876	22.12%
青海风 W2	801	177.1876	22.12%
青海风 W3	801	177.1876	22.12%

表 2-7 给出了甘青电网规划水平年部分新建光伏电站单独接入电网时的置信容量。

表 2-7　　　甘青电网规划水平年部分新建光伏电站装机容量、置信容量及容量置信度

新建光伏电站	装机容量（MW）	置信容量（MW）	容量置信度
甘高光 V1	201	8.8575	4.41%
甘隆光 V1-V2	2×201	18.6814	4.65%
青沟光 V2-V4	3×201	25.6008	4.25%
青海光 V1-V4	4×201	49.8086	6.20%
青柴旦 G2	76	8.6573	8.39%
青广核 G1	101	10.4391	7.34%
青黄乌 G1	51	6.6562	10.05%
青黄新 G1-G2	2×101	13.6883	6.78%
青节能 G1-G2	32+21	6.6562	9.56%
青金峰 G1-G2	2×21	6.4532	12.36%
青京能 G1-G3	3×21	8.9657	11.23%
青均石 G1	11	1.3431	9.21%
青发投 G1-G3	2×11+21	6.771	12.75%
青德哈 G1-G6	2×31+4×21	18.4311	9.54%
青刚察 G1-G3	31+2×21	8.6573	8.86%
青格尔 G1	21	3.4355	13.36%
青共	25×21	29.2271	5.57%

第二节　负荷侧不确定性因素的分析方法研究

随着分布式电源、电动汽车的发展，越来越多的非常规负荷接入电网，将极大地改变系统负荷特性。因此本节对负荷响应及其对系统的影响进行深入研究，给出了分布式电源、负荷响应接入的分析方法与评估指标体系。

一、中长期负荷预测方法及影响其准确性因素的分析

电力负荷预测方法按照预测的时间范围来划分，可分为长期、中期、短期和超短期预测。长期负荷预测通常指 10 年以上的预测，中期负荷预测通常指 5 年左右的预测，中长期负荷预测是以年为单位进行预测的，主要用于为电力系统规划建设，包括电网的增容扩建及装机容量的大小、位置和时间的确定提供基础数据，确定年度检修计划、运行方式等，同时还为所处地区或电网电力发展的速度、电力建设的规模、电力工业的布局、能源资源的平衡、地区间的电力余额的调剂、电网资金及人力资源需求的平衡提供有效的依据。

1. 中长期负荷预测方法

从预测方法来看，可分为基于参数模型预测方法和基于非参数模型预测方法。基于参数模型的方法主要通过分析负荷和影响负荷因素之间定性的关系，建立负荷的数学模型或统计模型，常见的有如下几种方法。

（1）经典预测方法。依赖于人的直观思考、判断和知识积累，预测的精度较差，而且常需要做大量细致的统计工作。但它可以利用人们的经验，从而可以计入许多非量化的因素影

响，所以在实际工作中，它仍然在发挥着作用。该方法主要包括分产业产值单耗法、电力消费弹性系数法、分区负荷密度法、分部门法和人均电量指标换算法等。

（2）趋势外推法。根据负荷的变化趋势，按照该变化趋势对未来的负荷情况做出判断并进行预测，这就是趋势外推预测技术。趋势外推预测技术的特点是需要数据量少，是简单实用的预测方法。该方法适用于预测周期较短时的负荷预测，主要有水平趋势预测、线性趋势预测、多项式趋势预测和增长趋势预测等几种类型。

（3）回归分析法。根据历史数据的变化规律，寻找自变量和因变量之间的回归方程式，确定模型参数，据此做出预测。回归分析法的优点是模型参数估计技术比较成熟，预测过程简单。缺点是要求样本量大且有较好的分布规律和较为稳定的发展趋势，有时难以找到合适的回归方程类型；线性回归分析模型预测精度较低，而非线性回归预测计算量大，预测过程复杂。影响电力负荷的因素多有不确定性，传统回归分析无法处理这些不确定性因素。

（4）时间序列法。时间序列法是将某一现象所发生的数量变化，依时间的先后顺序排列，以揭示现象随时间变化的发展规律，从而用以预测现象发展的方向及其数量。时间序列法在电网情况正常、气候等因素变化不大时预测效果良好，但在随机性因素变化较大或存在坏数据的情况下，预测结果不太理想。按照处理方法不同，时间序列法分为确定时间序列分析法和随机时间序列分析法。

（5）灰色预测法。灰色预测法是一种对含有不确定因素的系统进行预测的方法。此法适用于短、中、长三个时期的负荷预测。在建模时不需要计算统计特征量，从理论上讲，可以使用于任何非线性变化的负荷指标预测。但其不足之处是其微分方程指数解比较适合于具有指数增长趋势的负荷指标，对于具有其他趋势的指标则有时拟合灰度较大，精度难以提高。

（6）人工神经网络法。人工神经网络理论用于短期负荷预测的研究很多，其突出优点是它可以模仿人脑的智能化处理，对大量非结构性、非精确性规律具有自适应功能，很适合于电力负荷预测问题。目前预测模型大多采用前馈神经网络模型，使用的训练方法为反向传播算法（back propagation，BP）及其各种变种或改进方法，其预测模型结构（网络的层数和神经元的个数）的选取则大多凭借经验。长期负荷预测由于数据序列较少，不太适合应用人工神经网络这种需要大样本量训练的预测方法。

（7）优选组合法。优选组合预测有两类概念：一是指将几种预测方法所得的预测结果，选取适当的权重进行加权平均；二是指在几种预测方法中进行比较，选择拟合优度最佳或标准离差最小的预测模型进行预测。将优选组合预测方法应用于电力负荷预测，能将各个模型有机地组合在一起，综合各个模型的优点，获得更为准确的预测结果。缺点是受到两方面的限制：①不可能将所有在未来起作用的因素全包含在模型中；②很难确定众多参数之间的精确关系在各个组合间转换模型。

在中长期预测中，除传统的预测方法之外，模糊理论、专家系统、小波分析预测法等方法均被应用。

2. 影响电力负荷预测的因素分析

在电力负荷预测过程中，许多因素都具有很大的不确定性，使电力负荷预测也具有显著的不确定性。概括说来，电力负荷预测的影响因素主要有以下几种。

（1）经济。电力负荷预测属于被动型预测，电力负荷是随着电力用户的发展而增长的，电力的需要有赖于经济发展的结果。国家经济大环境，包括国民经济 GDP 增长、国家政策导向、国家行业导向对电力负荷水平及曲线分布有很大的导向作用。电力网络运行地点的经济环境对电力负荷需求模式有着显著影响。经济发展的转型以及经济发展不平衡对负荷预测也会产生重要的影响。

（2）时间。对负荷模式有着重要影响的时间因素主要有季节变化、周循环、法定及传统节日三种。

（3）气候。由于许多电网有大量气候敏感负荷，如空间散热器、空调及农业灌溉，气候条件对负荷模式变化有着显著影响，如温度和湿度是最重要的气候变量，同样，由于雷暴雨、台风等天气条件引起温度的变化，也对负荷有显著影响。

（4）电价。在电力市场中，电价随时间和电网参数的改变而改变，用户响应电价造成负荷波动。电价高，则用电减少；电价低，则用电增加。这种情况在开放发电侧的电力市场模式下还不明显，一旦用电侧开放，负荷波动将非常明显。

（5）随机因素。所有能引起负荷模式变化，而又未包括在上面几类中的其他因素均在此类中，如一些大设备的运行将引起电力负荷大的波动。由于通常这些大设备运行时刻对于系统调度人员来说是未知的，它们代表了大的不可预测的干扰。

（6）数据样本。在进行电力负荷预测时，采用各种模型进行分析，往往需要运用大量的历史数据，那么取多少样本才能正确反映负荷的周期性、趋势性以及和影响因素之间的关系，这是比较难以把握的。大电网（网、省级）负荷变化有较强的统计规律性，预测结果较为准确，而地区级及地区级以下的电网的预测精度则相对较低一些。

对于中长期负荷预测而言，经济发展（即 GDP 增长）的不确定性以及经济发展的不平衡性是影响负荷预测精度的主要原因。

二、分布式电源的综合功率特性及与分布式电源渗透率的关系

1. 分布式电源功率特性

（1）分布式风力发电功率模型。威布尔（Weibull）分布双参数曲线被普遍认为是最适用于风速统计描述的概率密度函数，其概率密度函数可表达为

$$f(v) = \frac{k}{c} \left(\frac{v}{c} \right)^{k-1} \exp\left[-\left(\frac{v}{c} \right)^{k} \right] \tag{2-30}$$

式中：v 为风速；k 和 c 为 Weibull 分布的 2 个参数，k 称为形状参数，c 称为尺度参数。

Weibull 分布的参数可以由平均风速 μ 和标准差 σ 近似算出，即

$$k = \left(\frac{\sigma}{\mu} \right)^{-1.086} \tag{2-31}$$

$$c = \frac{\mu}{\Gamma\left(1 + \frac{1}{k} \right)} \tag{2-32}$$

式中：Γ 为 Gamma 函数。

得到风速的分布后，可以通过风力发电机组的输出功率与风速之间的近似关系得到输出功率的随机分布，即风力发电输出功率 P_w 与风速 v 之间的函数关系式

$$P_w = \begin{cases} 0, & v \leqslant v_{ci} \\ k_1 v + k_2, & v_{ci} < v \leqslant v_r \\ P_r, & v_r < v \leqslant v_{co} \\ 0, & v > v_{co} \end{cases} \qquad (2\text{-}33)$$

$$k_1 = \frac{P_r}{v_r - v_{ci}} \qquad (2\text{-}34)$$

$$k_2 = -k_1 v_{ci} \qquad (2\text{-}35)$$

式中：P_r 为风力发电机额定功率；v_{ci} 为切入风速；v_r 为额定风速；v_{co} 为切出风速。经统计，大部分时间内风速维持在 v_{ci} 和 v_r 之间，P_r 与 v 近似成一次函数关系，因此可求出风力发电机有功功率概率密度，即

$$f(P_w) = \frac{k}{k_1 c} \left(\frac{P_w - k_2}{k_1 c} \right)^{k-1} \exp\left[-\left(\frac{P_w - k_2}{k_1 c} \right)^k \right] \qquad (2\text{-}36)$$

（2）分布式光伏发电功率模型。太阳能电池是光伏发电系统的基础和核心，它的输出功率与光照强度（光强）密切相关，由于光强具有随机性，因此输出功率也是随机的。据统计，在一定时间段内（1h 或几小时），太阳光照强度可以近似看成 Beta 分布，其概率密度函数为

$$f(r) = \frac{\Gamma(\alpha + \beta)}{\Gamma(\alpha)\Gamma(\beta)} \left(\frac{r}{r_{max}} \right)^{\alpha-1} \left(1 - \frac{r}{r_{max}} \right)^{\beta-1} \qquad (2\text{-}37)$$

式中：r 和 r_{max} 分别为这一时间段内的实际光强和最大光强 W/m^2；α 和 β 均为 Beta 分布的形状参数，由光照强度平均值 μ 和方差 σ^2 可以得到光强 Beta 分布的参数，关系式为

$$\alpha = \mu\left[\frac{\mu(1-\mu)}{\sigma^2} - 1 \right]$$
$$\beta = (1-\mu)\left[\frac{\mu(1-\mu)}{\sigma^2} - 1 \right] \qquad (2\text{-}38)$$

已知光强的概率密度函数，可以得到太阳能电池方阵输出功率的概率密度函数也呈 Beta 分布，即

$$f(P_M) = \frac{\Gamma(\alpha + \beta)}{\Gamma(\alpha)\Gamma(\beta)} \left(\frac{P_M}{P_{max}} \right)^{\alpha-1} \left(1 - \frac{P_M}{P_{max}} \right)^{\beta-1} \qquad (2\text{-}39)$$
$$P_{max} = A\eta r_{max}$$

式中：P_{max} 为太阳能电池方阵最大输出功率；P_M 是具有 M 个电池组件的太阳能电池方阵总的输出功率。

（3）分布式电源综合功率特性及模型。若一个地区共有风电场 n 个，每个风场含有风机数为 N_i（$i=1, 2, 3, \cdots, n$）个，每个风机额定功率为 P_r；有光伏发电站 m 个，每个光伏电站含有电池组件数为 M_j（$j=1, 2, 3, \cdots, m$）个，每个电池组件运行在额定功率，并作如下假设。

（1）同一风电场内各风机的出力之间满足强相关，即相关系数为 1；不同风电场总出力之间满足相互独立，即相关系数为 0。

（2）同样，同一光伏电站内各个电池组件出力之间满足强相关，即相关系数为 1；不同光伏电站总出力之间满足相互独立，即相关系数为 0。

（3）光伏电站出力和风电场出力之间相互独立，即相关系数为 0。

则对于风电场 i，根据假设风电场内各个风机出力之间满足强相关，则其总出力为 N_i 个风机出力之和，即 $P_i = N_i P_w$，其中，P_i 为风电场 i 的总出力，P_w 为单台风机出力。

关于风速的分布，风速统计描述的概率密度函数采用典型的三参数威布尔分布曲线，其概率密度函数可表达为

$$f(x) = \frac{b}{c} \left(\frac{x-a}{b} \right)^{c-1} \exp \left[\left(\frac{x-a}{b} \right)^c \right] \tag{2-40}$$

式中：a、b 和 c 为 Weibull 分布的三个参数。

密度函数 r 阶矩 $\alpha_r = \sum_{k=0}^{r} \begin{bmatrix} r \\ k \end{bmatrix} b^k a^{r-k} \Gamma \left(1 + \frac{k}{c} \right)$。因此，对于风电场 i，可以先求出单台风力发电机有功功率随机变量的 r 阶矩，再乘以 N_i 的 r 次幂，即得到风电场 i 的有功功率随机变量的 r 阶矩。进而由各阶矩与各阶半不变量之间的关系，可以求得风电场 i 的有功功率随机变量的半不变量 $\delta_i (i=1, 2, 3, \cdots, n)$。

对于 Beta 分布的各阶矩，可由定义求出，其 k 阶矩为

$$\alpha_k = \frac{\alpha(\alpha+1)(\alpha+2)(\alpha+3)\cdots(\alpha+k-1)}{(\alpha+\beta)(\alpha+\beta+1)(\alpha+\beta+2)\cdots(\alpha+\beta+k-1)} \tag{2-41}$$

因此，对于光伏电站 j，可用与风电场相同的方法求出光伏电站 j 的有功功率随机变量的半不变量 $\varepsilon_j (j=1, 2, 3, \cdots, m)$。于是有

$$\gamma = \sum_{i=1}^{n} \delta_i + \sum_{j=1}^{m} \varepsilon_j \tag{2-42}$$

式中：γ 为区域风光总有功功率随机变量的半不变量。

考虑到风速在一天内不同时间的分布是有区别的，比如，有些地区傍晚风速比白天风速小，中午风速比早晨风速大，因此考虑到风速在一天中不同时间上的差异会影响风电场在不同时间的功率，以 1h 为时间尺度，由 24 组风速平均值 μ 和标准差 σ 可求得 24 个不同参数的威布尔分布函数。同样，由于光照在一天中不同时刻是明显差异的，黑夜无光伏功率，白天不同时间点光伏功率也不相同，因此，与观测风速数据的处理方式一样，由一年内 8760h 的观测光照强度求出 24 个不同参数的 Beta 分布。

这样将一天以小时为时间尺度分成 24 份后，区域风光总有功功率随机变量的半不变量也有 24 个，对应一天中的 24 个小时。因为假设 n 个风电场有功功率和 m 个光伏电站有功功率的 $m+n$ 个变量之间相互独立，所以可根据半不变量的可加性求得区域风光总有功功率随机变量的半不变量为

$$\gamma_k = \sum_{i=1}^{n} \delta_{ki} + \sum_{j=1}^{m} \varepsilon_{kj}, k=1,2,3,\cdots,24 \tag{2-43}$$

式中：γ_k 为第 k 个小时的区域风光总有功功率随机变量的半不变量；δ_{ki} 为风电场 i 第 k 个小时的有功功率随机变量的半不变量；ε_{kj} 为光伏电站 j 第 k 个小时的有功功率随机变量的半不变量。

以上过程通过半不变量叠加法，完成了每个小时区域风光总有功功率随机变量的半不变量 γ_k（k＝1，2，3，…，24）的计算，进而可以通过 Gram-Charher 展开级数式求得该随机变量的累积分布函数和概率密度函数。

同时通过半不变量 γ_k 可得区域风光总有功功率概率密度函数 $f_k(P)$，以及区域风光总有功功率随机变量的期望 μ_k 和标准差 σ_k（k＝1，2，3，…，24）。图 2-28 为风光总有功功率随机变量概率密度函数。

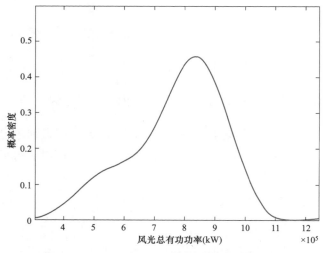

图 2-28　风光总有功功率随机变量概率密度函数

通常，区域风光总有功功率随机变量集中在区间（$\mu_k-3\sigma_k$，$\mu_k+3\sigma_k$）内，因此风光有功功率最小值为 $\mu_k-3\sigma_k$，风光有功功率最大值为 $\mu_k+3\sigma_k$。图 2-29 为某区域典型日负荷曲线。

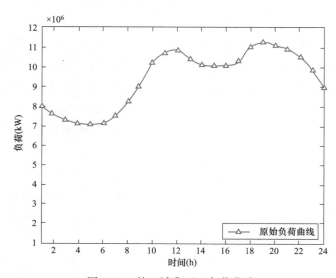

图 2-29　某区域典型日负荷曲线

所以当叠加区域风光有功功率后，负荷曲线不再是一条确定型曲线，而是满足一定规律波动的"带"，如图 2-30 所示。

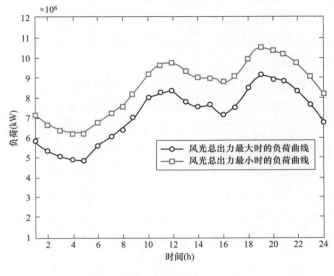

图 2-30　区域负荷曲线"带"

2. 分布式电源综合功率特性与分布式电源渗透率的关系

（1）分布式电源渗透率定义。分布式电源渗透率指分布式电源接入电网容量或电能的百分比，包括容量渗透率、能量容量渗透率、功率渗透率和分布式电源渗透率。本书所采用的渗透率为分布式电源渗透率，定义为分布式电源总装机容量与全年最大负荷的百分比。计算公式为

$$\rho = \frac{C_{DG}}{P_{load.\,max}} \times 100\% \tag{2-44}$$

式中：ρ 为分布式电源的装机渗透率；C_{DG} 为分布式电源装机；$P_{load.\,max}$ 为负荷峰值。

分布式电源渗透率由分布式电源有功功率特性及总装机容量共同决定。当分布式电源渗透率过高时，将出现功率返送的现象。因此确定分布式电源最大渗透率具有一定的指导意义。分布式电源最大渗透率由分布式电源功率特性、区域负荷特性及电网功率和电压限值共同决定。若以分布式电源综合功率小于区域负荷为约束条件，定义分布式电源最大渗透率，即为：某一时刻净负荷值等于零、其他时刻净负荷值不小于零时，分布式电源渗透率所能取到的最大值。计算公式为

$$\rho_{max} = \frac{C_{DG.\,max}}{P_{load.\,max}} \times 100\% = \frac{P_{load}(T) \times \dfrac{P_{DG.\,max}}{P_{DG}(T)} \div \lambda}{P_{load.\,max}} \times 100\% \tag{2-45}$$

式中：ρ_{max} 为分布式电源最大渗透率；$C_{DG.\,max}$ 为分布式电源装机容量的最大值；T 为两条曲线最小差值对应时刻；$P_{load}(T)$ 为 T 时刻的负荷值；$P_{DG.\,max}$ 为分布式电源最大有功功率；$P_{DG}(T)$ 为 T 时刻的分布式电源有功功率；λ 为分布式电源最大有功功率占装机容量的百分比。由于 λ 的取值为 $40\% \sim 60\%$，故分布式电源最大装机容量通常比负荷峰值大，因此分

布式电源最大渗透率存在较大的概率使得其取值大于100%。

　　某一区域的负荷特性、电网功率和电压限值在一定时期内变化较小，因此分布式电源有功功率特性是影响分布式电源最大渗透率的主要因素。

　　（2）分布式电源综合功率特性与渗透率的关系。分布式电源的综合功率大小受到分布式电源渗透率大小的影响，而分布式电源的有功功率特性曲线与区域负荷特性曲线的最小差值决定了分布式电源最大渗透率。

　　本书选取三种装机容量一致的分布式电源的有功功率特性，在同一区域负荷背景下分析分布式电源最大渗透率（见图2-31）。经计算，负荷曲线与分布式电源综合有功功率曲线1的最小差值L_1为4478MW（$T=7$）；负荷曲线与分布式电源综合有功功率曲线2的最小差值L_2为4806MW（$T=12$）；负荷曲线与分布式电源综合有功功率曲线3的最小差值L_3为4127MW（$T=7$）。若分布式电源最大有功功率为装机容量的50%，经计算，当分布式电源综合有功功率特性如曲线1时，其分布式电源最大渗透率为180.960%；当分布式电源综合有功功率特性如曲线2时，其分布式电源最大渗透率为189.375%；当分布式电源综合有功功率特性如曲线3时，其分布式电源最大渗透率为150.960%。

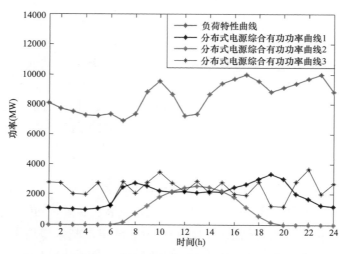

图2-31　负荷特性与分布式电源综合有功功率特性曲线

　　以上分析表明，分布式电源的渗透率应和分布式电源有功功率特性以及区域负荷的实际水平相匹配。当分布式电源装机容量一致时，负荷曲线与分布式电源有功功率特性曲线最小差值越大，分布式电源最大渗透率越高。

三、分布式电源有功功率特性与区域负荷的相关性

　　分布式电源的接入及与负荷之间的就地平衡，将直接减少所需系统供应的功率与电量，进而在影响系统电压与功率分布的同时降低设备配置与投资规模。从供电对象的角度看，含分布式电源的配电系统负荷可分为系统接入负荷、系统网供负荷和分布式电源所供负荷。

图 2-32 表现出分布式电源采用本地消纳模式建设的楼宇负荷情况。在未安装光伏发电系统之前，负荷最大功率出现在一天中的 11 时，峰值负荷为 266kW，引入光伏发电系统之后，原有负荷高峰 7～20 时由于光伏的自发自用变为用电低谷期，新的峰值负荷发生在 19 时，且峰值负荷低于 200kW。

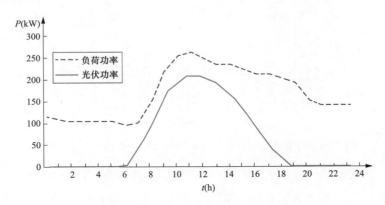

图 2-32 某光伏供楼宇一天负荷和光伏有功功率曲线

由图 2-32 可知，新型配电系统中部分用户的网供负荷将因分布式电源的接入而降低。因此，新型配电系统的负荷预测需要着重区分系统接入负荷与网供负荷，并在研究分布式电源有功功率预测的基础上，研究上述三者之间的关系，得到网供负荷的预测结果，为变电站与网络规划奠定基础。

1. 分布式电源有功功率与区域负荷的相关性描述

分布式电源有功功率特性曲线与区域负荷曲线的相关性可用相关系数表示，计算公式为

$$\rho_{XY} = \frac{\text{Cov}(X,Y)}{\sqrt{D(X)}\sqrt{D(Y)}} \tag{2-46}$$

相关系数的取值范围为 [-1，1]。相关系数越接近 1，两条曲线相关性越高；相关系数越接近 -1，两条曲线相关性越低。

定义负荷曲线与分布式电源有功功率特性曲线最小差值计算公式为

$$L(T) = \min|P_{\text{load}}(T) - P_{\text{DG}}(T)|, T \in [0,\infty) \tag{2-47}$$

L 值越大，两条曲线的绝对功率差距越大。

分别研究区域负荷变化与风电、光伏有功功率的相关性，结果表明区域负荷变化与风电有功功率变化的规律具有较低的相关性。同时，风电有功功率较大的月份比风电出力较小的月份相关性高。区域负荷变化与光伏有功功率变化的规律在一定程度上具有相关性，相关性较风电出力强。同时，光照强的月份（夏天）比光照弱的月份（冬天）相关性高。

2. 风力发电与区域负荷的关系

（1）风电有功功率与月平均负荷变化的相关性分析。图 2-33 给出了内蒙古地区月平均负荷和风电综合有功功率的变化曲线。风电综合有功功率根据风电装机总容量得出，并设定该区域风电有功功率的同时率为 0.95。

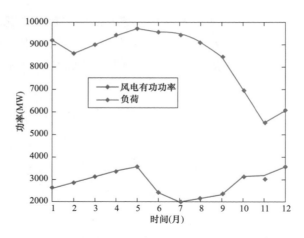

图 2-33　内蒙古地区月平均负荷与风电综合有功功率变化曲线

可以看出，该区域的风电月平均有功功率变化与电网负荷变化规律具有较低的相关性，相关系数为−0.4062，两条曲线的最小差值为 2216MW。在 2～5 月负荷需求增加时风电有功功率同样处于增加状态；5～9 月负荷需求降低，而风电也同样处于低有功功率状态；9～11 月风电有功功率增加，而负荷需求仍继续减少；12 月风电有功功率增加至最高点，此时负荷需求也有所增长。

（2）典型日风电有功功率与负荷变化的相关性分析。对于典型日风电有功功率与负荷变化的相关性分析，选取了 5 月风电有功功率较大月份的典型日曲线以及 8 月风电有功功率较小月份的典型日曲线，如图 2-34 所示。

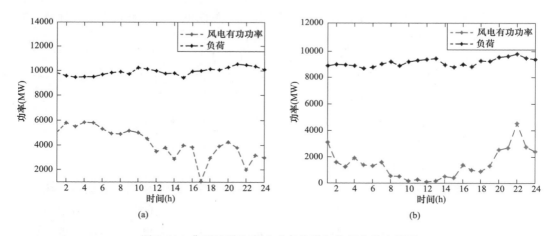

图 2-34　典型日风电有功功率曲线与负荷曲线比较图

(a) 5 月；(b) 8 月

由图 2-34 可以看出，在凌晨负荷需求通常都较小，而风电有功功率没有绝对的规律性，图 2-34（a）所示曲线相关系数为−0.5669，两条曲线的最小差值为 3752MW；图 2-34（b）所示曲线相关系数为 0.3964，两条曲线的最小差值为 5344MW。白天负荷需求较大，而两个典型日里的风电有功功率却呈降低的趋势；16：00～23：00 负荷需求较高，此时风电有功功率水平也都相对较高。

以上分析表明，区域负荷变化与风电有功功率变化的规律具有较低的相关性。同时，风电有功功率较大的月份比风电有功功率较小的月份相关性高。

3. 光伏发电与区域负荷的关系

（1）光伏有功功率与月平均负荷变化的相关性分析。图 2-35 给出了青海电网月平均负荷与光伏有功功率的对比曲线。

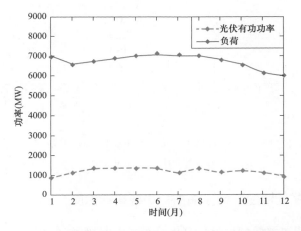

图 2-35　青海电网月平均负荷与光伏有功功率对比曲线

从图 2-35 中可以看出，总体上光伏有功功率与负荷变化的相关性不强，有些月份光伏的有功功率与负荷变化相反，使得网内等效负荷的峰谷差增大。光伏有功功率 3 月最大，而负荷 6 月最大，冬季负荷和光伏有功功率都减少，具有一定的相关性。但青海电网工业用电占主导，2008 年由于金融危机影响，工业用电大大减少，导致冬季负荷出现低谷，而多年运行结果表明，青海电网冬季属于负荷高峰期，总体上光伏有功功率与月均负荷变化的相关性不强，相关系数为 0.4477，两条曲线的最小差值为 4896MW。

（2）典型日光伏有功功率与负荷变化的相关性分析。前面分析了月平均光伏有功功率和负荷变化的相关性，给出了一个宏观的概念。光伏的有功功率和负荷的日变化特性更具有实际的应用意义，等效负荷（二者叠加后的负荷）曲线对于其他电源调度曲线的安排有一定的参考价值。图 2-36 给出了青海电网光伏装机分别为 2000MW 时两个典型日负荷与光伏有功功率的变化曲线。

由图 2-36 可以看出，光伏有功功率增大时，负荷有时增加，有时减少，光伏有功功率与青海电网负荷的相关性不强，图 2-36（a）所示曲线相关系数为 −0.1610，两条曲线的最小差值为 2265MW；图 2-36（b）所示曲线相关系数为 0.3410，两条曲线的最小差值为 1769MW。

以上分析表明，区域负荷变化与光伏有功功率变化的规律在一定程度上具有相关性，相关性较风电出力强。同时，光照强的月份（夏天）比光照弱的月份（冬天）相关性高。

此外，本书深入分析了分布式电源出力特性与工业负荷、商业负荷、居民负荷的相关特性，光伏特性曲线与三种负荷均具有一定程度的相关性：光伏有功功率特性曲线与商业负荷的相关性最大，其次是工业负荷和居民负荷。风电特性曲线与三种负荷均不具有相关性，风电有功功率特性曲线与商业负荷的不相关性最大，依次是居民负荷和工业负荷。

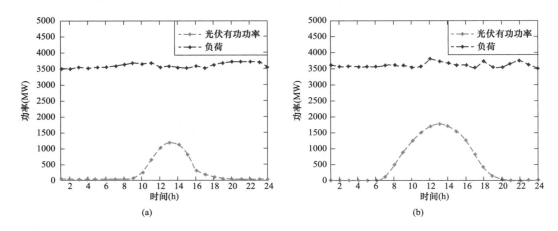

图 2-36　典型日光伏有功功率曲线与负荷曲线比较图

(a) 1 月 9 日；(b) 6 月 15 日

四、分布式可再生能源的综合评估指标和容量置信度

本书通过分布式能源评估指标量化分析分布式电源接入对配电网的影响。这为配电网的规划分布式能源的接入位置及容量配置提供理论基础。从分布式能源接入后对系统的电能质量、社会经济效益两个方面进行了深入研究，建立了量化分布式能源对电网影响的评估指标体系（见图 2-37），然后从置信容量的角度，对分布式能源进行评估。

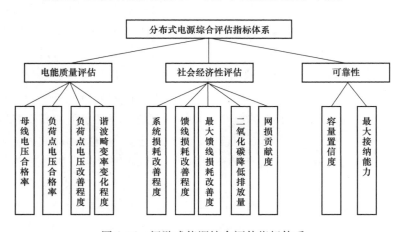

图 2-37　间歇式能源综合评估指标体系

1. 电能质量评估指标

分布式能源安装后电能质量评估的目的，主要为是了检验现有限值对并网后电网电能质量约束的有效性。如果电能质量指标超过了限值，则应该对分布式能源并网后的电网采取适当的措施来抑制电力扰动，使电能质量各项指标减小到可接受范围之内。

分布式能源接入会对母线和负荷节点的电压有一定提升作用，同时有些分布式能源能够提供一部分无功功率，缓解了变电站无功调节裕度，从而对保障母线电压稳定起到一定作用。然而当分布式能源的容量过大，可能会使电压越限，因此，在电压质量方面，为了量化分析间歇式能源接入对电压产生的影响，提出负荷节点电压合格率、母线电压合格率、负荷节点电压改善程度三个指标。另外，分布式能源入网需要采用功率变换器设备，可能会在电网内造成谐波畸变率升高的问题，故提出谐波畸变率变化程度这一指标予以衡量。

（1）负荷节点电压合格率。负荷节点电压合格率反映的是某一时刻配电网中各负荷节点是否超出允许范围的指标，值越大越好，计算公式为

$$L_{\mathrm{hg}} = \frac{N_{\mathrm{q}}}{N} \times 100\% \tag{2-48}$$

式中：N_{q} 为某一时刻线路负荷电压合格点数；N 为线路负荷总数。

（2）母线电压合格率。母线电压合格率反映的是母线电压在检测时间段内是否超出允许范围的指标，计算公式为

$$U_{\mathrm{hg}} = \left(1 - \frac{T_{\mathrm{cx}}}{T_{\mathrm{jc}}}\right) \times 100\% \tag{2-49}$$

式中：T_{cx} 为在电压检测的时间段内，电压超限的时间；T_{jc} 为电压检测时间。

（3）负荷节点电压的改善程度。负荷节点电压的改善程度反映分布式能源的接入对负荷节点电压的改善情况，大于 1 表示负荷节点电压合格率增加，小于 1 表示电压合格率降低，计算公式为

$$U_{\mathrm{gs}} = \frac{L_{\mathrm{dg\_hg}}}{L_{\mathrm{ndg\_hg}}} \times 100\% \tag{2-50}$$

式中：$L_{\mathrm{dg\_hg}}$ 为安装 DG 后某一时刻负荷节点电压合格率；$L_{\mathrm{ndg\_hg}}$ 为同一时刻未安装 DG 时负荷节点电压合格率。

（4）谐波畸变率变化程度。其计算式为

$$\Delta THD = \frac{THD_{\mathrm{dg},i} - THD_{\mathrm{ndg},i}}{THD_{\mathrm{dg},i}} \times 100\% \tag{2-51}$$

式中：$THD_{\mathrm{ndg},i}$ 为监测点 i 处分布式能源接入前的谐波畸变率；$THD_{\mathrm{dg},i}$ 为监测点 i 处分布式能源接入后的谐波畸变率。

2. 社会经济性评估指标

分布式能源系统的引入必然会改变配电网的潮流分布，也会对网络损耗产生重大影响，而不同的接入位置、负荷容量、接入方式和运行方式对配电网造成的影响也不同。同时清洁、环保也是分布式发电技术得以发展应用的原因之一，因此，量化其带来的环境利益也是衡量分布式发电经济性必不可少的条件。此处采用以下几个指标考查分布式能源并网的经济性。

（1）系统损耗改善程度。系统损耗改善程度指安装分布式能源前后电网损耗之比值。它是从系统的观点反映分布式能源接入前后网损的变化情况，值越大表明分布式能源降损效果越好，即

$$S_{\mathrm{gs}} = \frac{S_{\mathrm{ndg}} - S_{\mathrm{dg}}}{S_{\mathrm{ndg}}} \times 100\% \tag{2-52}$$

式中：S_{ndg} 为未安装分布式能源时配电网的网络损耗，kW；S_{dg} 为安装分布式能源后配电网的网络损耗，kW。

（2）馈线损耗改善程度。馈线损耗改善程度指安装分布式能源前后馈线损耗之比值，它是反映分布式能源接入后对配电网各条馈线损耗影响的指标，即

$$L_{i,gs} = \frac{L_{i,ndg} - L_{i,dg}}{L_{i,ndg}} \times 100\% \tag{2-53}$$

式中：$L_{i,ndg}$ 为未安装分布式能源时第 i 条馈线的网络损耗，kW；$L_{i,dg}$ 为安装分布式能源后第 i 条馈线的网络损耗，kW。

（3）最大馈线损耗改善程度。最大馈线损耗改善程度反映分布式能源接入后对局部馈线损耗的最大影响程度。值越大，表示对局部网损改善情况越好，即

$$L_{td} = \max_{i \in [1,N]} \frac{L_{i,ndg} - L_{i,dg}}{L_{i,ndg}} \times 100\% \tag{2-54}$$

（4）网损贡献度。网损贡献度反映了分布式能源并网对全网有功功率损耗的影响程度。取值为正，表示分布式能源的接入导致了网损的增加；取值为负，表示分布式能源接入降低了网损，且值越小，越有利于电网的经济性运行，即

$$C_i = \frac{\Delta P_{i+} - \Delta P_{i-}}{\Delta P_{i-}} \times 100\% \tag{2-55}$$

式中：C_i 为第 i 座分布式能源并网对配电线路的网损贡献度；ΔP_{i+} 为第 i 座分布式能源并网时全网的有功损耗，kW；ΔP_{i-} 为第 i 座分布式能源停运时全网的有功损耗，kW。

（5）减少的 CO_2 排放量。反映的是分布式能源的接入对环境的友好程度，是衡量间歇式能源接入对改善环境污染的一个重要指标，即

$$Q = K_{zh} \times (E_{dg} + \Delta E_{dg}) \tag{2-56}$$

式中：Q 为单位时间内（一天）分布式能源接入减少的 CO_2 排放量，kg；K_{zh} 为间歇式能源单位发电量减少的 CO_2 排放量，kg/kWh；E_{dg} 为单位时间（一天）分布式能源发电量，kg/kWh；ΔE_{dg} 为单位时间内（一天）分布式能源接入减少的配电网损耗，kg/kWh。

3. 分布式电源最大接纳能力

配电网的分布式能源接入容量要限定在一定的安全接入容量范围内，需对配电网的分布式能源接纳能力进行评估，评估方法有以下几种。

（1）基于电压限制的最大准入功率试探法。给定分布式能源的位置和容量，计算在各种负荷水平下的电压分布，如果电压分布满足安全运行的要求，再增加分布式能源的容量，重复上述计算，直到分布式能源容量不能再增加为止。这种方法的缺点是不灵活，很难考虑电压调整措施，更改任何参数都需要对准入功率重新进行验算，且给出的最大准入功率很可能只是其目前试探样本中的一个最大值，且不能给出一个最优的电压调整方案，但是是比较电压调整措施优劣的一个简单实用的方法，试探法可认为是优化算法的特例。

（2）非逆流条件下的最大准入容量。在配电网中，为防止逆流对上一级电网在继电保护设置产生做出大范围的调整，分布式能源所产生的电力电量应该尽量在本级配电区域内平衡。因此，分布式能源的最大有功功率应该小于该电压等级下变压器供电范围内负荷的谷值。

典型地区"负荷谷值/负荷峰值"比值为 0.4～0.6。因此，分布式能源总容量在配电区域内可达到所接入设备（配电变压器、中压馈线或主变压器）最大负荷的 40%～60%。

（3）逆流条件下的最大准入容量。当允许分布式能源通过所接入设备向上送电时，即在某一时刻分布式能源的有功功率大于所接入设备的负荷，为保证所接入设备不过载，则分布式能源的最大准入容量将取所接入设备与其负荷的低谷值之和。

4. 分布式能源的容量置信度

计及分布式能源配电网网络规划的主要变化体现在，由于分布式能源对负荷的就地平衡，电网峰值负荷将有所下降，以此为依据的线路型号将有所减小，线路数量也有所下降。因此，只是在线路供电范围的求解步骤中需要计算分布式能源对负荷峰值的影响，具体匹配关系可通过分布式能源的置信容量确定。

对于分布式能源置信容量的确定，目前共有 10 余种定量评估方法，按性质大致可以分为以下 4 类：

（1）基于等效容量（equivalent capacity，EC）的评估指标。如果保持可靠性水平不变，则新增电源后的系统可以多承担一部分负荷，称为新增电源的有效载荷能力（effective load carrying capability，ELCC）。因此，基于等效容量的评估指标通常有 2 种表述形式：

1）在可靠性水平提高相同幅度情况下，分布式能源发电可替代的参考机组（或理想机组）的容量，即

$$R_1 = P(G + G_{DG} > L) = P(G + \Delta G > L) > R_0 = P(G > L) \tag{2-57}$$

2）在维持系统可靠性水平不变至达到相同 ELCC 情况下，分布式能源发电可替代的参考机组（或理想机组）容量，即

$$R_0 = P(G + G_{DG} > L + \Delta L) = P(G + \Delta G > L + \Delta L) = P(G > L) \tag{2-58}$$

式中：R_0 和 R_1 分别为分布式能源加入前后的可靠性指标；P 为可靠性估算函数；L 和 ΔL 分别为系统的初始负荷和新增负荷；G_{DG}、G、ΔG 分别为分布式能源发电容量、系统初始装机容量和需新增的参考机组容量。分布式能源发电的置信容量 $C_{DG} = \Delta G$ 或 $C_{DG} = \Delta G / G_{DG} \times 100\%$。指标将分布式能源发电等效为规划人员十分熟悉的传统电源，应用方便，但计算量大，参考机组的选取差异可能导致评估结果出现较大的差异。

（2）基于特定时段容量系数（capacity factor，CF）的评估指标，即用分布式能源电站全年或特定时段内的容量系数［容量系数＝考核时段内的总发电量/（分布式能源电站额定容量×考核时段内的小时数）］作为置信容量的近似评估指标。该指标概念清晰，算法简单，但全年的容量系数无法体现分布式能源发电有功功率与电网负荷的相关性，特定时段的容量系数虽然可以体现出一定的相关性，但特定时段的选取尚无明确的理论依据，主要取决于决策者的经验判断，具有很大的随意性。

（3）基于附加措施的评估指标，是指分布式能源发电在相同附加措施（例如负荷控制、储能措施等）下可替代的常规机组容量。该方法的缺点在于物理意义不够清晰，更侧重于能量的充裕性，对容量的关注不足。

（4）基于 ELCC 的评估指标，即 $C_{DG} = C_{ELCC} = \Delta L$ 或 $C_{DG} = C_{ELCC} = \Delta L / G_{DG} \times 100\%$。EL-

CC 是对比传统电源容量贡献的常用方法，它十分直接地描述了电源发电的效用，即一定可靠性水平下承载负荷的能力，有效地避免了以上指标的缺点，计算量适中。具体的计算方法可参见分布式能源容量置信度评估方法。

五、负荷响应及其与系统、区域负荷的关系

1. 负荷响应与系统、区域负荷的关系

随着传统配电系统向含电动汽车、分布式电源的新型配电系统的发展过渡，部分负荷具备了可控/可调特性。与只考虑不可控负荷的传统配电系统不同，新型配电系统将负荷分为友好型负荷和非友好型负荷，其中，友好型负荷包括能够由电力公司直接调度的直控负荷和能够响应电力公司阶梯电价引导的可调负荷；非友好型负荷是指不能接受控制和响应电价引导的负荷。

由于大规模电动汽车等可控负荷的出现，配电网中增加众多充电设施以及大量电动汽车充电，将改变配电网负荷结构和特性，传统的配电网规划准则可能无法适用于电动汽车大规模接入的情景。

新型配电系统的负荷分类情况如下：

（1）直控负荷：是指用电时间比较灵活、具备一定时间尺度上可平移特性的负荷，在特定时段允许有条件停电，并能获得一定补偿。

（2）可调负荷：是指非直接负荷控制策略的管理对象，包括居民用户中的空调及洗衣机使用、电动汽车充电等可在时间尺度上平移的负荷，通过引导机制对其接入时间进行调节，以达到避开用电高峰、对区域整体负荷削峰填谷的目的。

（3）非友好型负荷：是指用电时间固定、用电稳定，难以实现响应控制的常规负荷，在配电网发展过程中长期存在，仍是新型配电系统负荷的重要组成部分。它的负荷大小根据新型配电网发展程度不同而不同。

上述几类负荷之间的关系为

$$L = L_1 + L_2 + L_3 \tag{2-59}$$

式中：L 为负荷总量；L_1 为直控负荷；L_2 为可调负荷；L_3 为非友好型负荷。

可调负荷的响应程度与需求紧迫性、电价优惠力度等具有较强关联，在通常情况下，这部分负荷将根据具体的响应结果分为响应负荷与非响应负荷两个部分，可分别定义为 L_{2A} 和 L_{2B}。同时定义可调负荷中实际参与响应部分的占比为 μ，则两部分之间关系为

$$\begin{cases} L_2 = L_{2A} + L_{2B} \\ L_{2A} = \mu L_2 \\ L_{2B} = (1-\mu)L_2 \end{cases} \tag{2-60}$$

在此基础上，将可调负荷的分类情况与直控负荷、常规负荷进行组合，可以得到总量负荷中的可控部分与不可控部分。其中，前者包括直控负荷及可调负荷中参加响应的部分，后者包括非友好型负荷和可调负荷中未参加响应的部分。

定义新型配电系统负荷中的可控部分与整体负荷的占比作为可控负荷因子，它的大小表

明了新型配电系统用户侧负荷参与电网调度的主动程度，具体表达式为

$$\lambda = \frac{L_3 + L_{2A}}{L} \times 100\%$$ (2-61)

由式（2-61）可知，λ 的值越大，可控负荷越大，即通过有效调度手段能够使得电网的尖峰负荷越小，此时电网的最大负荷为 $L(1-\lambda)$（此处默认可控负荷进行了时段上的平移，且在其他时段叠加时不会产生另一个尖峰）。在后期新型配电系统负荷预测中，可通过给定远景年的可控负荷因子、负荷密度指标，结合用地规划等来预测规划年的具体负荷情况。综上所述，考虑友好型负荷的新型配电系统负荷分类关系如图 2-38 所示。

相较于传统配电系统，新型配电系统的负荷增加了可调、可控类型，加强了用户需求侧与电网的互动，可在一定程度上降低电网用电高峰期的负荷峰值。这不仅需要考虑直控负荷和可调负荷等新型负荷的预测问题，还需要充分研究各类负荷之间的融合问题，方可得到更加准确的最大负荷功率、电量及负荷曲线。

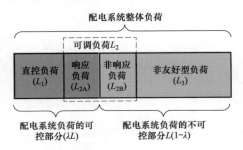

图 2-38　新型配电系统负荷分类关系

而电动汽车作为节能环保的低碳新技术，是未来智能电网发展的重要组成部分。电动汽车作为一种新的负荷类型，它的充电负荷特性与充电模式密切相关。

综上所述，含分布式能源和大量电动汽车的配电网的负荷特性可归纳总结如表 2-8 所示。

表 2-8　　　　　　　　　　　　　　负 荷 特 性 分 类

负荷类型	负荷形式	负荷特性
传统负荷	如生活与行政办公基本用电、工厂用电、农业用电及公共交通用电等常规负荷	不可控
可中断负荷	与用户签订可中断协议的工业用电、居民用电等	可控
电动汽车	公交车（换电站）	可控
	出租车（快充）	可调
	公务车（慢充/常规）	可调
	私家车（慢充/常规）	可调

2. 负荷响应模型

此处给出了负荷侧温控模型的基本工作原理和仿真模型。电热泵设备是此类负荷的典型代表，具有良好的热储能特性。单个电热泵设备基本动态过程和热力学等值模型分别如图 2-39 和图 2-40 所示。其他温控设备如中央空调、电冰箱、电热水器等与其原理类似。

此处提出了一种保留电热泵热力学变化主要特征，适用于工程分析的简化一阶微分方程，该简化模型作为后续大规模电热泵需求响应仿真的主要模型。具体来说，当电热泵关断时，有

$$\theta_{\text{room}}^{t+\Delta t} = \theta_{\text{out}}^{t+\Delta t} - (\theta_{\text{out}}^{t+\Delta t} - \theta_{\text{room}}^{t}) e^{-\frac{\Delta t}{RC}}$$ (2-62)

当电热泵开启时，有

$$\theta_{room}^{t+\Delta t} = \theta_{out}^{t+\Delta t} + QR - (\theta_{out}^{t+\Delta t} + QR - \theta_{room}^{t})e^{-\frac{\Delta t}{RC}} \tag{2-63}$$

式中：θ_{room} 为电热泵调节的室内温度，℃；C 为等值热电容，J/℃；R 为等值热电阻，℃/W；Q 为等值热比率，W；θ_{out} 为室外温度，℃；t 为仿真时刻；Δt 为仿真步长。

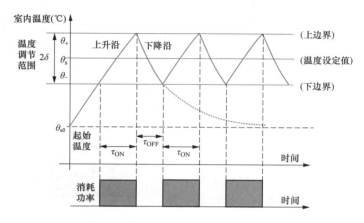

图 2-39　单个电热泵动态过程

电动汽车时空分布模型的系统框架如图 2-41 所示，整体流程如图 2-42 所示。该模型可充分计及出行时空的不确定性，一个典型电动汽车出行时间分布如图 2-43 所示。

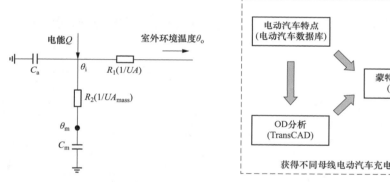

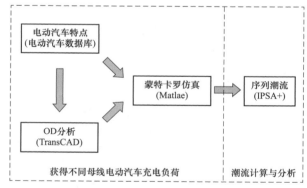

图 2-40　单个电热泵等值热力学等值模型示意图　　图 2-41　电动汽车时空分布模型系统框架图

对于所研究规划区域，日常交通出行规律已形成固定的模式。根据交通调查，每一辆电动汽车可分配一个初始位置（功能区定位）。随后可利用源流矩阵来追踪电动汽车在一天内的移动。图 2-44 给出了两种充电策略下不同区域充电负荷增长示意图。图中不同样式的阴影部分表示充电负荷在各功能区域的所占的增长比例。如图 2-44（a）所示，在无控充电控制策略下，大部分电动汽车充电功率增长与基态负荷峰值近似重合，峰值负荷从 17 点转移至 18 点，与基态负荷峰值相比，在 25% 与 50% 渗透率下，峰值负荷分别增加了 36% 和 74%，且大多电动汽车充电负荷集中在居民区，如此大的负荷增长给城市电力系统电压、线路/变压器容量等带来了极大的挑战。如图 2-44（b）所示，在 25% 与 50% 渗透率下，智能充电策略下的负荷峰值分别增加了 23% 与 47%，与无控充电策略相比，有了大幅度的下降。

大部分电动汽车充电功率被转移到了基态负荷曲线的"低谷"区域,不仅提高了电网基础设施的利用率,还节省了对现有电网进行升级改造所需的巨额投资。

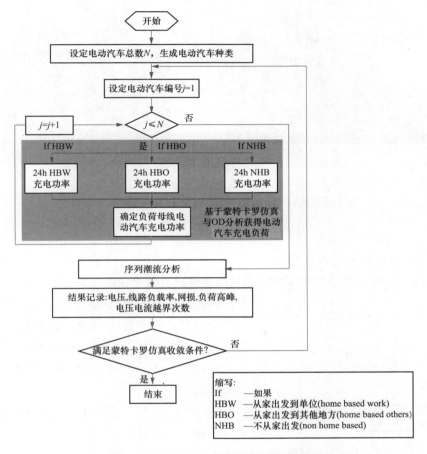

图 2-42　电动汽车时空分布模型整体流程图

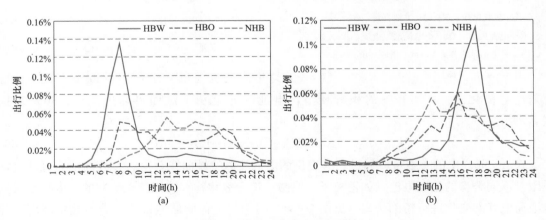

图 2-43　电动汽车出行时间分布

(a) 出行开始时间；(b) 行程结束时间

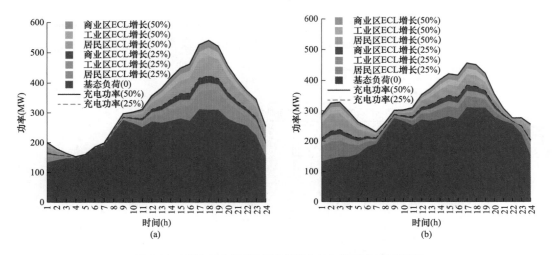

图 2-44　两种充电策略下不同区域充电负荷增长示意图

（a）无控充电；（b）智能充电

3. 负荷侧储能系统通用模型

负荷侧通用电池储能系统模型可以通过改变模型参数来描述各类电池储能系统工作时的

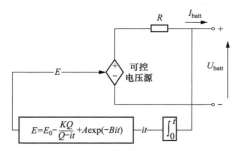

图 2-45　非线性通用蓄电池模型

E—电池空载电压；E_0—电池额定电压；

K—极化电压，V；Q—电池容量，Ah；

R—电池内阻，Ω；i—电池放电电流，A；

U_{batt}—电池端电压，V；A—指数幅值，V；

B—时间常数，Ah^{-1}

外特性，采用的电池模型是一个与恒定电阻串联的可控电压源，如图 2-45 所示，该模型将电池荷电状态（state of charge，SOC）作为状态参数，荷电状态与电池状态相关，用来指示电池的荷电状态，又称剩余电量。

电池端电压 U_{batt} 可以通过一个与荷电状态相关的非线性方程来近似描述，即

$$U_{batt} = E_0 - \frac{KQ}{Q-it} + A\exp(-Bit) - Ri$$

$$(2\text{-}64)$$

$$SOC = 1 - \int_0^t i(t)\mathrm{d}t / Q \qquad (2\text{-}65)$$

这里假设电池以一个恒定的额定电流 i 进行充放电，简化式（2-65）中的积分环节，电池的充电功率进而可以用式（2-66）来描述，即

$$P = E_0 i - Ki/SOC + Ai\exp(-Bit) - Ri^2 \qquad (2\text{-}66)$$

式（2-66）中的参数可以通过厂家提供的电池放电特性曲线获得。参数确定后可通过该模型对不同类型的储能电池（如锂离子、铅酸、镍金氢化物、镍镉等电池）的充电特性及其电池荷电状态变化进行精确仿真（见图 2-46），适用于负荷侧储能系统参数不确定环境下的储能特性综合分析。

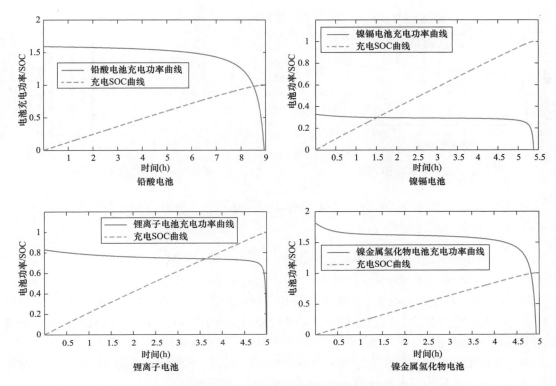

图 2-46　电池模型对四中典型蓄电池的充放电特性的仿真结果

4. 电动汽车负荷模型

影响电动汽车充电负荷的主要因素有电动汽车的类型、电动汽车的充电频率、电动汽车的充电时间、电动汽车的充电模式、电动汽车的充电特性。

考虑到私人乘用车所占比重又很大，用车的行为通常只受到用户个人意志与蓄电池容量的限制，使得私人乘用电动车的充电需求具有最大的自由度和不确定性。综合以上原因，本书主要研究私人乘用电动车以常规充电方式为主的充电需求预测。

（1）单台电动汽车充电负荷模型。电动汽车充电负荷需求的实质是其充电负荷曲线。充电负荷主要由充电功率、充电起始时刻和充电时长三个因素决定。

1）单台电动汽车充电功率。目前应用在电动汽车上的动力电池主要有铅酸电池、镍氢电池和锂离子电池三种。动力电池充电特性如图 2-47 所示。

蓄电池使用时间增长，其内阻也会逐渐变大，内阻较大的蓄电池在恒流充电阶段储存的电能较少，时间也较短，能量的补充主要来自恒压充电阶段，这一阶段充电功率变化不大。因此，动力电池的充电过程可以简化为恒功率充电过程。

2）单台电动汽车充电起始时刻。根据 2001 年美国交通部对全美家用车辆的调查结果（national household travel survey，NHTS），私人乘用车辆在最后一次返回停驻地的时刻概率密度如图 2-48 所示。

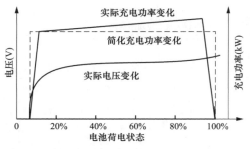

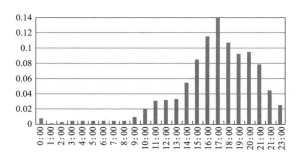

图 2-47　动力电池充电特性　　　　　图 2-48　最后一次返回停驻地时刻概率密度

利用 Matlab 曲线拟合工具对图 2-48 数据进行高斯拟合，可以得到无序充电条件下充电开始时刻 T_S 的概率密度函数 $f_{T_S}(t)$：

$$f_{T_S} = ae^{-\frac{(t-b)^2}{c}} + ae^{-\frac{(t+24-b)^2}{c}}, 0 \leqslant t \leqslant 24 \tag{2-67}$$

其中，$a=0.123$；$b=18.49$；$c=20.65$。

3）单台电动汽车充电时长。私家车主要用于日常的上下班、购物、上学、社会活动等，其特点是行驶随机性极大，行驶里程短，停驶时间长。据大量数据统计，私家车每日行驶里程满足对数正态分布。

而电动汽车电池的荷电状态与汽车行驶里程成反相关，考虑到用户最后一次归来时都会把电充满，电动汽车起始充电时刻的荷电状态为

$$SOC = \left(1 - \frac{d}{d_m}\right) \times 100\% \tag{2-68}$$

式中：d 为上一次充电后电动汽车已经行驶的里程，km；d_m 为电动汽车电池充满情况下的续航里程，km。

由上述假设可知，电动汽车充电功率为恒定功率，每次充电都持续到电池充满为止，由式（2-69）可算出充电持续时间，即

$$t_d = \frac{SW_{100}}{100P_c} \tag{2-69}$$

式中：t_d 为充电持续时间，h；S 为日行驶距离，km；W_{100} 为每百公里的耗电量（kWh/km）；P_c 为充电功率，kW。

利用 Matlab 曲线拟合工具拟合电动汽车充电时长的概率密度函数 $f_{tc}(t)$，得

$$f_{tc} = ae^{bt} + ce^{dt}, 0 \leqslant t \leqslant 24 \tag{2-70}$$

其中，$a=2108.93$；$b=-0.6024$；$c=-2109.02$；$d=-0.6026$。

（2）单台电动汽车充电负荷模拟流程。得到电动汽车粗放管理下无序充电的开始时刻 T_S 以及充电时长行驶里程的概率情况，即可进行一天内单台电动汽车无序充电负荷需求的蒙特卡罗预测。蒙特卡罗预测的实质是利用大规模的模拟实验，确定一天内每一个时间点的电动汽车充电需求的期望，以此获得电动汽车充电的负荷曲线，具体流程如图 2-49 所示。

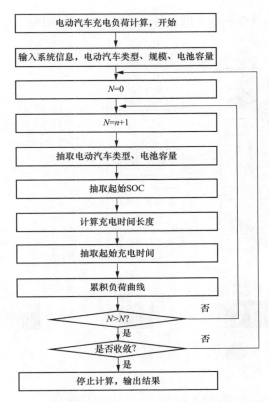

图 2-49 基于蒙特卡罗法的电动汽车充电负荷计算流程

六、负荷响应机理特性和综合评估

传统负荷响应机理主要由价格驱动,通过使用不同电价,如分时电价(time of use,TOU)、实时电价等价格信号来改变用户用电行为;另一种是采用激励机制,鼓励用户参与负荷管理,到达削峰填谷的效果。

本书对电动汽车、负荷响应以及分布式电源进行有机的统一考虑,提出了能效电厂的概念和以能效电厂为主体的负荷响应模型。

1. 负荷侧电动汽车能效电厂模型

电动汽车能效电厂(electric vehicle-efficiency power plant,E-EPP)框架是一个分层结构。根据充电接入类型的不同,对电动汽车充电群体进行分类(见图 2-50),包括民用电动汽车集群和商用电动汽车集群。每个集群都有相应的管理模块,用于分析每辆电动汽车充电行为,而电动汽车集群管理模块对所有集群进行统一管理,根据 E-EPP 控制中心的命令对每个集群进行控制。而电力系统调度中心实时采集系统的运行数据,根据电力系统需求向 E-EPP 控制中心发出相应的控制命令,使电动汽车成为系统中可调度的资源。

根据电池的市场调查分析,目前最具有应用前景的四种电动汽车电池分别为:锂离子、铅酸、镍金属氧化物和镍镉电池,这四种电池市场中所占的比例分别为 50%、20%、10% 和 10%。分析电动汽车类型不同(L7e、M1、N1、N2),电动汽车电池容量的概率和能耗概率分布，以及车辆用途及电动汽车的出行行为之后，构建电动汽车能效电厂的模型，需要如下参数。

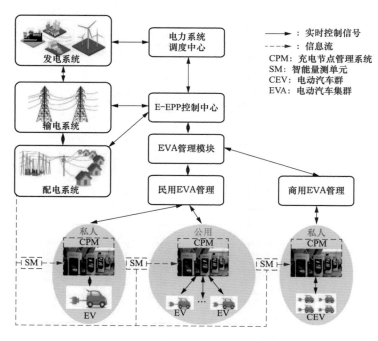

图 2-50　电动汽车能效电厂框架图

（1）电动汽车类型、行驶能耗和电池容量。针对集群中单辆电动汽车，在蒙特卡罗方法的基础上，根据四种电动汽车所占的比例，确定电动汽车类型，同时，根据统计得到的概率分布分别确定电动汽车每千米能耗 C_e 和电池容量 D。

（2）电动汽车行驶里程和开始充电时间。根据其概率分布函数，利用蒙特卡罗方法可以确定单辆电动汽车每天的出行距离。而电动汽车开始充电时间（t_{sc}）与所采取充电策略密切相关，本书考虑无序充电和智能充电两种策略。

无序充电认为用户出行结束后立即进行充电，智能充电对电动汽车的充电时间进行统一管理，利用夜间负荷低谷的时间段进行充电，从而降低充电负荷高峰对系统运行的影响，提高系统运行稳定性。智能充电中，考虑到晚上电网负荷水平较低，电动汽车开始充电时间（t_{sc}）如式（2-71）所示，平均值 μ_{sc} 为时刻 1：00，标准差 σ_{sc} 为 5h。

$$f_{sc}(t_{sc},\mu_{sc},\sigma_{sc}) = \frac{1}{\sqrt{2\pi}\sigma_{sc}}\exp\left[-\frac{(t_{sc}-\mu_{sc})^2}{2\sigma_{sc}^2}\right] \tag{2-71}$$

（3）电动汽车充电前 SOC 状态。电动汽车开始充电状态（SOC_0）决定于充电前电池的 SOC，而 SOC 直接受每天出行距离的影响，因此，电动汽车的 SOC_0 如式（2-72）所示。

$$SOC_0 = \left(\delta - \frac{d}{d_t}\right)\times 100\% \tag{2-72}$$

$$d_t = D/C_e$$

式中：δ 为电池完成充电时的电量，为了延长电池的使用寿命，δ 的取值范围为 $[0.8, 0.9]$；d_t 为电动汽车的最大行驶距离。

（4）电动汽车响应状态判定。由于电动汽车 V2G 过程是通过充电桩实现的，依据充电桩充电状态和所接入电池的 SOC，对电动汽车的响应状态进行分类。电动汽车充电桩 i 充电过程中电池 SOC 的初始状态如式（2-72）所示。利用蒙特卡罗方法确定用户对电池 SOC 的需求 S_e，S_e 和 δ 共同作为电池响应状态（$\eta_{i,t}$）的分界值，如式（2-73）所示。

$$SOC_i = SOC_{i,0} + \frac{\int_0^T P_{i,t}\mathrm{d}t}{D} \tag{2-73}$$

式中：$P_{i,t}$ 为电动汽车 i 在 t 时刻充电的有功功率；$SOC_{i,0}$ 为电动汽车 i 的初始电量；T 为当前充电时间。

$$\eta_{i,t} = \begin{cases} -2, & \text{空闲} \\ -1, & 0 \leqslant SOC_{i,t} \leqslant SOC_{i,0} \\ 0, & SOC_{i,0} < SOC_{i,t} < SOC_{i,e} \\ 1, & SOC_{i,e} \leqslant SOC_{i,t} < \delta_i \\ 2, & \delta_i \leqslant SOC_{i,t} < 100\% \end{cases} \tag{2-74}$$

式中：$SOC_{i,t}$ 为电动汽车 i 在时刻 t 的 SOC 状态；$SOC_{i,0}$ 为电动汽车 i 的初始电量；$SOC_{i,e}$ 为用户对电动汽车 i 的电池 SOC 的电量需求；δ_i 为电动汽车 i 的电池完成充电时的电量。

其中，当 $\eta_{i,t} = -2$ 时，表示充电桩处于空闲状态，即无电动汽车接入；当 $\eta_{i,t} = -1$ 时，表示有电动汽车接入，但尚未充电；当 $\eta_{i,t} = 0$ 时，表示电动汽车开始充电，但由于 SOC 较低，处于不可控状态；当 $\eta_{i,t} = 1$ 时，表示电动汽车 SOC 已满足用户需求，处于可控状态；当 $\eta_{i,t} = 2$ 时，表示电动汽车已经完成充电，但仍具有一定的反供电和再充电能力。

（5）电动汽车能效电厂构建。针对一个有 n 辆电动汽车的集群，重复 n 次上述步骤（1）～（4），确定每个电动汽车一天中的响应状态，考虑有功和无功的电动汽车能效电厂，如式（2-76）所示。

$$\begin{cases} P_{\text{E-EPP},t} = -\left(\sum_{i=1}^{m_{t,1}} P_{i,t} + \sum_{j=1}^{m_{t,2}} P_{j,t} \right) \\ P_{\text{upper},t} = -\left(\sum_{i=1}^{m_{t,1}} P_{i,t} - \sum_{j=1}^{m_{t,2}} P_{j,t} - \sum_{k=1}^{m_{t,3}} P_{k,t} \right) \\ P_{\text{lower},t} = -\left(\sum_{i=1}^{m_{t,1}} P_{i,t} + \sum_{j=1}^{m_{t,2}} P_{j,t} + \sum_{k=1}^{m_{t,3}} P_{k,t} + \sum_{l=1}^{m_{t,4}} P_{k,t} \right) \\ Q_{\text{upper},t} = \sum_{j=1}^{m_{t,2}} \left(S_{j,t}\sin\varphi_{j,t} \right) + \sum_{k=1}^{m_{t,3}} Q_{k,t} + \sum_{h=1}^{m_{t,4}+m_{t,5}} Q_{l,t} \\ Q_{\text{lower},t} = \sum_{j=1}^{m_{t,2}} \left(S_{j,t}\sin\varphi_{j,t} \right) - \sum_{k=1}^{m_{t,3}} Q_{k,t} - \sum_{h=1}^{m_{t,4}+m_{t,5}} Q_{l,t} \end{cases} \tag{2-75}$$

式中：$P_{\text{E-EPP},t}$ 为电动汽车能效电厂（E-EPP）在时刻 t 的有功功率；$P_{\text{upper},t}$ 为时刻 t 有功出力

上限；$P_{\text{lower},t}$ 为时刻 t 有功出力下限；$Q_{\text{upper},t}$ 为时刻 t 无功出力上限；$Q_{\text{lower},t}$ 为时刻 t 无功出力下限；$S_{j,t}$ 为时刻 t、$\eta_{i,t}$ 为 1 的视在功率；$\varphi_{j,t}$ 为时刻 t、$\eta_{i,t}$ 为 1 的相位差；$Q_{k,t}$ 为时刻 t、$\eta_{i,t}$ 为 2 的无功功率；$Q_{l,t}$ 为时刻 t、$\eta_{i,t}$ 为 -1 或者 -2 的无功功率。

2. 负荷侧温控负荷能效电厂模型

此处提出了一种负荷侧温控负荷能效电厂模型，包括上下两层。上层基于某种优化技术的电力系统管理方式，吸纳了传统水/火电厂、可再生能源以及需求侧形成的能效电厂等多种资源形式，通过综合各种资源存在的约束条件（如常规电机的运行约束、能效电厂的用户舒适约束等）进行资源的优化分配，以达到系统优化运行的目标。下层的需求侧主要针对分散在不同区域（社区）中的参与激励响应的用户，在通信理想的前提下，采集响应设备的状态信息，根据上层优化分配的子目标考虑实施集中式的响应措施。图 2-51 给出了负荷侧温控负荷能效电厂模型。

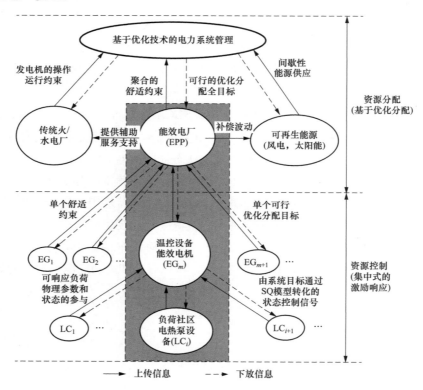

图 2-51 负荷侧温控负荷能效电厂模型

将多个"能效电机"集成为"能效电厂"是对于不同地区受控用户综合资源利用的更合理形式。"能效电厂"中的多个"能效电机"互相支持，按照自身的输出功率能力来响应系统总目标，参与系统上层的调度和优化管理，对传统电厂和可再生能源提供良性的补充作用。

以用户舒适约束为边界的电热泵群等值的能效电厂模型，考虑用户舒适约束的状态队列（SQ）控制模型，假设同一区域共有 20 个家庭的电热泵参与激励响应控制，若以状态变量 n_i 描述第 i 个电热泵的"开启"或者"关闭"状态，则每一时刻存在 20 个状态变量。该 20

个电热泵可以视为一个能效电机模型，该能效电机在 $t+\Delta t$ 时刻输出功率调节的上下边界 $P_{\min}$、$P_{\max}$ 可以表示为

$$P_{\min}[t+\Delta t] \leqslant P_{HP}[t+\Delta t] \leqslant P_{\max}[t+\Delta t]$$

$$P_{\max}[t+\Delta t] = P_{HP}[t] + \sum_{\substack{\theta_{ai}[t+\Delta t] \in (\theta_-^{after}, \theta_{off}^{after}) \\ n_i[t+\Delta t]=1}} P_{rated,i}$$

$$P_{\min}[t+\Delta t] = P_{HP}[t] - \sum_{\substack{\theta_{ai}[t+\Delta t] \in (\theta_{on}^{after}, \theta_+^{after}) \\ n_i[t+\Delta t]=0}} P_{rated,i} \qquad (2\text{-}76)$$

式中：P_{HP} 是电热泵实际响应值；θ_{ai} 是第 i 个电热泵的室内温度；$P_{\max}$、$P_{\min}$ 为电热泵的响应调节上下边界，定义为能效电机的功率边界；$P_{rated,i}$ 为第 i 个电热泵的额定功率。按照上述定义，两个相邻时刻 t、$t+\Delta t$ 能效电场的主要运行参数如图 2-52 所示。

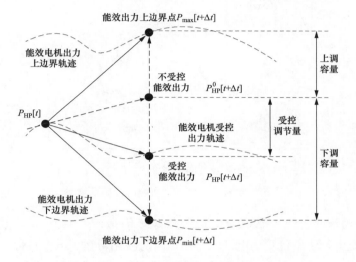

图 2-52 能效电机模型示意图

其中，能效电机模型包括四个主要参数，分别是：由用户舒适约束边界等价的能效电机功率的上下边界 $P_{\min}$、$P_{\max}$；不受控条件下电热泵群的自然功率消耗 P_{HP}^0，即能效电机不受控运行点输出功率；受控条件下电热泵群功率消耗 P_{HP}，即能效电机受控运行点输出功率。由这四个参数可以进一步定义能效电机的其他主要技术参数。

（1）受控调节量（"广义"储能）表示为

$$\Delta P_{HP}[t+\Delta t] = P_{HP}[t+\Delta t] - P_{HP}^0[t+\Delta t] \qquad (2\text{-}77)$$

（2）上调容量表示为

$$\Delta P_{HP}^{up}[t+\Delta t] = P_{\max}[t+\Delta t] - P_{HP}^0[t+\Delta t] \qquad (2\text{-}78)$$

（3）下调容量表示为

$$\Delta P_{HP}^{down}[t+\Delta t] = P_{HP}^0[t+\Delta t] - P_{\min}[t+\Delta t] \qquad (2\text{-}79)$$

式中：ΔP_{HP} 为受控调节量，代表能效电机的储能或释能作用，即在受控状态下，电热泵群可以吸纳或削减的额外热储能；ΔP_{HP}^{up}、ΔP_{HP}^{down} 为能效电机的出力调节可行域，即当前时刻储

能或释能的可调节范围。特别值得指出的是，下调容量 ΔP_{HP}^{down} 代表了能效电厂的最大节电能力。

假设某一区域内有 100 户居民电热泵设备，通过签订激励响应合同参与控制。设每个电热泵的额定功率为 6kW，室外平均气温为 7.2℃。由该区域电热泵设备构成的能效电机参与风电厂的有功调度，如夜间吸纳多余风机功率。图 2-53 给出了在夜间某一 300min 的时间段内，能效电机响应风机功率的仿真示意图。

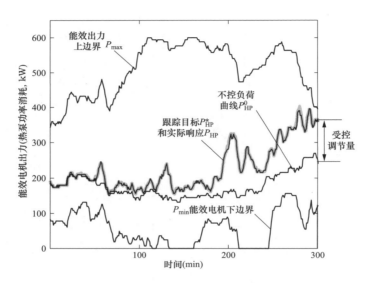

图 2-53　温控负荷能效电机响应控制示意图

3. 大规模电动汽车充电对区域负荷的影响及评价指标

电动汽车的充电行为不仅受到电动汽车用户自身使用习惯、电池特性等因素的影响，也将受到市场政策、电价机制和电力调度的影响。为了考虑不同因素的影响，本书对三种情景下大规模电动汽车充电行为进行建模分析。①情景一：不加以引导或控制的大规模电动汽车充电；②情景二：分时电价条件下大规模电动汽车充电；③情景三：有序充电策略下大规模电动汽车充电。

（1）不加以引导或控制的大规模电动汽车对负荷特性的影响。以某一地区负荷为研究对象，考虑无电动车接入电网，3.2 万辆公交车和 50 万辆私家车接入电网并无序充电，3.2 万辆公交车和 100 万辆私家车电动汽车的大量接入电网并无序充电，得到三种情况下小负荷峰谷差如表 2-9 和图 2-54 所示。

表 2-9　　　　　　　　　　无序充电条件下的负荷特性统计表

模式		最大负荷（MW）	最小负荷（MW）	峰谷差（MW）	峰谷差率
电网负荷	无电动汽车	12400	7408	4992	0.40258
无序充电	3.2 万辆公交车和 50 万辆私家车	12866	7681	5185	0.40300
	3.2 万辆公交车和 100 万辆私家车	13340	7695	5645	0.42316

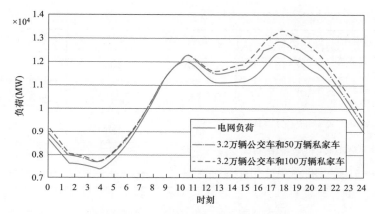

图 2-54 无序充电条件下的负荷特性

可以看出，随着电动汽车的大规模接入，无序充电将时会增大负荷峰谷差。

（2）分时电价条件下大规模电动汽车充电对负荷特性的影响。分时电价条件下电动汽车充电负荷模型为

$$f_\text{p} = \begin{cases} p_\text{v}, & t_\text{c1} \leqslant t < t_\text{c2} \bigcup t_\text{c3} \leqslant t \leqslant t_\text{c4} \\ p_\text{p}, & t_\text{d1} \leqslant t \leqslant t_\text{d2} \bigcup t_\text{d3} \leqslant t \leqslant t_\text{d4} \\ p_\text{n}, & \text{其他} \end{cases} \tag{2-80}$$

式中：p_v 为谷电价；p_p 为峰电价；p_n 为正常电价。

假设私家车主都是理性的，希望在谷电价时段内将所需电量全部充满，因此峰谷电价时段将对私家车主充放电时刻选择产生明显影响。假设电动私家车车主对分时电价响应度为 η。当充电时长小于谷电价时段长度时，用户会选择能够在谷电价时段完全充满电的任意时刻开始充电；当充电时长超过谷电价时段长度时，用户选择在谷电价时段的开始时刻充电。在峰谷电价差的引导下，仍有 $1\sim\eta$ 的车主不响应峰谷电价差，则该部分车主的充放电功率仍按无序模式的模型进行计算。

考虑到电动公交车的特殊性，白天快速充电时，响应分时电价的公交车可以在平电价下充电；晚上常规充电时，响应分时电价的公交车可以在谷时电价下充电。不响应分时电价的电动公交车充电功率仍按无序模式的模型进行计算。

采用国内工业用电分时电价划分方式，分别考虑 3.2 万辆电动公交车和 50 万辆私家车、3.2 万辆电动公交车和 100 万辆私家车，对分时电价响应度 $\eta=0.5$、$\eta=1$ 两种情况进行研究。

从表 2-10 和图 2-55 可以看出，合理的分时电价机制可以有效地削峰填谷，减小峰谷差，改善电网负荷特性。

表 2-10　　　　　　　　　分时电价条件下的负荷特性统计表

模式		最大负荷（MW）	最小负荷（MW）	峰谷差（MW）	峰谷差率
电网负荷	无电动汽车	12400	7408	4992	0.402581
无序充电	3.2 万辆公交车和 50 万辆私家车	12866	7681	5185	0.403
	3.2 万辆公交车和 100 万辆私家车	13340	7695	5645	0.423163

模式		最大负荷（MW）	最小负荷（MW）	峰谷差（MW）	峰谷差率
分时电价引导	3.2 万辆公交车和 50 万辆私家车，响应 0.5；	12629	8110	4519	0.357827
	3.2 万辆公交车和 50 万辆私家车，响应 1	12392	8351	4041	0.326097
	3.2 万辆公交车和 100 万辆私家车，响应 0.5；	12866	8335	4531	0.352169
	3.2 万辆公交车和 100 万辆私家车，响应 1	12392	8676	3716	0.299871

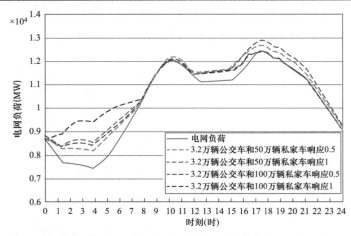

图 2-55　分时电价条件下的负荷特性

（3）有序充放电控制策略下大规模电动汽车充电对负荷特性的影响。V2G 模式的出现使电动汽车与电网协调充放电成为可能。V2G 模式下，电动汽车既可作为可控负荷，又可以作为电源。在负荷低谷时期，电动汽车可以听从电网的调度策略吸收电量、储存电量，而在负荷高峰时间，电动汽车可将储存的电能反馈给电网，降低负荷峰值。V2G 模式电动汽车的优化控制将成为电动汽车未来发展的一个重要方面。

本书设置 V2G 协调控制控制目标为配电网侧考虑功率损耗以及等效负荷波动最小，用户侧考虑车主充电成本最低。在该有序调度控制下，各个电动汽车经过有序配合充放电，达到平滑负荷波动、降低电网网损、减小用户充电成本的目的是个多目标、多约束条件的优化问题。本书采用自适应权重法，将多目标函数转化为单目标函数，得到

$$\min F = \lambda_1 \frac{F_1 - F_1^{\min}}{F_1^{\max} - F_1^{\min}} + \lambda_2 \frac{F_2 - F_2^{\min}}{F_2^{\max} - F_2^{\min}} + \lambda_3 \frac{F_3 - F_3^{\min}}{F_3^{\max} - F_3^{\min}} \qquad (2-81)$$

式中：F_1 为等效负荷波动性；F_2 为电网功率损耗；F_3 为车主充电成本；λ_1 为等效负荷波动性目标函数权重；λ_2 为等效负荷波动性目标函数权重；λ_3 为等效负荷波动性目标函数权重；$F_1^{\min}$ 为等效负荷波动性最小值；$F_1^{\max}$ 为等效负荷波动性最大值；$F_2^{\min}$ 为电网功率损耗最小值；$F_2^{\max}$ 为电网功率损耗最大值；$F_3^{\min}$ 为车主充电成本最小值；$F_3^{\max}$ 为车主充电成本最大值。

在考虑了电网约束和电动汽车电池约束后，利用遗传算法求解，采用 IEEE 33 节点配电系统，对提出的电动汽车有序充放电调度策略进行测试，分析电动汽车负荷对配电网的影响。

通过分析表明，采用有序充放电优化调度策略能够使电动汽车在白天、晚上两个负荷高峰时段向电网提供电能，在夜间负荷低谷时段吸收电能，有效地平滑了等效负荷曲线，避免了无序充电情况下"峰上加峰"、电压偏移加剧的情况，提高了配电网的安全性。同时，该优化调度策略降低了配电网的功率损耗，提高了电网经济性。

通过分析电动汽车在无序充电、延时充放电和 V2G 优化调度三种不同模式下电动汽车充放电对电网的影响，证明采用有效的优化调度策略引导电动汽车有序充放电，能够明显地改善电网运行特性，有利于电力的安全经济运行，其中基于 V2G 技术的有序充放电优化调度策略对电网的改善效果最好。

4. 算例分析

以 IEEE 33 节点算例为基础，建立负荷响应虚拟能效电厂验证模型。算例系统中每个母线节点为 10～40 户家庭供电，每户平均拥有电动汽车 1.86 辆，其充电和反供电功率均为 7kW；每户还配置有温控负荷，其额定功率为 6kW。在不受控的情况下，区域内分布式电源、电动汽车、温控负荷以及不可控负荷随时间变化的功率曲线如图 2-56 所示，区域内总负荷波动曲线如图 2-57 所示。从图 2-56 和图 2-57 中可知，区域总负荷波动的主要来源是分布式电源输出的不确定性。

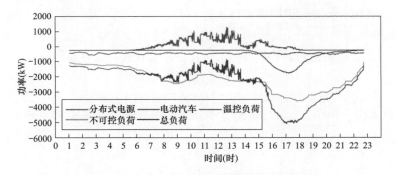

图 2-56   不受控情况下需求侧资源功率输出

在引入本书提出的负荷响应机制后，区域内总负荷波动曲线如图 2-57 所示，其中分布式电源、电动汽车和温控负荷的功率波动分别如图 2-58～图 2-60 所示。由此可见，该机制显著抑制了负荷波动。

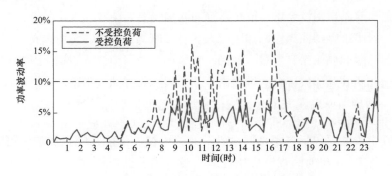

图 2-57   在受控/不受控情况下总负荷波动曲线

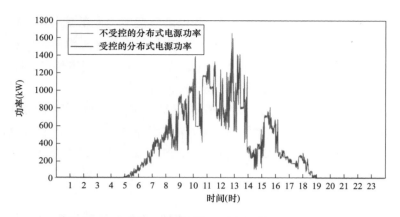

图 2-58   在受控/不受控情况下分布式电源功率波动

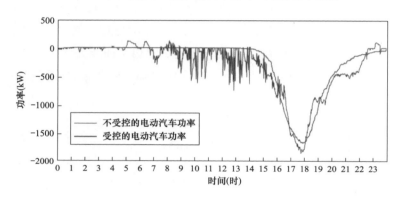

图 2-59   在受控/不受控情况下电动汽车功率波动

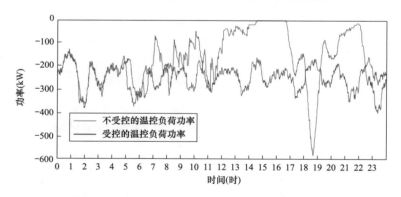

图 2-60   在受控/不受控情况下温控负荷功率波动

七、负荷响应虚拟容量置信度

1. 可靠性评估方法

负荷侧虚拟能效电厂包括各类型间歇性分布式电源、储能系统、需求侧可响应负荷（电动汽车、温控负荷等），与前面章节描述资源一致。随着此类资源的类型不断丰富、数量不断增加，如果忽略负荷侧虚拟能效电厂的容量价值，将导致系统规划时过度的投资和资源浪费，如为全年仅仅持续数小时的峰值负荷配置昂贵的变压器及线路容量等。负荷侧虚拟能效电厂和常规发电方式在等值的功率可用率方面有数量上的明显差异。因此，迫切需要对负荷侧虚拟能效电厂的容量价值进行深入研究。

对负荷侧虚拟能效电厂的置信容量评估是将其作为可响应资源模块接入前后系统的可靠性保持不变来衡量的。本书利用电力不足期望（expected of energy not supplied，EENS）来作为衡量负荷侧虚拟能效电厂这里新型可用容量的可靠性指标。EENS 的计算式为

$$V_{EENS} = \sum_{i=1}^{T} P(C_i < L_i) \tag{2-82}$$

式中：V_{EENS} 为 EENS 的数值；T 为模拟小时数；C_i 为第 i 个小时的可用有功容量；L_i 为第 i 个小时的有功负荷；P 为有功容量差值。

负荷侧虚拟能效电厂加入后，EENS 的数值为

$$V'_{EENS} = \sum_{i=1}^{T} P(C_i + C_{Ei} < L_i) \tag{2-83}$$

式中：V'_{EENS} 是负荷侧虚拟能效电厂融入后的 EENS 数值；C_{Ei} 为第 i 小时的负荷侧虚拟能效电厂等效功率输出。

式（2-83）可进一步表示为

$$\sum_{i=1}^{T} P(C_i < L_i) = \sum_{i=1}^{T} P(C_i + C_{Ei} - C_{Savi} < L_i) \tag{2-84}$$

式中：C_{Savi} 为负荷侧虚拟能效电厂融入后第 i 小时可减少的发电容量。

可采用序贯蒙特卡罗模拟法对负荷侧虚拟能效电厂的可靠性进行评估，取模拟间隔为 1h，模拟总时长为 T。

2. 负荷侧虚拟能效电厂置信容量评估方法

为客观评估负荷侧虚拟能效电厂对变电站替代容量的大小，本书引入了负荷侧虚拟能效电厂置信容量这一概念，即在同一可靠性水平下变电站供电范围的分布式电源、储能系统及需求侧可响应负荷的容量价值，以量化对电力系统充裕度的重要贡献。

置信容量评估的指标主要分为四类：基于等效容量的评估指标、基于特定时段容量系统的评估指标、基于附加措施的评估指标和基于新增电源有效载荷能力（effective load carrying capability，ELCC）的评估指标。本书期望将置信容量应用到变电站规划过程中，最关切的问题就是负荷侧虚拟能效电厂所能减少负荷（等效供应负荷）的大小，而基于新增电源 ELCC 的评估指标正是对负荷侧虚拟能效电厂有效载荷能力的评估，它能有效地描述分布式电源、储能系统及需求侧可响应负荷额外等值供应负荷的大小。为此，本书采用 ELCC 作为负荷侧虚拟能效电厂置信容量的评估指标，即在维持系统可靠性水平不变至达到相同 V_{EENS} 的情况下，负荷侧虚拟能效电厂等效发电使系统负荷供应能力增加的大小，即

$$R_0 = Z(G + G_D > L + \Delta L) = Z(G + \Delta G > L + \Delta L) = Z(G > L) \tag{2-85}$$

式中：R_0 为负荷侧虚拟能效电厂加入前的可靠性指标；Z 为可靠性的估算函数；L 和 ΔL 分别为系统的初始负荷和新增负荷；G_D、G、ΔG 分别为负荷侧虚拟能效电厂发电容量、系统初始装机容量和需新增的参考机组容量。

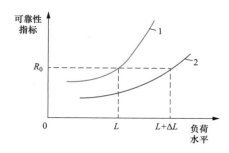

图 2-61　负荷侧虚拟能效电厂加入前、
后系统可靠性指标与变电站供电
负荷大小之间的关系图

如图 2-61 所示，曲线 1 和曲线 2 分别为负荷侧虚拟能效电厂加入前后系统可靠性指标同变电站供电负荷大小之间的关系曲线。在满足同一可靠性水平 R_0 的场景下，含负荷侧虚拟能效电厂的系统的负荷供应能力提高了 ΔL，因此负荷侧虚拟能效电厂等值发电的置信容量 $C_{Ei} = \Delta L$。

置信容量评估的具体步骤如下：

步骤 1：输入变电站容量及供电范围内的负荷数据；

步骤 2：根据负荷侧虚拟能效电厂置信容量评估方法评估系统的可靠水平 R_0；

步骤 3：生成光伏及风电的时序功率模型，以及储能系统的时序功率模型；

步骤 4：利用负荷侧电动汽车及温控负荷能效电厂模型获得变电站辖区内负荷的响应区间；

步骤 5：利用弦切法调整负荷大小，利用可靠性评估方法，使得负荷侧虚拟能效电厂加入后系统的可靠性水平为 R_0，此时系统增加的负荷 ΔL 即为负荷侧虚拟能效电厂的置信容量。

3. 负荷侧虚拟能效电厂置信容量影响因素分析

负荷侧虚拟能效电厂的容量置信度与变电站的供电范围内的负荷多少、变电站容量、初始可靠性参数、分布式电源的装机容量（含风力发电机与光伏的装机容量比例）、储能系统的容量与充放电策略、电动汽车的数量、温控负荷的数量、可响应资源的响应策略都有密切关系。

4. 算例分析

变电站容量为 2×40MVA；风力发电机数量为 10 台，每台装机容量为 335kW，光伏发电装机容量为 5MW，分布式电源的总装机容量为 8.35MW，负荷侧可响应负荷的装机量为 8.35MW。只考虑变压器故障时（故障率 0.05 次/a，平均修复时间为 10/h），可得可靠性参数 V_{EENS} 的初始值为 1.238MWh/a。负荷侧虚拟能效电厂的置信度与负荷大小关系如表 2-11 所示，不同负荷下虚拟能效电厂的置信度如图 2-62 所示。

表 2-11　　　　　　　　　　置信度与负荷大小关系

负荷（MW）	负载率	V_{EENS}（无负荷侧虚拟能效电厂，MWh/a）	置信容量（MW）	置信度
40	50.00%	5.5	1.141	6.84%
45	56.25%	60.9	1.435	8.59%
50	62.50%	251.7	1.696	10.16%
55	68.75%	637.8	2.087	12.50%
60	75.00%	1237.0	2.609	15.63%
65	81.25%	2078.0	3.653	21.88%
70	87.50%	3216.0	4.435	26.56%
75	93.75%	4668.0	5.479	32.81%

由数据可知，随着负载率的不断增加，虚拟能效电厂的置信容量和置信度不断增加。同时，可靠性指标 V_{EENS} 也不断增加。因此，为使得虚拟能效电厂的容量价值得到最大的发挥，应将可靠性指标选作规划要求允许的临界值。

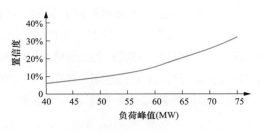

图 2-62　不同负荷下虚拟能效电厂的置信度

根据上述分析内容可知，含电动汽车、分布式电源的新型配电系统中的负荷预测包括含可控、可调负荷在内的系统负荷预测和分布式电源功率预测两部分，其中前者的目的是通过友好型负荷与非友好型负荷的综合考虑，得到系统所需承载的整体负荷；后者的目的是通过分布式电源稳定输出功率及与负荷之间匹配关系的分析，计算出分布式电源所供的负荷。

第三节　电力系统灵活性分析方法和指标体系

一、电力系统的灵活性需求

所谓电力系统灵活性就是指电力系统利用其现有资源满足负荷变化的能力，体现其在运行时的灵活处理能力。换句话说就是电力系统在自身边界约束下，表征其能够快速响应供应与负荷的大幅波动，以及对可预见与不可预见的变化和事件的反应速度的一项综合指标。在系统负荷需求减小时相应减少供应，负荷需求增加时增加供应的能力。同时，灵活性具有以下三个特点。

（1）灵活性是电力系统的固有特征。通常而言，电力系统有一种内在的容忍度，允许电力系统在一定程度内偏离预设的工作点运行，而不需要做出任何改变，可认为该容忍度即为电力系统的固有灵活性。偏离预设工作点的程度越大，电力系统固有灵活性的弹性越小；电力系统的固有灵活性越高，电力系统灵活性的弹性也越小。

（2）灵活性具有方向性。电力系统受到多种因素的影响，具有很强的不确定性，大规模可再生能源接入后，这种不确定性更加明显与强烈，使电力系统在短时间内出现功率不平衡问题。不同的运行状态下，电力系统灵活性会随着各个机组的发电状态、各个节点的负荷情况的变化而变化，即功率平衡情况不同时，电力系统的灵活性不同。针对灵活性的这个特点，可认为电力系统灵活性具有向上与向下两个方向，分别对应电力系统功率供应小于需求和供应大于需求两种情况。

（3）灵活性需在一定时间尺度下描述。电力系统中不确定性造成的功率变化很少有单调递增或递减的情况，且变化持续时间也各不相同。同时，系统的灵活性资源对负荷变化的响应能力也有区别，因此，在不同时间尺度下，灵活性的评估是不同的。

二、电力系统的灵活性资源及其对灵活性贡献分析

1. 输电系统灵活性

风电场的聚合建模包括风电机组的分群、集电网络等值以及风电机组参数聚合三个方

面，下面将针对这三方面内容进行阐述。

（1）传统能源。传统发电资源包括火电、水电以及核电，它们是电力系统中稳定性较强、可靠性较高的电源，是灵活性资源的重要组成部分。传统能源的装机容量通常较大，输出稳定，但大部分传统能源调整能力不强，启动时间较长，在灵活性中的应用受到了一定限制。

（2）可控性较强的大规模可再生能源。可再生能源包括风电、光伏、太阳能、潮汐和地热等新型能源，与传统能源相比，它们具有建设周期短、间歇性、不确定性强、能量密度低等特点。目前，可再生能源的发展趋势旨在提高其可用性、可控性、可观测性和可预测性，以满足电力系统的要求。

有研究成果从经济性的角度定义了正负电价，分析了大规模风电接入对电力系统及其灵活性的影响，认为可调度的大规模风电能够提高系统的灵活性。

（3）电网互联。现代电力系统运行通常划分为多个区域电力系统，各个区域电力系统由联络线连接，它们之间存在着电力交换。因此，对于某一区域 A 而言，具备传输能力的联络区域 B 既可看作为区域 A 的电源，又可认为是区域 A 的负荷，这是根据区域 A 和区域 B 间电力传输的方向决定的。目前，区域电力系统间的传输容量只是作为提高电力系统灵活性的潜在方法之一，还没有具体的研究与应用。

2. 分布式电源及配电系统灵活性

（1）负荷管理和负荷响应。负荷管理和负荷响应是需求侧管理的方法之一，能够大幅改善电力系统运行的经济性、可靠性和灵活性。负荷管理主要是通过降压减载或对用户的可中断负荷（空调、热水器等）进行分批编组、按批短时轮控，但不影响用户的基本生产和生活。

负荷响应是指一定时间内，通过价格信号和激励机制，使需求侧主动改变原有的用电计划及模式，以有效整合及规划供应侧和需求侧的资源，响应电力系统供应的短期行为。负荷管理和负荷响应的特点与灵活性的要求一致，它们均是从需求侧出发，应对电力系统功率不平衡问题。从广义的角度，负荷管理和负荷响应可被认为是一种虚拟的备用发电容量资源和输电容量资源，该机制增加了系统的备用容量，提高了电力系统的灵活性。负荷管理和负荷响应的能力通常为 1MW 级或 10MW 级。同时，负荷响应的时间从秒级、分钟级到 10 分钟级不等，能快速满足系统负荷需求变化的要求，当系统负荷需求激增导致有功功率严重不足时，负荷响应可在 3～7s 内达到最值。

（2）电动汽车。随着电动汽车的普及，电动汽车大规模接入电力系统后，由于其充电行为的不确定性和间歇性，将对电力系统负荷、运行优化控制、电能质量、配电网规划、可靠性以及灵活性等方面带来积极或消极的影响。

从电力系统灵活性的角度讲，一方面，电动汽车会成为电力系统的一种新型、大容量的负荷，其充电行为的随机性和间歇性中又带有一定的规律性，特别是当电动汽车有序充电时，将改善配电网负荷；另一方面，电动汽车相当于一个分布式储能器，可与微网、可再生能源等结合应用，也可应用于需求侧管理。尽管电动汽车仍有诸多不足，但若正确应用，它在提高电力系统运行的可靠性和灵活性方面具有积极的影响。

（3）储能。储能技术不仅可以削峰填谷、平滑负荷、降低供电成本，还可以提高系统运行稳定性、调整频率、补偿负荷波动，更重要的是，储能技术与可再生能源的结合，提高了可再生能源的利用率。现有的储能技术主要包括电池储能、抽水蓄能、飞轮储能、压缩空气储能等。表 2-12 给出了各种储能技术的性能对比。

表 2-12 储能技术性能对比

储能方式	容量（GWh）	响应时间	效率	投资(USD/kWh)	寿命（a）
电池储能	<0.2	<1s	70%～90%	85～4800	20～30
抽水蓄能	>2	10s～40min	87%	45～85	40
飞轮储能	<0.5	<1s	90%～93%	170～420	20～30
压缩空气储能	<100	1～10min	80%	12～85	30

（4）分布式电源微网。微网以分布式发电技术为基础，由分布式电源、负荷、储能装置、控制系统等组成了一个小型配电系统，形成了模块化、分散式的供电网络。微网是一个可以自治的单元，可根据电力系统或微网自身的需要实现孤岛模式与并网模式间的无缝转换，有利于提高电力系统可靠性、电能质量以及电力系统灵活性。对于电力系统，微网并网运行时，微网作为大小可以改变的智能负荷，是一个可调度的负荷，可在数秒内做出响应以满足系统需要，为电力系统提供有力支撑，提高电力系统的灵活性。微网孤岛运行时，又可利用储能装置和控制系统保持内部电压和频率的稳定，保证微网内用户的电力供应。

但以上这些针对电力系统灵活性的研究很多并不是非常深入，而且很难进行实用化。所以需要从实际应用的角度考虑制定一套系统灵活性指标的评价体系。所以，本书的研究将着重在这些方面进行推进。

三、优化利用系统灵活性机制与措施

从性质上，可将灵活性资源分为两类：一类为固有灵活性资源，也称为中长期灵活性资源，指的是电网结构、FACTS 装置以及负荷管理等，利用合理规划、无功补偿、调峰填谷等手段，提高了电力系统中长期的灵活性，但是这类资源无法响应短时的灵活性需求；另一类为可调用灵活性资源，也称为短期灵活性资源，指的是能够快速响应灵活性需求的灵活性资源，以满足系统短时内所出现的灵活性不足的问题。本书所考虑的问题主要为短期资源的优化调度，以满足不确定因素所造成的短时系统灵活性需求。

可调用的灵活性资源主要为五类：①具备调节能力的传统能源；②可控的可再生能源；③区域互联电网；④可中断负荷；⑤储能系统。五类灵活性资源分散到各个灵活性资源集合中，满足不同时间尺度下的灵活性需求。

本书为完整说明灵活性资源优化过程，在成本分析以及算例中假定五类灵活性资源存在于同一电力系统中。灵活性需求一旦确定，灵活性的方向也随之确定，灵活性资源的调用成本受到方向的影响较小，所以，考虑灵活性资源的调用成本时，仅考虑某一时间尺度对灵活性资源调用成本的影响。同时，系统发出灵活性需求时，可认为各类灵活性资源响应灵活性需求所带来的效益是相同的，唯一不同的是，满足灵活性需求的成本不同。因此，灵活性资源调用成本的确定是本书所述优化方法的重点。本书以向上灵活性需求为例，说明各类灵活

性资源的成本。

1. 灵活性资源调用成本

（1）火电机组。对于单台火电机组，输出功率调整需要一个过程。故在整个时间尺度下，可将火电机组的响应分为响应过程和运行过程，分别对应于响应成本和运行成本。需要

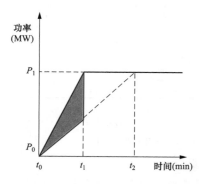

图 2-63 火电机组快速响应示意图

说明的是，这里的响应过程定义为由系统发出灵活性需求至灵活性资源输出功率调整完毕，达到稳定状态的过程；运行过程定义为输出功率稳定后至灵活性需求响应完成的过程。响应过程和运行过程的总时间与灵活性需求的持续时间一致。

1）响应成本。灵活性需求的时间尺度通常不大，设为 t_r。具有调节能力的火电机组若按照最小爬坡速率响应，很可能无法满足灵活性需求，因而要求火电机组增大爬坡速率，如图 2-63 所示，阴影部分表示火电机组多做的功，功与成本系数相乘所得结果即为发电机的响应成本 C_f。

假设发电机最大爬坡速率和最小爬坡速率分别为 r_{max}、r_{min}，发电机分别以 r_{max}、r_{min} 的速率使其功率从 P_0 增加到 P_1 时，分别对应时间 t_1、t_2，则有

$$C_f = \Delta W e_1 = \frac{\Delta P_G}{r_{max}}\left(\Delta P_G - \frac{\Delta P_G}{r_{max}}r_{min}\right)e_1$$
$$= \frac{\Delta P_G^2(r_{max} - r_{min})e_1}{r_{min}^2} \tag{2-86}$$
$$\Delta P_G = P_1 - P_0$$

式中：ΔW 为发电变化量；e_1 为单位电量（kWh）的发电成本系数；ΔP_G 表示火电机组的有功功率变化。

2）运行成本。响应灵活性需求时，火电机组强行改变现有发电状态，并在未来一段时间内维持这个状态，必然会出现运行成本，而系统发电成本常以发电机组有功功率二次曲线之和的形式表示，故而火电机组的运行成本可以描述为

$$G_o = (aP_1^2 + bP_1 + c)(t_r - \Delta t)$$
$$= \left[(aP_0 + \Delta P_G)^2 + b(P_0 + \Delta P_G) + c\right]\left(t_r - \frac{\Delta P_G}{r_{max}}\right) \tag{2-87}$$
$$\Delta t = t_1 - t_0$$

式中：t_r 为灵活性需求的时间；Δt 表示响应过程的总时间；a、b、c 为成本系数。

考虑到火电机组的功率约束以及爬坡速率的限制，火电机组的调用成本 C_t 可表示为

$$C_t = C_f + C_o$$
$$\text{s. t.} \begin{cases} 0 \leqslant \Delta P_G \leqslant \min(P_{Gmax} - P_0, r_{max}\Delta t) \\ r_{min} \leqslant r_1 \leqslant r_{max} \end{cases} \tag{2-88}$$

式中：P_{Gmax} 表示发电机最大功率限制。

（2）风电场。单台风电机组的输出功率具有很强的随机性、不确定性及间歇性，很难对单

台风电机组进行调用成本分析，但风电场群输出功率具有很强的相关性和互补性，将风电场群的输出功率作为一个整体研究对象，将在很大程度上抵消各台风电机组输出功率的不确定性。

风电场群可在数秒内完成输出功率调整，因而可将整个响应过程视为一个整体，即仅考虑风电场群响应灵活性需求时的运行成本。该运行成本可分为两个部分，一部分为系统支付给风电场群的费用，即支付成本，记为 $C_{w,d}$；另一部分为风电场群调整输出功率对电网的影响，包括不平衡代价、备用代价等，可统称为惩罚成本，记为 $C_{w,p}$，惩罚成本会随着灵活性需求的时间尺度不同而变化。综上所述，单个风电场群的调用成本可以表示为

$$C_w = C_{w,p} + C_{w,d} = \Delta P_w e_2 t + C_{w,d} \tag{2-89}$$

式中：ΔP_w 为风电场群的输出功率变化；e_2 为风电场群折算到单位时间内单位容量的成本系数。

风电的输出功率调整量 ΔP_w 受到风速的制约，故需对其做出约束。风电场群输出功率在相邻时段的变化通常较小，因此可以考虑将相邻时段的风电输出功率预测的最小值作为参考，记为 $P_{w,f,min}$；同时，由于风电输出功率预测的误差可以近似满足学生氏 t 分布，并在置信度 α 下，求出误差的最大值，记为 $\Delta P_{w,e,max}$。故约束条件为

$$0 \leqslant \Delta P_w \leqslant P_{w,f,min} - P_{w,0} \leqslant \Delta P_{w,e,max} \tag{2-90}$$

由式（2-90）可见，该约束条件是保守估计所得到的。

综上所述，风电场群的调用成本 C_w 可表示为

$$C_w = \Delta P_w e_2 t_r + C_{w,d}$$
$$\text{s.t.} \quad 0 \leqslant \Delta P_w \leqslant P_{w,f,min} - P_{w,0} - \Delta P_{w,e,max} \tag{2-91}$$

式中：t_r 为风电场调整出力时间。

（3）区域、互联电力系统。现代电力系统运行通常划分为多个区域电力系统，各个区域电力系统由联络线连接，经由联络线电力交换。各区域电力系统内部的发电资源种类较多，输出功率特性有着各自的特点，区域间电力交换时，通常将区域内部的发电资源视为一个整体，即对于其他区域来说，该区域为一个无穷大的电源，响应外区域灵活性需求可在瞬间完成。因此，电网互联响应灵活性需求时仅考虑运行过程的成本。

区域电力系统之间的功率交换受到联络线传输能力的限制以及外区域冗余的功率限制，则区域电力系统的调用成本 C_h 可表示为

$$C_h = \Delta P_h e_3 t_r \tag{2-92}$$
$$\text{s.t.} \quad 0 \leqslant \Delta P_h \leqslant \min[P_{Line,max} - P_{Line0}, \Delta P_{ex,max}]$$

式中：ΔP_h 表示区域间交换的功率；$P_{Line,max}$、P_{Line0} 分别表示联络线的最大传输功率限制和联络线上现在的传输功率；$\Delta P_{ex,max}$ 表示最大交换功率限制，即外区域能够提供的最大功率交换；e_3 表示区域功率交换折算到单位时间内单位容量的响应成本系数。

（4）可中断负荷。可中断负荷是实现需求侧管理的重要手段之一，其响应时间从秒级、分钟级、10 分钟级不等，其中秒级响应可在 3～7s 内完成。可中断负荷一般与电网管理部门签订了合同，根据合同内容会有不同的调用容量和调用成本。合同中的调用成本通常包括两个方面的内容：一方面为调用补偿部分，即容量费用，记为 $C_{IL,c}$；另一方面为实际支付的能量费用，记为 $C_{IL,o}$。则可中断负荷的调用成本 C_{IL} 为

$$C_{\text{IL}} = C_{\text{IL,c}} + C_{\text{IL,o}} = \Delta R_{\text{IL}} m + \Delta P_{\text{IL}} e_4 t_{\text{r}}$$
$$\text{s. t.} \quad 0 \leqslant \Delta P_{\text{IL}} \leqslant P_{\text{IL,o}} \tag{2-93}$$

式中：ΔP_{IL} 表示可中断负荷的响应灵活性需求的容量；m 表示单位容量的费用系数；$P_{\text{IL,o}}$ 表示可中断负荷总容量；e_4 表示可中断负荷折算到单位时间内单位容量的响应成本系数。

（5）储能系统。储能系统包括常规的储能站和能被调度的电动汽车资源，如电动汽车换电站等。储能系统的储能成本较高，储能系统的工作过程可以分为充电过程和放电过程，充电过程通常选择电网负荷较低、电价较低的时间，放电过程则选择电网负荷较高、电价较高的时候，而储能系统响应灵活性需求将打破这种充放电机制。故在实际应用中，通常采用补偿机制以提高投资方的积极性及利润率。因此，在调用储能系统满足灵活性需求时，补偿成本将占据较大的比重，记为 $C_{\text{s,p}}$；与前述几类资源相似，储能系统的响应速度快，仅考虑运行成本，记为 $C_{\text{s,o}}$。则储能系统的调用成本 C_{s} 可表示为

$$C_{\text{s}} = C_{\text{s,p}} + C_{\text{s,o}} = C_{\text{s,p}} + \Delta P_{\text{s}} e_5 t_{\text{r}}$$
$$\text{s. t.} \quad 0 \leqslant \Delta P_{\text{s}} \leqslant P_{\text{s,0}} \tag{2-94}$$

式中：ΔP_{s} 表示储能系统的响应灵活性需求的容量；$P_{\text{s,0}}$ 表示储能系统的现有的存储容量；e_5 表示储能系统折算到单位时间内单位容量的响应成本系数。

2. 灵活性资源优化模型

（1）模型建立。灵活性资源优化问题的目标，即为灵活性需求下，合理优化调配现有的灵活性资源，使得满足灵活性需求时的成本最小。因此，基于上述成本分量以及灵活性优化问题的目标，可建立如下的灵活性资源优化模型，即

$$\min f = \sum_{i=1}^{N_{\text{g}}} C_{\text{t},i} + \sum_{j=1}^{N_{\text{w}}} C_{\text{w},j} + \sum_{k=1}^{N_{\text{h}}} C_{\text{h},k} + \sum_{l=1}^{N_{\text{IL}}} C_{\text{IL},l} + \sum_{n=1}^{N_{\text{s}}} C_{\text{s},n}$$

$$\text{s. t.} \begin{cases} \displaystyle\sum_{i=1}^{N_{\text{g}}} \Delta P_{\text{G},i} + \sum_{j=1}^{N_{\text{w}}} \Delta P_{\text{w},j} + \sum_{k=1}^{N_{\text{h}}} \Delta P_{\text{h},k} + \sum_{l=1}^{N_{\text{IL}}} \Delta P_{\text{IL},l} + \sum_{n=1}^{N_{\text{s}}} \Delta P_{\text{s},n} = \Delta P \\ 0 \leqslant \Delta P_{\text{G},i} \leqslant \min[P_{\text{G},i\max} - P_{\text{G},i0}, r_{\max} \cdot \Delta t] \\ r_{\min} \leqslant r_1 \leqslant r_{\max} \\ 0 \leqslant \Delta P_{\text{w},j} \leqslant P_{\text{w,f},j\min} - P_{\text{w},j0} - \Delta P_{\text{w,e},j\max} \\ 0 \leqslant \Delta P_{\text{h},k} \leqslant \min[P_{\text{Line},k\max} - P_{\text{Line},k0}, \Delta P_{\text{ex},k\max}] \\ 0 \leqslant \Delta P_{\text{IL},l} \leqslant P_{\text{IL},n0} \\ 0 \leqslant \Delta P_{\text{s},n} \leqslant P_{\text{s},n0} \end{cases} \tag{2-95}$$

式中：$C_{\text{t},i}$ 为火电机组的调用成本；$C_{\text{w},j}$ 为风电场的调用成本；$C_{\text{h},k}$ 为区域电网互联的调用成本；$C_{\text{IL},l}$ 为可中断负荷的调用成本；$C_{\text{s},n}$ 为储能的调用成本；$\Delta P_{\text{G},i}$ 为火电机组 i 的有功出力变化；$\Delta P_{\text{w},j}$ 为风电机组 j 的有功出力变化；$\Delta P_{\text{h},k}$ 为区域电网互联 h 的有功传输变化；$\Delta P_{\text{IL},l}$ 为可中断负荷 IL 的有功变化；$\Delta P_{\text{s},n}$ 为储能 s 的有功出力变化。

上述模型中，灵活性资源的优化仅仅考虑灵活性约束，并未考虑传统优化中的网络损失、节点压约束、线路潮流约束等。因为灵活性资源优化问题只关注灵活性需求下的短时资源优化，灵活性资源优化结束后，利用传统优化可调整系统各项运行参数以满足基本的约束条件。

（2）参数取值。上述模型中，各类资源调用的成本确定是模型的核心内容，而资源成本系数及各种补偿成本的确定将决定各类灵活性资源的成本。

成本系数方面，可将 e_1 取为灵活性需求时间段内本区域的平均电价；e_2、e_4、e_5 则通过灵活性需求时间段内本区域的平均电价进行折算；e_3 通过灵活性需求时间段内互联区域的平均电价折算得到；可中断负荷的容量费用系数 m 可根据合同上的协定的费用折算得到。

补偿成本方面，风电补偿成本可由惩罚成本的经验值折算得到；储能系统的补偿成本则包括两个方面的内容，即政策规定的补偿机制以及理想放电成本和实际放电成本的差值。

3. 灵活性优化运行

电力系统灵活性优化运行问题是在安全性和可靠性的前提下，对系统的灵活性能力进行优化，使得系统在保证一定经济性的前提下，达到最佳的灵活性能力。

灵活性优化运行旨在兼顾电力系统灵活性和经济性两个方面，优化系统的部分灵活性资源，以使得电力系统灵活性和经济性综合趋优。由于灵活性优化运行是主动调整，故调整的对象为经济状况和运行状况较佳的火电机组和水电机组，而前文中所述的区域互联、可中断负荷等手段则因其经济性和容量较小的原因而作为备用，这类灵活性资源通常情况下不参与灵活性优化运行中的资源输出功率调整。

在某一确定的时间尺度下，系统中火电机组输出功率的经济性可以用各机组有功功率的二次函数曲线之和表示，即

$$f_1 = \sum_{i=1}^{N_G} a_i P_{Gi}^2 + b_i P_{Gi} + c_i \tag{2-96}$$

式中：P_{Gi} 表示发电机 i 的有功功率；a_i、b_i、c_i 为发电机组 i 的发电成本系数；$a_i P_{Gi}^2 + b_i P_{Gi}$ 的含义是发电机 i 的可变成本，主要为燃料成本，该成本随着发电机 i 的有功功率而变化；c_i 为各机组的固定成本；N_G 表示系统中可供优化运行所调度的火电机组总数。

在确定的时间尺度下，系统的某一运行状态下的固有灵活性评价是确定的，则灵活性情况可用固有灵活性来表示，即

$$f_2 = \sqrt{(O_{i,j}^+)^2 + (O_{i,j}^-)^2} \tag{2-97}$$

式中：$O_{i,j}^+$ 为系统向上灵活性；$O_{i,j}^-$ 为系统向下灵活性。

灵活性优化运行中，要求系统的经济性最佳，即发电成本最小，同时也要求灵活性最佳，即固有灵活性最大，则灵活性优化运行模型的目标函数可写为多目标函数，即

$$\text{Obj.}\begin{cases} \min f_1 = \sum_{i=1}^{N_G} a_i P_{Gi}^2 + b_i P_{Gi} + c_i \\ \max f_2 = \sqrt{(O_{i,j}^+)^2 + (O_{i,j}^-)^2} \end{cases} \tag{2-98}$$

灵活性优化运行模型是一个多目标函数，其约束条件需要满足两个目标的约束。实际上，经济性和灵活性的优化均是通过调整机组的输出功率而实现的，故约束条件也主要考虑在机组输出功率上，而其他约束条件则与传统优化问题中的约束条件一致。如此，灵活性优化运行模型中的约束条件与灵活性指标模型的约束条件类似，只不过在灵活性优化模型中，

可忽略可中断负荷、区域电网互联以及储能系统的影响。灵活性优化运行模型的灵活性约束条件可以表述为：时间尺度、火电机组输出功率约束、水电机组输出功率约束。

（1）时间尺度。灵活性优化运行模型的时间尺度需与灵活性指标模型的时间尺度对应，但由于优化运行是主动行为，并且将在未来某一段时间内保持这样的状态，故在衡量系统灵活性时，可以选取较长的时间尺度下的灵活性指标，则有

$$\Delta t = \{10\text{min}, 30\text{min}\} \tag{2-99}$$

（2）火电机组输出功率约束。火电机组的输出功率约束与灵活性指标模型中的描述一致，有

$$\max\{P_{\text{G}i,\min}, P_{\text{G}i,0} - r_{di}\Delta t\} \leqslant P_{\text{G}i} \leqslant \min\{P_{\text{G}i,\max}, P_{\text{G}i,0} + r_{ui}\Delta t\} \tag{2-100}$$

式中：$P_{\text{G}i}$ 表示火电机组 i 的有功功率；$P_{\text{G}i,0}$、$P_{\text{G}i,\max}$、$P_{\text{G}i,\min}$ 分别表示火电机组 i 的当前输出功率以及其输出功率的上、下限；r_{ui}、r_{di} 分别表示火电机组 i 的向上和向下的爬坡速率。

（3）水电机组输出功率约束。在灵活性优化运行问题中，水电机组的输出功率约束受到了多种因素的影响，例如上下游水头、耗水量等问题的综合影响，使其输出功率约束限制的量化变得复杂，为简化问题，直接采用该时段水电机组输出功率上下限约束的折算值，则有

$$\max\{P_{\text{PG}i,\min}, P_{\text{PG}i,0} - r_{\text{Pd}i}\Delta t\} \leqslant P_{\text{PG}i} \leqslant \min\{P_{\text{PG}i,\max}, P_{\text{PG}i,0} + r_{\text{Pu}i}\Delta t\} \tag{2-101}$$

式中：$P_{\text{PG}i}$ 表示抽水电机组 i 输出功率；$P_{\text{PG}i,\max}$、$P_{\text{PG}i,\min}$ 分别表示水电机组 i 经过折算后所允许的输出功率上限；$P_{\text{PG}i,0}$ 表示水电机组 i 的当前输出功率；$r_{\text{Pu}i}$、$r_{\text{Pd}i}$ 分别表示抽水蓄能电站的向上和向下的爬坡速率。

上述三种约束条件是灵活性优化运行问题中的灵活性约束，其本质与灵活性指标模型一致，而灵活性优化运行问题中的传统约束与灵活性指标模型中的完全一样，在此不再赘述。

通过目标函数和约束条件，灵活性优化运行的数学模型可描述为

$$\text{Obj.}\begin{cases} \min f_1 = \sum_{i=1}^{N_G} a_i P_{\text{G}i}^2 + b_i P_{\text{G}i} + c_i \\ \max f_2 = \sqrt{(O+_{i,j})^2 + (O-_{i,j})^2} \end{cases}$$

$$\text{s. t.}\begin{cases} P_{Gk} - P_{Lk} - \Delta P_{wk} - U_k \sum_{j \in k} U_j (G_{kj}\cos\theta_{kj} + B_{kj}\sin\theta_{kj}) = 0 \\ Q_{Gk} - Q_{Lk} - \Delta Q_{wk} - U_k \sum_{j \in k} U_j (G_{kj}\sin\theta_{kj} - B_{kj}\cos\theta_{kj}) = 0 \\ P_{Gk} - P_{Lk} - U_k \sum_{j \in k} U_j (G_{kj}\cos\theta_{kj} + B_{kj}\sin\theta_{kj}) = 0 \\ Q_{Gk} - Q_{Lk} - U_k \sum_{j \in k} U_j (G_{kj}\sin\theta_{kj} - B_{kj}\cos\theta_{kj}) = 0 \\ U_k^{\min} \leqslant U_k \leqslant U_k^{\max} \\ P_l \leqslant \alpha P_l^{\max} \\ 0 \leqslant \Delta P_{wi} \leqslant \Delta P_{\text{GB}} \\ \Delta t = \{10\text{min}s, 30\text{min}s\} \\ \max\{P_{\text{G}i,\min}, P_{\text{G}i,0} - r_{di}\Delta t\} \leqslant P_{\text{G}i} \leqslant \min\{P_{\text{G}i,\max}, P_{\text{G}i,0} + r_{ui}\Delta t\} \\ \max\{P_{\text{PG}i,\min}, P_{\text{PG}i,0} - r_{\text{Pd}}\Delta t\} \leqslant P_{\text{PG}i} \leqslant \min\{P_{\text{PG}i,\max}, P_{\text{PG}i,0} + r_{\text{Pu}i}\Delta t\} \end{cases} \tag{2-102}$$

四、电力系统灵活性的评价指标体系

1. 现有灵活性评价指标

各国学者针对不同的应用领域，提出相应的电力系统灵活性评价指标。可从某一时段负荷的功率谱密度着手，得出风电功率变化的周期图，并将其与可调度的灵活性资源图对比，得出大规模风电的灵活性价值评估。或者以电力系统容量、能量存储容量、容量斜坡率和容量持续时间为基本参数，以单节点的潮流为出发点，针对电力系统运行灵活性建立了评估模型。下面简要介绍系统爬坡资源不足的期望值（insufficient ramping resource expectation，IRRE）和技术不确定性灵活性指数-技术经济不确定性灵活性指数（technical uncertainty scenarios flexibility index-technical economic uncertainty scenarios flexibility index，TUSFI-TEUSFI）两个指标。

（1）IRRE 指标。IRRE 指标定义为电力系统无法应对网络负荷变化时的概率预期。计算 IRRE 指标时，首先对灵活性资源进行分类，分为向上和向下灵活性资源，然后利用乘积极限法（Kaplan-Meier 法）估计的累积密度函数得出可用灵活性概率分布，最后通过临界点，找到不同的时间尺度、不同方向和灵活性资源下的 IRRE 值。IRRE 指标的计算流程如图 2-64 所示。

计算 IRRE 时，对于灵活性资源 i，可计算出资源的灵活性概率分布，记为 $D_{i,+/-}(X)$，其中 X 表示灵活性资源 i 可以提供的向上或向下的容量。若系统此时所需的容量为 YMW，则灵活性资源 i 能满足系统容量要求的概率为 $D_{i,+/-}(Y)$，从而由临界点可以得到，其不能满足系统所需容量的概率 $P_{un,i,+/-}$ 可表示为

$$P_{un,i,+/-} = D_{i,+/-}(Y-\varepsilon), \quad \varepsilon > 0 \qquad (2\text{-}103)$$

式中：ε 为绝对值很小的正值。为方便计算，ε 通常取 1MW，则

$$P_{un,i,+/-} = D_{i,+/-}(Y-1) \qquad (2\text{-}104)$$

故 IRRE 的值可写为 $I_{RRE_i,+/-} = \sum P_{un,i,+/-}$。

在 IRRE 的计算基础上，可以通过引入不同的灵活性资源的相关系数，对 IRRE 值进行修正，这里不再赘述。

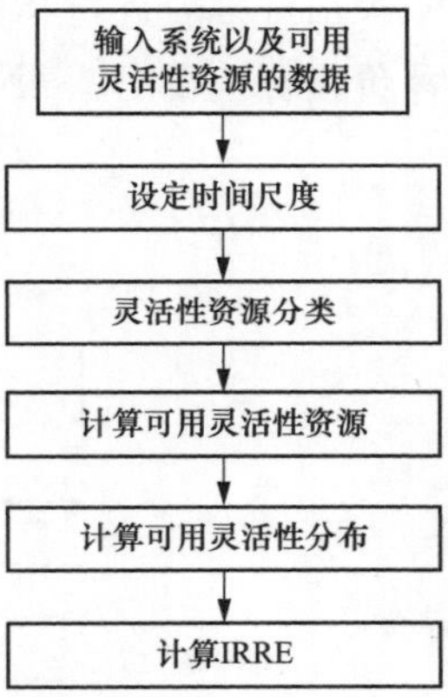

IRRE 指标能衡量不同时间尺度和不同方向上的灵活性，有利于灵活性资源的不同组合进行优化与改善，但 IRRE 指标因变量只考虑输电系统的灵活性资源，并未考虑配电系统所带来的灵活性，所以该指标仍有待完善。

输入系统以及可用灵活性资源的数据

设定时间尺度

灵活性资源分类

计算可用灵活性资源

计算可用灵活性分布

计算IRRE

图 2-64　IRRE 指标
计算流程图

（2）TUSFI-TEUSFI 指标。TUSFI-TEUSFI 指标主要考虑了规划过程中的系统灵活性，可以描述电力系统或其中某一区域的灵活性。对于系统全局的灵活性评估，TUSFI-TEUSFI 指标被定义为

$$I_{TUSFI} = \sum_N \Delta P_k^T \qquad (2\text{-}105)$$

$$I_{TEUSFI} = \sum_N \Delta P_k^{TE} \qquad (2\text{-}106)$$

式中：N 为可新建电站的节点数量；ΔP_k^T 和 ΔP_k^{TE} 分别为该节点的自由注入功率和受成本限

制的注入功率,它们为该灵活性指标的控制变量。

TUSFI-TEUSFI 指标主要通过蒙特卡罗模拟,得到节点注入功率和潮流数据,建立成本的目标函数,该目标函数包括每个节点的发电成本、每条支路剩余传输能力的边际成本和网络损失成本,并利用遗传算法对节点注入功率进行最小化处理,得到了容量和潮流的成本,通过灵活性计算程序得到系统的灵活性评估。

TUSFI-TEUSFI 指标的计算过程会形成两个数据库:数据库 1 由蒙特卡罗模拟得到支路潮流和节点注入功率;数据库 2 包括系统结构(如分布系数)、节点注入分量、支路余量、受成本限制的注入分量、受成本限制的支路余量、发电余量和损失成本等,用于灵活性计算程序。

TUSFI-TEUSFI 指标针对潮流和容量的变化,将其量化为成本的函数,主要应用于规划过程,同时,该指标同样只考虑了输电系统的灵活性资源,应用较为局限。

已有的灵活性指标均仅认为电力系统灵活性的自变量存在于输电系统,并以容量、潮流或等价的成本为参数,构建灵活性评价指标。但它们未能全面考虑所有灵活性资源的影响,没有考虑灵活性资源的特点与特性对电力系统灵活性的影响程度。此外,这些指标的普适性较差,应用较困难。

2. 灵活性评价指标体系

灵活性综合评价指标分为电源侧灵活性综合评价指标、网架侧综合评价指标、负荷侧综合评价指标三部分。每一部分包含不同的评价指标,综合评价指标体系结构如图 2-65 所示。

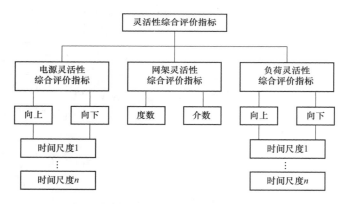

图 2-65 灵活性综合评价指标体系结构

具体每个部分的灵活性指标体系计算过程如下:

(1)电源侧灵活性指标。

1)目标函数。依据电力系统灵活性的要求,定义电源灵活性指标旨在从电源侧衡量电力系统应对不确定性因素的能力。在电源侧,造成系统不确定性的主要原因通常为可再生能源输出功率的变化,使系统功率平衡的不确定性增加,可再生能源接入电力系统的规模越大,其输出功率变化造成的后果越严重,因此,可将系统能够承受的可再生能源最大突变容量作为灵活性评价指标。本书以风电场为例,说明电源灵活性指标的相关问题。

考虑到灵活性的方向性,需分别评价两个方向上的电源灵活性,即风电场输出功率突然减小和突然增大两个方向，为与前述灵活性资源的方向对应，可将前者简称为向上灵活性，后者简称为向下灵活性，两个方向的灵活性的本质相同。故以向上灵活性指标为例，其目标函数为

$$\text{Obj.} : \max \sum_{i=1}^{N_\text{w}} \Delta P_{\text{w},i} \tag{2-107}$$

式中：$\Delta P_{\text{w},i}$ 表示研究区域内风电场 i 的输出功率变化，且以风电场功率向下的变化为正，$\Delta P_{\text{w},i}$ 应不小于零；N_w 表示研究区域内风电场的个数。

本书定义的目标函数物理含义为系统所能承受的风电场输出功率的最大变化，直观上而言，即为系统应对风电场输出功率不确定性所带来的功率供应不足的能力。因此，目标函数的值越大，说明电力系统的应对能力越强，电源灵活性则越佳。

需要说明的是，该目标函数并不要求涵盖研究区域内的全部风电场，可根据研究目的和对象的不同，选择相应的风电场。同时，模型的物理意义明确，能够直观地反映可再生能源功率不确定性的情况以及系统灵活性情况。

2）约束条件。灵活性的特点与特性对灵活性指标有着较大影响，响应灵活性需求的资源不同时，灵活性指标的评价结果也会不同。灵活性指标模型的约束条件不仅需要考虑到传统电力系统约束，也应兼顾灵活性背景下的新的约束条件及形式，因此，灵活性指标的约束条件可分为两类：第一类约束条件为通用约束，通用约束的形式与传统电力系统约束相似，也是灵活性指标计算中必须考虑的约束；第二类约束条件为灵活性资源约束，灵活性资源反映了灵活性自身的特点及其对灵活性资源的特殊要求。在实际问题中，并不是所有的灵活性资源都能够响应灵活性需求，可依据当前灵活性需求和资源，选择相应的约束，因此，灵活性资源约束是选择性约束，视各个电源的接入情况以及运行人员的主观意愿而确定。通用约束条件包括：

a. 节点功率平衡。由于目标函数的影响，节点功率平衡方程应分别考虑风电节点和非风电节点。在直流潮流模型中，不考虑电压、导纳、无功等变量，相应的模型描述如下。

对于风电节点，功率平衡方程为

$$P_{Gk} - P_{Lk} - \Delta P_{wk} - \sum_{j \in k}(B_{kj}\theta_{kj}) = 0 \tag{2-108}$$

式中：P_{Gk} 分别为节点 k 的有功功率和无功功率；P_{Lk} 分别为节点 k 的有功负荷和无功负荷；ΔP_{wk} 分别为节点 k 的风电有功变化和无功变化；B_{kj}、θ_{kj} 分别为节点 k 和 j 之间的电导、电纳和相角差。

对于非风电节点，功率平衡方程为

$$P_{Gk} - P_{Lk} - \sum_{j \in k}(B_{kj}\theta_{kj}) = 0 \tag{2-109}$$

式中各个变量与式（2-109）中所述一致，在此不再赘述。

b. 相角约束。

$$\theta_{ij}^{\min} \leqslant \theta_{ij} \leqslant \theta_{ij}^{\max} \tag{2-110}$$

式中：θ_{ij}、$\theta_{ij}^{\min}$、$\theta_{ij}^{\max}$ 分别为节点 i 到节点 j 之间的相角及其上、下限。

c. 线路约束。

$$P_l \leqslant \alpha P_l^{\max} \tag{2-111}$$

式中：P_l、$P_l^{\max}$ 分别为线路 l 的潮流值和限值；α 为线路的柔性裕度，通常设为固定值。

　　d. 备用约束。

$$\sum_{k=1}^{N_g} P_{Lk} + H \leqslant \sum_{k=1}^{N_g} u_k P_{Gk} \qquad (2\text{-}112)$$

式中：H 为备用容量；N_g 为接入电网的发电机数量；u_k 为标识量，若发电机接入电网，则 u_k 为 1，否则为 0；其余变量与前述一致。

　　e. 风电场功率变化约束。

$$0 \leqslant \Delta P_{wi} \leqslant \Delta P_{GB} \qquad (2\text{-}113)$$

式中：ΔP_{GB} 为国家标准技术规定中的风电最大功率变化值，该值与时间尺度相关，若灵活性与标准中的时间尺度不匹配，可用插值拟合，确定限值。

　　f. 灵活性资源约束。考虑到不确定因素持续时间通常较短，该灵活性研究中时间尺度不宜过大，同时，为满足灵活性特点以及国家标准技术规定，可设定为

$$\Delta t = \{1\text{min}, 10\text{min}, 15\text{min}, 30\text{min}\} \qquad (2\text{-}114)$$

当时间尺度超出 30min 的范围时，可认为该问题已经非常接近传统问题，灵活性指标的参考意义下降。

灵活性的时间尺度将影响火电机组的有功功率范围，火电机组的有功功率约束为

$$\max\{P_{TG,\min}, P_{TG,0} - r_{Td}\Delta t\} \leqslant P_{TG} \leqslant \min\{P_{TG,\max}, P_{TG,0} + r_{Tu} \cdot \Delta t\} \qquad (2\text{-}115)$$

式中：P_{TG} 表示火电机组的有功功率；$P_{TG,0}$、$P_{TG,\max}$、$P_{TG,\min}$ 分别表示火电机组的当前有功功率以及其出力的上、下限；r_{Tu}、r_{Td} 分别表示火电机组的向上和向下的爬坡速率。

与火电机组相似，抽水蓄能电站的有功功率约束可描述为

$$\max\{0, P_{PG,0} - r_{Pd}\Delta t\} \leqslant P_{PG} \leqslant \min\{P_{PG,\max}, P_{PG,0} + r_{Pu} \cdot \Delta t\} \qquad (2\text{-}116)$$

式中：P_{PG} 表示抽水蓄能电站的有功功率；$P_{PG,0}$、$P_{PG,\max}$ 分别表示抽水蓄能电站的当前有功功率以及其当前库容水平下所允许的有功功率上限；r_{Pu}、r_{Pd} 分别表示抽水蓄能电站的向上和向下的爬坡速率。

可中断负荷的功率由两个方面综合决定，一方面为合同规定的最大功率变化的限制，另一方面为用户自身的出力预期的限制。因此，可中断负荷的功率约束可描述为

$$\max\{0, P_{IL,0} - \Delta P_{IL,\max}\} \leqslant P_{IL} \leqslant \min\{P_{IL,\max}, P_{IL,0} + \Delta P_{IL,\max}\} \qquad (2\text{-}117)$$

式中：P_{IL} 为可中断负荷的功率；$P_{IL,0}$、$P_{IL,\max}$ 分别为可中断负荷的当前功率以及其功率的上限；$\Delta P_{IL,\max}$ 为可中断负荷的最大功率变化限制，该限制通常由电网与用户签订的合同决定。

区域电网互联系统的功率限制有两个方面，一方面是联络线的最大传输功率限制，另一方面为最大交换功率限制。同时，由于区域电网互联系统功率为双向的，功率可以为"负"的电源。则区域电网互联的功率约束可描述为

$$|P_c| \leqslant \min\{P_{Line,\max} - P_{Line,0}, \Delta P_{ex,\max}\} \qquad (2\text{-}118)$$

式中：P_c 为联络区域的功率；$P_{Line,0}$、$P_{Line,\max}$ 分别为联络区域联络线上的当前传输有功功率和最大传输有功功率；$\Delta P_{ex,\max}$ 为联络区域的最大功率交换限制。

储能装置功率受到最大功率限制及其所储存的总能量的限制，其功率约束为

$$|P_s| \leqslant P_{s,\max}$$
$$W_{s,0} - W_{s,\max} \leqslant P_s \Delta t \leqslant W_{s,0}$$

(2-119)

式中：P_s 为储能装置的功率；$P_{s,\max}$ 为储能装置的最大功率限制；$W_{s,\max}$、$W_{s,0}$ 分别为储能装置的存储能量的上、下限。

需要指出的是，灵活性资源约束中时间尺度可根据研究需要进行调整，但风电场功率变化约束也会有相应的调整；同时，五类灵活性资源中，若某种资源被纳入至灵活性指标评估中，相应的约束条件才生效，可依据研究对象由专业人员依据经验决定。

（2）网架灵活性指标。

1）网架灵活性的定义。所谓电力系统网架灵活性，即在电网拓扑结构中，连接负荷的某一条线路发生了故障，负荷通过其他线路快速恢复供电的能力。

2）网架灵活性与其他概念的区别。脆弱性和鲁棒性主要反映在电力系统在受到攻击后，电网还能继续维持供电的能力，而灵活性则主要反映在电力系统因各种可控或者不可控的情况，某一条线路出现了故障，那么负荷端通过另外一条线路或者是另外一个发电机恢复供电的能力。

3）网架灵活性评价方法。

a. 网架拓扑的平均度数。拓扑图中一个顶点所连接的边的数量称为这个顶点的度数。将所有顶点的度数相加求和后再求平均为平均度数。平均度数反映了电网拓扑结构的连通性，即平均度数越高，则电网拓扑结构的连通性就越好，连通性越强的电网，对于故障等各种意外情况处理的选择就越多，网架灵活性则越佳。在一个 n 个节点的树形网络，节点用 i 表示，平均节点度数可表示为

$$D = \frac{\sum_{i=1}^{n} N(i)}{n}$$

(2-120)

式中：$N(i)$ 为第 i 个节点相连的边数；n 为总的节点数。

统一考虑发电机节点和负荷节点即为将发电机节点和负荷节点全部视作节点不加以区分的意思，而这种计算方式也是"平均度数"的字面意思，即先求出网络中所有节点的度数，相加后再求平均值。现在对于电网拓扑结构的讨论中也多使用这一方法来讨论电网结构的各种性质。

图 2-66 所示为一些简单基本的电网结构拓扑模型，通过对这些模型的分析可以大致得出平均度数这一指标对于反映电网结构连通性的有效性。

如图 2-66 所示，根据平均度数越高，电网结构的连通性越好，灵活性越高的特点，可以得出编号 2、3、5 的灵活性相同且高于编号 4 的灵活性，编号 1 的灵活性最差。

由图论可知：编号 1 的连通性最差，三

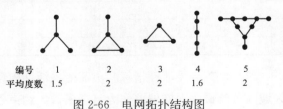

编号	1	2	3	4	5
平均度数	1.5	2	2	1.6	2

图 2-66　电网拓扑结构图

个节点极易退出运行，完全依赖于中心节点的稳定运行，一旦负荷发生故障，并没有任何一条备用线路可以恢复供电，因此灵活性最差。编号4有两个节点容易退出运行，但是中间三个节点有两条线路可以供电，因此灵活性次之。编号2、3、5都构成了闭式环网，连通性非常好，因此灵活性也最好。

但是这样的评价指标的缺点也是显而易见的：比较编号2、3，它们的平均度数均为2，但并不意味着它们的连通性或灵活性相同。如图2-66所示，编号2多了一条连接线路，如果该节点为负荷，那么该负荷极易退出运行，编号2的灵活性应该低于编号3；如果该节点为发电机，那么在发生故障时就有可能多了一种供电选择，编号2的灵活性应该高于编号3。再如编号4，当发电机节点在上下两侧和在中间时，系统的灵活性应该有显著的不同，但是这种评价指标并没有将这种不同反映出来。

b. 网架拓扑的平均介数。拓扑图中某一条边被最短路径经过的次数。边的权重被定义为两点之间的线路阻抗，因此最短路径的意思就是两点之间阻抗最小的一条路。应用于网架灵活性评价中，则为发电机节点到负荷节点的平均介数。线路上流过的功率较高，即该条线路比较"拥挤"，灵活性相对较低；线路上流过的功率较低，即该条线路比较"宽松"，灵活性相对较高。

树形网络中最大平均节点介数就是通过该节点的路径数目。平均介数为所有边的介数之和再求平均值。平均介数越低则说明线路的介数分布越分散，也就意味着没有哪一条线路显得特别重要，同时也意味着发电机节点和负荷节点的连接经过的边少，基本处于"直达"的

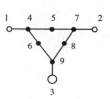

图 2-67　标准九节点
算例拓扑结构图

状态，因此在任何一条线路发生故障后，可以很容易地经由另一条线路恢复供电，所以也就意味着电网的灵活性越好。以标准九节点算例为例。

图2-67所示为九节点的网络结构拓扑图，表2-13中的发电机节点编号代表图2-67中只有对应编号的为发电机节点，其余都是负荷节点。可以从右表的趋势中很明显地看出平均介数这一指标是先增大再减小的，也就意味着系统的灵活性是先降低后增高的。

表 2-13　　　　　　　　　发电机节点个数和平均介数的关系

发电机节点	平均介数
1	2.5556
1，5	4.2222
1，5，9	5
1，5，9，3	5.1111
1，5，9，3，7	4.7778
1，5，9，3，7，2	4
1，5，9，3，6，7，2，4	3.1111

（3）负荷侧灵活性指标。负荷侧灵活性模型以电源侧的模型为基础，以一定时间内各个区域内负荷最大允许偏差作为目标函数。约束条件方面也略微有些修改。具体模型表示为

$$f = \left(\sum_{i=1}^{n} \frac{\max \Delta A_i^2}{n} \right)^{\frac{1}{2}}$$

$$\text{s. t.} \begin{cases} P_{\mathrm{G}i} - P_{\mathrm{L}i} - \Delta P_{\mathrm{L}i} - \sum_{j \in i} (B_{ij} \sin \theta_{ij}) = 0 \\ \theta_k^{\min} \leqslant \theta_k \leqslant \theta_k^{\max} \\ P_l \leqslant \alpha P_l^{\max} \\ \Delta P_{\mathrm{w},i} \leqslant \Delta P_{\mathrm{GB}} \\ \sum_{k=1}^{N_{\mathrm{g}}} P_{lk} + H \leqslant \sum_{k=1}^{N_{\mathrm{g}}} u_k P_{\mathrm{G}k} \\ \max\{P_{\mathrm{TG,min}}, P_{\mathrm{TG0}} - r_{\mathrm{Td}} \cdot \Delta t\} \leqslant P_{\mathrm{TG}} \leqslant \min\{P_{\mathrm{TG,max}}, P_{\mathrm{TG0}} + r_{\mathrm{Tu}} \cdot \Delta t\} \\ \max\{0, P_{\mathrm{PG0}} - r_{\mathrm{Pd}} \cdot \Delta t\} \leqslant P_{\mathrm{PG}} \leqslant \min\{P_{\mathrm{PG,max}}, P_{\mathrm{PG0}} + r_{\mathrm{Pu}} \cdot \Delta t\} \\ \max\{0, P_{\mathrm{IL},0} - \Delta P_{\mathrm{IL,max}}\} \leqslant P_{\mathrm{IL}} \leqslant \min\{P_{\mathrm{IL,max}}, P_{\mathrm{IL0}} + \Delta P_{\mathrm{IL,max}}\} \\ |P_{\mathrm{c}}| \leqslant \min\{P_{\mathrm{Line,max}} - P_{\mathrm{Line,0}}, \Delta P_{\mathrm{ex,max}}\} \\ |P_{\mathrm{s}}| \leqslant P_{\mathrm{s,max}} \\ W_{\mathrm{s},0} - W_{\mathrm{s,max}} \leqslant P_{\mathrm{s}} \cdot \Delta t \leqslant W_{\mathrm{s},0} \end{cases} \tag{2-121}$$

（4）储能与其他灵活性指标。储能与风电协调规划，本质上是以储能设备的时效性、双向性等特点来弥补风电的不规则波动。但在以往规划中，很少考虑到风电作为系统一部分对系统灵活性整体的影响，将风电外特性在某些情况下"伪装"成常规机组而已，缺乏从整体上及规划层面上对系统风电与储能的把控，虽然短时间会缓解一些问题，但是却无法长久解决风电占比不断扩大所导致的系统灵活性下降问题。反过来，如果规划之初就从整体上考虑系统灵活性问题，那么在日后建设与系统完善方面将会减少很多麻烦，风电的建设也不会过于盲目，而且在应对系统当前灵活性不足的问题上，也能做出更有针对性的安排，例如增加系统性储能装置解决"窝电"问题，甚至是完善网架以外送多余风电产能等。

储能系统中超级电容器具有功率密度大、循环寿命长、能量密度低的特点，用于平抑风电输出功率的不确定性，P_{peak}、P_{recy} 能有效减少蓄电池的放电频率，延长储能系统的循环使用寿命；储能系统的能量密度、功率密度可以表示为

$$\begin{cases} Energy_{\mathrm{whole}} = Energy_{\mathrm{bat}} + Energy_{\mathrm{cap}} \\ P_{\mathrm{er\_}}E_{\mathrm{hyb}} = \dfrac{Energy_{\mathrm{whole}}}{\dfrac{Energy_{\mathrm{bat}}}{P_{\mathrm{er\_}}E_{\mathrm{bat}}} + \dfrac{Energy_{\mathrm{cap}}}{P_{\mathrm{er\_}}E_{\mathrm{cap}}}} \\ P_{\mathrm{er\_}}E_{\mathrm{hyb}} = \dfrac{P_{\mathrm{peak}}}{\dfrac{P_{\mathrm{peak}}}{P_{\mathrm{er\_}}E_{\mathrm{cap}}} + \dfrac{P_{\mathrm{steady}}}{P_{\mathrm{er\_}}E_{\mathrm{bat}}}} \\ P_{\mathrm{er\_}}E_{\mathrm{bat}} \gg P_{\mathrm{er\_}}E_{\mathrm{cap}} \\ P_{\mathrm{peak}} \gg P_{\mathrm{er\_}}E_{\mathrm{bat}} \end{cases} \tag{2-122}$$

式中：$P_{\mathrm{er\_}}E_{\mathrm{bat}}$、$P_{\mathrm{er\_}}E_{\mathrm{cap}}$ 分别表示蓄电池、超级电容器的能量密度。

既然是从系统灵活性指标方面着手，那么协调规划就变成了一个具有针对性的优化问

题。首先，需要评估系统当前的灵活性水平，如果满足要求，则无需增加储能装置；如果不满足灵活性需求，需要优化储能配置位置与容量，优化目标可以为成本最低或者容量最低。根据储能安装位置的不同，配置方式可分为电源侧配置、负荷侧配置和混合配置方式三大类。针对风电波动不确定性导致的系统灵活性不足问题，进行储能装置协调规划应当选择电源侧配置方式。针对负荷的短时波动，储能装置与负荷的配置对于系统来说，其功率波动范围为

$$P_{\mathrm{L}} - \frac{W_0}{\Delta t} \leqslant P_{\mathrm{L,c}} \leqslant P_{\mathrm{L}} + \frac{W_{\max} - W_0}{\Delta t} \qquad (2\text{-}123)$$

式中：P_{L} 为负荷容量；W_0 为储能装置初始电量；$W_{\max}$ 为储能装置所能存储的最大电量；Δt 为时间尺度；$P_{\mathrm{L,c}}$ 为负荷与储能装置的联合容量。

根据储能容量大小情况，分别存在以下三种状态：

1) 类负荷状态。当 $W_{\max}/\Delta t \leqslant P_{\mathrm{L}}$ 时，$P_{\mathrm{L,c}}$ 恒大于 0。

2) 类电源状态。当 $P_{\mathrm{L}} \leqslant W_{\max}/\Delta t$ 时，$P_{\mathrm{L,c}}$ 会出现小于 0 的情况，此时该节点由负荷节点变成电源节点，系统潮流发生较大变化。

3) 自给状态。当储能容量足够大时，保持其在一定时间尺度内，足以供应该节点负荷功率，使该节点既不从系统中接收功率，也不向系统中输出功率。此时系统结构变化，潮流也相应变化。

储能技术不仅可以平滑负荷曲线，还可以提高系统运行稳定性、调整频率、补偿负荷波动，更重要的是，储能技术与可再生能源的结合，提高了可再生能源的利用率，储能系统作为"削峰填谷"应对风力的不确定性，提高微网的供电可靠性，间接反映电力系统的灵活性。模型中以调峰收益为目标函数，以引导储能将部分容量分配到削峰填谷模式。目标函数和条件函数为

$$\begin{cases} \min \sum_{t=1}^{T} \left[-\pi_t (P_{\mathrm{d}t} - P_{\mathrm{c}t}) + \beta_1 P_{\mathrm{d}t}^2 + \beta_2 P_{\mathrm{c}t}^2 \right] \\ \mathrm{s.\,t.} \quad 0 \leqslant P_{\mathrm{d}t} \leqslant P_{\mathrm{dmax}} \\ \qquad 0 \leqslant P_{\mathrm{c}t} \leqslant P_{\mathrm{cmax}} \\ \qquad |P_{\mathrm{d}t} - P_{\mathrm{c}t}| \leqslant r |P_{\mathrm{bt}0}| \\ \qquad S_{\mathrm{socmin}} \leqslant S_{\mathrm{soc}0} - \sum_{k=1}^{t} \left(\frac{P_{\mathrm{d}k}}{\eta_{\mathrm{d}}} - P_{\mathrm{c}k} \eta_{\mathrm{c}} \right) \frac{\Delta t}{S_{\mathrm{rate}}} \leqslant S_{\mathrm{socmax}} \\ \qquad S_{\mathrm{soc}T} = S_{\mathrm{soc}0} \end{cases} \qquad (2\text{-}124)$$

式中：π 为收益系数；$P_{\mathrm{d}t}$ 和 $P_{\mathrm{c}t}$ 分别为储能系统日前调峰充放电功率；β_1 和 β_2 分别为充放电功率的平方项系数，可在最大化调峰收益的同时对储能功率在相同时段合理分配；$S_{\mathrm{soc}T}$ 为 T 时段的储能系统的荷电状态约束条件，包括调峰深度限制、荷电状态约束及最值约束，调峰深度约束基于最大调峰深度 $P_{\mathrm{bt}0}$ 进行比例修正；r 为储能调峰系数。此外，根据前面的分析，将储能计入电源侧灵活性计算模型，则部分约束条件发生变化，常规机组有功功率约束为

$$\begin{cases} \max\{P'_{TG,min}, P_{TG,0} - P_{si} - r_{Td} \cdot \Delta t\} \leqslant P'_{TG} \leqslant P'_{TG0} \\ P'_{TG0} \leqslant P'_{TG} \leqslant \min\{P'_{TG,max}, P_{TG,0} + P_{si} + r_{Tu} \cdot \Delta t\} \\ P_{si} \leqslant P_{wi} \leqslant P_{wi,max} - P_{si} \end{cases} \quad (2\text{-}125)$$

式中：P_{si} 为配置在此处的储能装置的容量，P_{si} 先选取基准定值，之后按照倍数增加；$P_{wi,max}$ 为该风电厂满发时的功率上限。风电增加时，希望储能吸收能量，类似于负荷；风电减少时，希望储能释放能量，类似电源，即功率变化正时，储能按照负荷处理，功率变化为负时，储能按照电源处理，常规机组则与此方式相反。

（5）灵活性综合评价方法。

1）综合评价表。电力系统运行过程中，灵活性会随着系统运行工况的不同而改变；同时，对于同一工况而言，不同的灵活性资源对灵活性评价也会产生重要影响。因此，灵活性的评价应考虑不同时间尺度下，不同灵活性资源响应时，电力系统目前的灵活性指标值。

根据控制手段和研究对象的不同，可以将电力系统电源灵活性评价指标细化为如表 2-14 所示的形式。其中，控制手段即灵活性资源，它既可包含单一的控制手段，也可包含各种控制手段的组合；类似的，控制对象即风电场，既可以是单一风电场，又可以是多个风电场的组合；灵活性指标 $O_{i,j}$ 则由相应的控制手段和研究对象计算得出。例如，若某研究区域的风电场个数为 2，该研究区域内的可用灵活性资源为火电机组、水电机组以及储能装置，若控制手段考虑 3 种灵活性资源时，则在某一确定的时间尺度下，上述情况下的电源灵活性指标模型的目标函数为式（2-108），约束条件则为式（2-109）～式（2-117）及式（2-120），从而可得到该情况下的灵活性指标；若控制手段仅考虑火电机组及水电机组时，此时的电源灵活性模型则不考虑式（2-120），评价情况与结果与前述的均不相同。每一种控制手段和研究对象均可认为是一种特定的运行模式。

表 2-14 电力系统电源灵活性评价表

研究对象 控制手段	研究对象 1	研究对象 2	研究对象 3	...
控制手段 1	$O_{1,1}$	$O_{1,2}$	$O_{1,3}$	...
控制手段 2	$O_{2,1}$	$O_{2,2}$	$O_{2,3}$	...
控制手段 3	$O_{3,1}$	$O_{3,2}$	$O_{3,3}$	...
...	...	...	...	...

在评价电网结构拓扑模型灵活性的时候，主要使用了平均介数和平均度数这两个指标来进行分析。基本趋势为：平均度数越高的网络结构灵活性越好，平均介数越低的网络结构灵活性越好。第一种方法是计算所有节点的最短路径，将最后所有边的介数的平均值作为平均介数，这也是目前国际上主流的计算方法。第二种方法是计算发电机节点和负荷节点的最短路径，将最后所有边的介数的平均值作为平均介数。之所以会有这种改进，是因为要结合书中的实际情况，即基于电网结构的灵活性研究，考虑到本书所给出的灵活性定义：连接负荷的某一条线路发生了故障，电网灵活的调配系统资源，通过其他线路恢复供电的能力，因此

选择改进为上述的方法。第三种方法是将最后的平均介数这个指标除以发电机节点数，这样做的原因是随着发电机节点数的增多，原来定义的平均介数这一指标并没有呈现一直下降的趋势，为了抵消这种随着发电机节点数的增多，平均介数上升的情况，而做出的这种改进。表 2-15 为电力系统网架灵活性评价表。

表 2-15   电力系统网架灵活性评价表

评价指标 节点类型	平均度数	平均介数	冗余度	…
发电机节点	$O'_{1,1}$	$O'_{1,2}$	$O'_{1,3}$	…
负荷节点	$O'_{2,1}$	$O'_{2,2}$	$O'_{2,3}$	…
统一考虑全部节点	$O'_{3,1}$	$O'_{3,2}$	$O'_{3,3}$	…
…	…	…	…	…

负载类型：负荷可根据其是否可控分为常规负荷（不可控）与可控负荷两类，前者对系统灵活性没有贡献，后者则可视为是一种灵活性资源，为系统增加灵活性。

负载率：负载率作为系统运行状况的一项指标，本身不直接影响系统灵活性。但由于负载率偏高时，会使各机组输出功率接近上限，从而减小系统向上灵活性，但会增加系统向下灵活性；同理，当负载率偏低时，机组输出功率接近其下限，使系统向下灵活性减小，而增加系统向上灵活性。

表 2-16 为电力系统负荷灵活性评价表。

表 2-16   电力系统负荷灵活性评价表

评价指标 负荷参数	负荷灵活性指标	…
负荷类型	$O''_{1,1}$	…
负荷率	$O''_{2,1}$	…
…	…	…

不同的时间尺度下可得到相应的灵活性评价矩表。此外，灵活性指标 $O_{i,j}$ 分为两个方向上的指标值，因此，灵活性评价表也有两个。灵活性综合评价表能完全反映电力系统运行过程中的灵活性状态，整体把握灵活性变化及趋势。

2）固有灵活性评价。对于任意电力系统，任意运行状态下系统都具有一定的灵活性能力，即固有灵活性。固有灵活性表示了系统的内在特征，但由于灵活性特点的特殊性，固有灵活性依然与时间尺度以及灵活性资源密切相关。

灵活性综合评价表针对特定的运行状态，依据不同的灵活性资源响应，形成了对灵活性的综合评价，但评价表无法评价不同运行状态间或不同系统间的灵活性。因此，灵活性指标体系不仅应客观评价电力系统的运行灵活性的变化趋势，还应更直观地对现有的电力系统的固有灵活性作出灵活性评价。

对于不同的运行状态或不同系统，若控制手段 i 包含所有的灵活性资源，研究对象 j 包含研究区域内所有的风电场，均可得到两个方向上的灵活性指标 $O_{+i,j}$、$O_{-i,j}$，它们可以评价特定方向上的灵活性。不区别方向时，则对其进行简单的数学处理，得到

$$E_{\mathrm{I}} = \sqrt{(O_{+i,j})^2 + (O_{-i,j})^2} \tag{2-126}$$

E_{I} 值可作为系统固有灵活性的参考值。

通常而言，若需对比两个系统或两种运行状态下的固有灵活性，则需在同一时间尺度下考虑所有可用的灵活性资源时所得到固有灵活性指标，作为评价依据。

固有灵活性的参考值与安全性指标、可靠性指标和经济性指标相似，可以为电力系统运行、规划方案提供依据和指导。

五、甘肃—青海电网灵活性分析

本节算例采用的是原始甘青电网 320 节点进行算例验证，甘青电网节点数据中 330kV 以下数据全部等效到高压侧。甘青电网数据总负荷 64500MW，基准容量 100MVA，各类机组装机容量及经济参数如表 2-17 所示。

表 2-17　　　　　　　　　　　　机组容量与经济参数表

机组或单元类型	数量	总量（MW）	平均功率	单位发电费用（元/kWh）
风电机组	40	24169	27%	0.09
光伏单元	49	19948	25%	0.015
水电机组	48	21494	46%	0.02
火电机组	17	30840	100%	0.2625
热电机组	36	20889	100%	0.2625

（1）鉴于不同机组或单元类型单位发电成本以及单机容量各不相同，潮流初始状态计算模块中，满足强迫出力以及最小出力的约束下，以总发电成本为目标函数，从而确定机组的启停状态。

（2）对于太阳能发电，若考虑多种因素时，发电效率各不相同，如昼夜、冬夏等，经折算至日光照 8h 的光伏发电平均转换效率公式如下。其中，η_solor 为光伏发电效率，即

$$\eta\_\mathrm{solor} = \begin{cases} \eta_{\mathrm{s}}, Day = 1 \\ 0, Day = 0 \end{cases}, \quad \eta_{\mathrm{s}} = \begin{cases} 0.8, winter = 1 \\ 0.6, winter = 0 \end{cases} \tag{2-127}$$

（3）对于风电机组，考虑到风力资源的反调峰特性，风电机组的输出功率与光伏机组输出功率呈互补之势，η_wind 为风电机组发电效率，即

$$\eta\_\mathrm{wind} = \begin{cases} \eta_{\mathrm{w}}, Day = 1 \\ \eta_{\mathrm{w}} \times 1.5, Day = 0 \end{cases} \quad \eta_{\mathrm{w}} = \begin{cases} 0.3, winter = 1 \\ 0.25, winter = 0 \end{cases} \tag{2-128}$$

（4）按照水文条件，有枯水期与丰水期、枯水年与平水年之分。枯水年水电机组不参与灵活性调度。不同时期不同年份水电机组输出功率不同，预想出力为水电机组输出功率的最大值，同时由于下游用水需求，故而水电机组存在强迫出力的问题。P_hydro 为水电机组输出功率，P_av 为水电机组平均出力，$P\_\mathrm{hydro}\_\max$ 为水电机组最大出力，$P\_\mathrm{hydro}\_\min$ 为水电机组最小出力，即

$$\begin{cases} P\_hydro = P\_av(month), & month \in [1,12] \\ P\_hydro\_max = P\_max(month), & month \in [1,12] \\ P\_hydro\_min = P\_min(month), & month \in [1,12] \end{cases} \quad (2\text{-}129)$$

表2-18列出了水电机组输出功率参数，图2-68和图2-69分别为枯水年和平水年水电机组输出功率图。

表 2-18 水电机组输出功率表

月份	枯水年（MW）			平水年（MW）		
	预想输出功率	平均输出功率	强迫输出功率	预想输出功率	平均输出功率	强迫输出功率
1	22132	8676	2563	22161	8870	2552
2	22080	8727	2556	22197	8887	2538
3	22029	8811	2551	22223	9093	2532
4	21966	8836	2557	22098	9431	2559
5	26255	13642	7295	28404	16363	9387
6	26218	13927	7301	28347	17866	9408
7	26267	14237	7285	28538	23341	9453
8	26354	14344	7305	28550	22330	9428
9	26396	14630	7214	28568	17314	9347
10	26441	15253	7217	28599	17026	9358
11	22201	9160	2589	22151	9487	2586
12	22199	8716	2560	22201	8933	2541

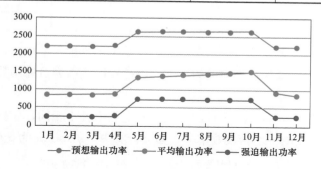

图 2-68　枯水年水电机组输出功率图

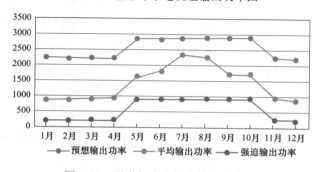

图 2-69　平水年水电机组输出功率图

（5）火电机组在参与灵活性调度时，要考虑其经济性与机组计划检修等相关问题，设火

电机组最小出力为30%，P_coal为火电机组与灵活调度的输出功率，即

$$P\_coal = \begin{cases} P_c, & 0.3P_{max} \leqslant P_c \leqslant P_{max} \\ 0, & P_c < 0.3P_{max} \end{cases} \quad (2\text{-}130)$$

式中：P_c为火电机组出力。

（6）供热机组在参与灵活性调度时，与火电机组相同，最小出力为30%，冬季供热机组主要用于供暖，不参与灵活性调度，故其最小出力为装机容量的70%。P_heat为供热机组参与灵活调度的输出功率，即

$$P\_heat = \begin{cases} P_h, & 0.3P_{max} \leqslant P_h \leqslant P_{max}, \quad winter = 0 \\ P_h, & 0.7P_{max} \leqslant P_h \leqslant P_{max}, \quad winter = 1 \\ 0, & other \end{cases} \quad (2\text{-}131)$$

式中：P_h为供热机组出力。

（7）在计算灵活性指标时，要结合电力系统灵活性三个特点：①灵活性是电力系统的固有特征；②灵活性具有方向性；③灵活性需在一定时间尺度下描述。从电力系统有功平衡的角度分析，机组的爬坡能力和输出功率范围、负荷特征等是电力系统灵活性的固有特征；上调能力和下调能力反映了系统在不同方向的灵活性；不同时间尺度下风功率的变化范围不同，对系统灵活性评估有较大影响。

表2-19为12月采暖期白昼时计算的灵活性指标，此时参与灵活性调度的机组仅为火电机组，灵活性表现为风电机组与火电机组输出功率的互换，电源侧灵活性仅由火电机组的爬坡速度以及时间尺度、火电机组的最小出力、火电机组原始启停状态以及线路潮流约束决定。若线路潮流约束充裕的情况下，单位时间尺度下已启动的火电机组爬坡出力应与灵活性的大小保持一致。表2-19中枯水年水力机组输出功率少，热电机组维持供暖，不参与灵活性调度，灵活性资源（如风电）的消纳能力受限于火电机组的状态，故灵活性较小。

表 2-19　　　　　　　　　　　　12 月电源侧灵活性计算结果

参与调度机组名称	时间	爬坡速度（标幺值）	水文年	上线机组台数（台）	上线火电机组最大容量（MW）	不同时间尺度下	
						1min	5min
火电机组	白昼	0.02	枯水年	5	14000	−280MW	−1400MW
						280MW	1400MW

表2-20为12月采暖期白昼与夜晚情况下计算的灵活性指标，白昼光伏机组输出功率充裕，就向上灵活性而言，白昼时系统的灵活性要低于夜晚，这是因为白昼光伏输出功率的限制，多数火电机组与热电机组处于关停状态。夜晚光伏处于关停状态，大量火电机组处于上线状态进而参与到灵活性调度中，晚上的灵活性远远大于白昼时的灵活性。

表 2-20　　　　　　　　　12 月考虑昼夜情况电源侧灵活性计算结果对比

参与调度机组名称	时间	爬坡速度（标幺值）	水文年	不同时间尺度下	
				1min	5min
火电机组	白昼	0.02	枯水年	−280MW	−1400MW
	夜晚			−452MW	−2015MW

表 2-21 为 6 月非采暖期白昼时计算的数据，此时参与灵活性调度的机组为火电机组、水电机组、热电机组，灵活性表现为风电机组与三者间机组输出功率的互换，电源侧灵活性由火电机组、水电机组、热电爬坡速度以及时间尺度、火电机组的最小出力、机组原始启停状态以及线路潮流约束决定。由于火电机组爬坡速度小，为机组输出功率峰值的 20%，水电机组的爬坡速率为机组输出功率峰值的 40%，灵活性指标对于火电机组的敏感度低于水电机组。6 月为丰水期，丰富的水力资源引起水电机组在单位时间内的爬坡出力较高，电源侧灵活性指标相应较高。然而，数据结果显示向上的灵活性低于向下的灵活性，这是因为相当一部分参与灵活性调度的水电机组、火电机组、热电机组处于满发状态，受限于机组最大出力，不能向上爬坡造成的。在向下灵活性时，水电机组、火电机组、热电机组等机组输出功率能够向下爬坡，从各月份数据结果证实向下灵活性是大于向上灵活性的。

表 2-21   6 月电源侧灵活性计算结果

参与调度机组名称	时间	水文年	爬坡速度（标幺值）	时间尺度（min）	机组最小出力	向上灵活性（MW）	向下灵活性（MW）
火电机组	白昼	丰水年	0.02	1	0.3	−3340	3605
热电机组			0.02	1	0.3		
水电机组			0.2	1	强迫出力		

第三章

考虑不确定性因素的电力电量平衡方法

本章主要对大规模新能源以及分布式电源发电技术时空输出功率特性研究，并研究负荷响应特性及其响应模型基础，间歇式电源参与电力电量平衡。

第一节 间歇式电源参与电力电量平衡原则研究

一、电力电量平衡的定义和运用

研究整个电力系统中各电站如何运行，供电的年、月、日变化情况，以及各电站机组进行年计划检修的时间安排和承担全系统的负荷备用、事故备用等情况，这些设计工作称为运行方式的电力电量平衡。电力系统的电力电量平衡，是研究系统中各电站如何满足用户的电力和电量要求，即研究电力电量的供求关系问题。编制电力系统电力电量平衡的目的，是根据系统负荷要求，对已建（包括新设计的）和待建水、火电站的容量与发电量进行合理安排，使它们在规定的设计负荷水平年中达到容量和电量的全面平衡。

电力电量平衡的基本关系式为

$$E_D = E_S = E_H + E_C + E_R + E_O \tag{3-1}$$

式中：E_D 为电力系统需要的电量，kWh；E_S 为电力系统总发电量，kWh；E_H、E_C、E_R、E_O 分别为水、火电站、可再生能源和其他电站的发电量，kWh。

电力电量平衡一般以月为单位时段，故以月平均输出功率表示月发电量。电力系统电力电量平衡是以平衡图表来表示的，它阐明电力系统全年供电情况，各种电站装机的利用程度和规划设计的水电站在电力系统中的作用及运行方式，并且确定了机组进行年度检修的条件和系统中备用容量的保证程度。通过编制电力电量平衡图表可对某些不合适的安排进行调整，甚至修改选定的装机容量。

二、常规电力电量平衡的原则和方法

1. 常规电力电量平衡的原则

（1）发电总容量的确定。电力电量平衡是电力电量供应与需求之间的平衡。根据预测的电力负荷，在电力电量平衡基础上，可确定规划期内应该达到的发电设备总容量。在由传统电源构成的电力系统中，考虑到负荷预测的误差以及应对运行中可能出现的事故，规划电源

容量中不仅需要具有工作容量，还需要具备充足的备用容量。

工作容量指发电机满足电力系统正常负荷需求的容量；备用容量指为了保证系统不间断供电并保持在额定频率下运行而设置的装机容量，包括担负调频、调峰的装机容量以及适应负荷在更长时间范围内变化的备用容量。

传统电源既具有容量价值，为满足发电可靠性做出贡献；又具有能量价值，为满足长期电能需求做贡献。

（2）发电规划准则。在电力电量平衡基础上确定的电源规划方案能否满足电力系统安全要求，应依据电源规划准则，通过发电可靠性分析进行评估。

衡量发电系统可靠性的标志是发电系统的充裕度。发电系统充裕度是在发电机组电压水平限度内，考虑机组的计划和非计划停运及输出功率限制，向用户提供总的电力和电量需求的能力。电源系统可靠性准则有确定性准则和概率性准则两种。

1）确定性准则。确定性准则采用确定性指标。通常用系统最大负荷 $P_{\max}$ 的百分数表示。我国采用确定性指标，一般要求工作容量应达到最大负荷水平，而系统总备用容量不低于系统最大负荷的 20%。

2）概率性准则。概率性准则采用概率性指标，主要有电力不足期望值（loss of load expectation，LOLE）、电力不足概率（loss of load probability，LOLP）、电量不足期望值（expected energy not supplied，EENS）等。概率性准则在国外获得广泛应用，各国提出的概率性准则不同，美国采用 LOLE 为 1 天/10 年，也就是说，10 年中电力不足时间不得超过 1 天。

2. 全网统筹电力电量平衡协调优化方法

大规模互联电网为大范围的能源资源优化配置提供了可能。全网统筹电力电量平衡国省两级协调优化的模式、模型与方法，以省级电网的历史贡献率为优先级进行平衡决策，从而促进省级电网参与电力交易的积极性。国级与省级电力电量平衡决策目标分为两种：①在电力富余时最小化发电成本；②在电力紧缺时合理分配电力缺口，实现在时间和空间上均衡缺电。通过以等效发电成本曲线为关键优化信息，建立协调优化数学模型，可分层决策省间送受电方案和各省发电机组出力计划，实现能源资源的进一步优化调配。以电量受限成本增量修正省级电网发电成本的求解方法，精细考虑火电机组因电量受限所带来的额外成本。基于三区域 IEEE RTS96 系统和华北—华东—华中（简称"三华"）电网的计算充分表明了该方法的有效性。

三、大规模间歇式能源参与电力电量平衡的方法

随着间歇式能源规模的增加，如其容量价值仍被忽略，会给系统的规划和运行阶段的分析评估，特别是经济性评估带来较大的误差。因此，近年来规划部门开始关注风力发电和光伏发电等间歇式能源参与电力电量平衡的方法。

计及间歇式能源的容量价值，确定间歇式能源的置信容量，以此容量参与电力电量平衡。在电力电量平衡中，容量价值是指电源的置信容量（或称作容量可信度）。本书采用了

基于替代价值容量的评估指标，即新增电源的有效载荷能力（ELCC）。因此，基于替代容量的评估指标通常有两种表述形式，一种是可靠性水平提高相同幅度情况下，间歇式电源可替代的参考机组（或理想机组）的容量；另一种是维持系统可靠性水平不变达到相同 ELCC 情况下，间歇式电源可替代的参考机组（或理想机组）的容量。

ELCC 是指在维持系统可靠性水平不变的前提下，新增电源可承载负荷的能力。发电系统的可靠性为

$$R = P(G + G_{\text{int}}, L + \Delta L) = P(G, L) \tag{3-2}$$

式中：P 为可靠性估算函数；R 为可靠性指标，如电力不足期望值（LOLE）和电量不足期望（EENS）等；L、ΔL 分别为系统的初始负荷和新增负荷；G、G_{int} 分别为系统初始装机容量和间歇式电源的装机容量，则间歇式电源的可信容量 $C_{\text{int}} = \Delta L$，即容量可信度为 $\Delta L / C_{\text{int}}$（%）。

具体的评估流程如图 3-1 所示。

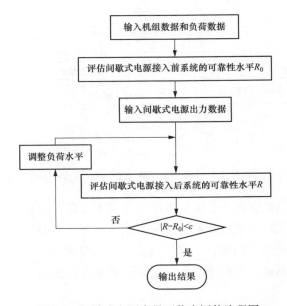

图 3-1　间歇式电源容量可信度评估流程图

四、主动负荷及分布式电源参与配电系统电力电量平衡方法

随着传统配电系统向含 EV、分布式电源的新型配电系统的发展过渡，部分负荷具备了可控/可调特性，与此同时，系统中的分布式电源接入也将改变原有电网与负荷间的平衡关系。因此，新型配电系统负荷预测还需要考虑包括 EV 负荷在内的电网友好型负荷与分布式电源两个方面，它们将共同影响着后续电网的规划建设。

1. 含 EV、分布式电源的新型配电系统负荷特性

含 EV、分布式电源的新型配电系统中的负荷预测包括含可控、可调负荷在内的系统负荷预测和分布式电源功率预测两部分，其中前者的目的是通过友好型负荷与非友好型负荷的综合考虑，得到系统所需承载的整体负荷；后者的目的是通过分布式电源稳定输出功率及与

负荷之间匹配关系的分析，计算出分布式电源所供的负荷。

（1）系统负荷预测。系统负荷预测应包含整体和可控部分的负荷预测，可控部分的负荷预测同样包括总量预测及空间分布预测。可控部分的负荷分布预测可结合整体负荷的空间分布预测来得到，含 EV、分布式电源的新型配电系统可控负荷总量及分布预测路线如图 3-2 所示。

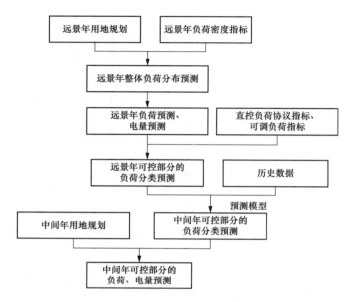

图 3-2　含 EV、分布式电源的新型配电系统可控负荷总量及分布预测路线

图 3-2 中，首先按照整体负荷预测思路得到规划区远景年整体负荷的行业分类负荷、分类电量预测值；结合远景年的直控负荷协议和可调负荷等方面的情况，得到远景年可控部分的行业分类负荷、分类电量预测值；再利用负荷预测模型预测中间年份可控部分的负荷总量和分类负荷预测；在此基础上，结合中间年的用地规划预测得到中间年可控部分的负荷分布情况。

在得到规划区中间年整体负荷及可控部分负荷的分类预测值时，用整体负荷分类预测值减去可控负荷分类预测值得到不可控负荷的分类预测值，并用其分别除以中间年相应行业的用地规划面积，可得到该规划年不同行业的不可控负荷密度指标，从而完成新型配电系统的负荷预测。

根据上述可控负荷预测思路，总结含 EV、分布式电源的新型配电系统可控部分负荷的具体负荷预测方法如图 3-3 所示。

（2）分布式电源预测。分布式电源预测主要针对光伏、风等间歇性分布式电源，功率预测又包括单位容量分布式电源功率计算、单位容量分布式电源可信功率计算以及地区分布式电源总装机容量预测。间歇式分布式电源可信功率是通过概率处理后得到的一定条件下的稳定出力。

规划区分布式电源总装机容量预测，远景年分布式电源总装机容量受多种因素影响，主要包括规划区自然资源条件、分布式电源装设地环境、政府政策导向以及电网负荷情况。因此提出规划区远景年分布式电源总规划指标 Y，该指标是自然、地理、政策以及负荷的函数。

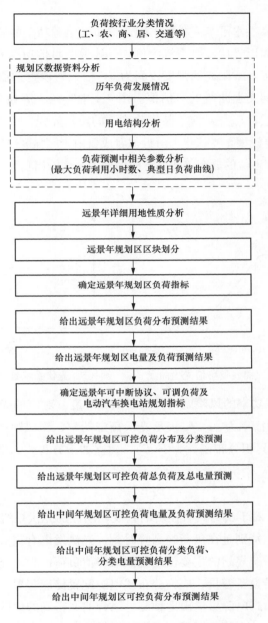

图 3-3　新型配电系统可控负荷预测方法

已知 Y 后，结合区域远景年用地规划及已有负荷预测数据，应用先远后近预测法得到区域规划年的总装机容量预测结果。

规划区分布式电源系统输出功率可根据当地具体的自然资源及发电系统参数计算得到，进而进行总装机容量下分布式电源的可信功率预测。可信功率 P_β 是指分布式电源在一定概率（置信度）β 内至少能够达到的功率水平，P_β 可由分布式电源功率的概率密度函数或累计分布函数计算。在此定义分布式电源功率风险度 α 为

$$\alpha = 1 - \beta \tag{3-3}$$

新型配电系统的可靠性水平与 α 相关，因此分布式电源功率的置信度是由新型配电系统可靠性要求决定的。下面以光伏发电系统为例，具体说明可信功率的预测方法。

对于固定的某一地区，太阳光照强度夜间为 0，白天时段近似服从正态分布。因此确定一定的置信度，即可得到光强曲线的可信值。图 3-4 中实线 1 为典型日光强时序变化曲线，虚线 2 表示可信光强曲线，I_α 是对应于某风险度下的可信光强。

根据通用的光伏发电模型，光伏出力可近似看成仅由光照强度决定的一元线性函数，因此光伏输出功率与光强具有近似的分布趋势。下面用全天光伏输出功率的累积分布函数说明，如图 3-5 所示。

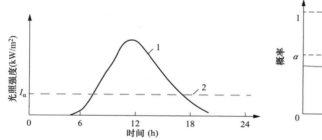

图 3-4　典型日光强时序曲线及可信光强曲线 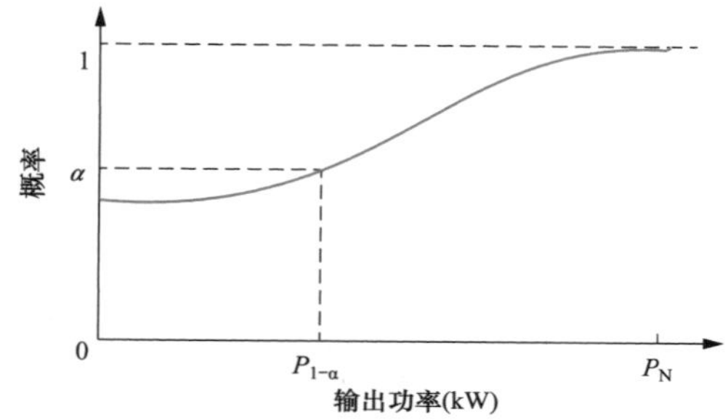　　图 3-5　光伏系统日出力累积分布函数曲线

图 3-5 中 α 表示光伏功率的风险度；$P_{1-\alpha}$ 表示风险度 α 对应的光伏可信功率，即光伏功率 P 位于 $[0, P_{1-\alpha}]$ 的概率为 α；P_N 表示光伏额定功率，当风险度达到 100% 时，可信功率为 P_N。设光伏出力的累积分布函数为 $F(P)$，建立如下方程式，即可得到风险度 α 下光伏的可信出力 $P_{1-\alpha}$，即

$$F(P) = \alpha \tag{3-4}$$

由图 3-5 可以看到，对于出力具有显著的昼夜周期性的光伏系统，在较低的置信度下光伏的可信功率仍然较小。特别是在负荷晚高峰时刻，光伏发电有很大概率不输出功率。而分布式电源对于新型配电系统规划的主要作用是削减峰值负荷，为了充分发挥分布式电源的作用，有效降低配电网所需设备容量，应为分布式电源配置储能装置。

（3）区域规划年分布式电源可信出力预测。结合前文得到的地区分布式电源总装机预测值和单位分布式电源可信功率值，可得到规划区远景年分布式电源可信功率预测模型，即

$$P_{z\alpha} = P_z \times \frac{P_\alpha}{P} \tag{3-5}$$

式中：$P_{z\alpha}$ 为规划区远景年分布式电源可信功率；P_z 为规划区远景年分布式电源装机总容量；P_α 为单位分布式电源可信功率；P 为单位分布式电源装机容量。在此基础上，同样应用先远后近预测法，得到区域规划年的分布式电源总功率预测结果。

2. 含主动负荷、分布式电源的配电系统电力电量平衡

随着电动汽车等主动负荷及分布式电源的引入，传统配电系统的负荷预测发生了重大变化，不仅包括新型配电系统的新型负荷预测，同时包含了分布式电源的发电功率预测。这就打破了原有配电系统"电网""负荷"之间的电力平衡，形成了新的"分布式电源""电网""负荷"间的平衡，势必对原有的电网规划工作产生影响。

（1）对原有配电系统电力电量平衡的影响。传统电网规划中，电力电量平衡是配电网传统负荷之间的平衡，未考虑分布式能源部分；而现今配电网的电力电量平衡中，要充分考虑可控负荷的主动控制以及分布式能源发电，因此，新的电力电量平衡变成了分布式能源、配电网、新型负荷之间的平衡。

电力平衡主要是应用已有的负荷预测数据以及规划区各电源输出功率数据获得各电压等级下的变电站容量值，包括变电站的总容量及备用容量。电力平衡的主要目的是初步估算出规划区在规划水平年的变电站容量和站所的初步数量安排。

（2）含分布式能源的配电网的变电站总容量计算。电力平衡过程中，首先要确定的就是区域内规划目标年的负荷水平；其次，需在预测负荷中扣除上级变电站直供以及由下级变电站直供中低压配网或大用户的负荷；再次，还需要考虑本电压等级下的电源输出功率（含分布式能源）所供负荷。最后，规划区负责供电的区外负荷或由外区对本区供电的负荷也应该考虑增减。

综上所述，得出了各电压等级的电力平衡数学模型，即

$$P_z = (P_1 - P_2 - P_3 - P_4 + P_5 - P_6) \times \sigma - Q_1 \qquad (3\text{-}6)$$

式中：P_z 为规划水平年所需的某个电压等级（例如 110kV）下的变电站总容量；P_1 为规划水平年的预测负荷，与传统配电网预测负荷不同，此处的 P_1 为主动配电网整体负荷中的不可控部分负荷（$L_1 + L_{2B}$）；P_2 为规划水平年大于本电压等级的上级主变压器直供的本电压等级以下（如 220kV 变电站对 35kV 以及下）的负荷；P_3 为规划水平年由本电压等级以下（如 35kV 及以下电源，含分布式能源）的电源所供的负荷；P_4 为规划水平年本电压等级及以上（如 220kV 以及 110kV）对本区大用户直供负荷；P_5 为规划水平年本区所负责供电的区外负荷水平；P_6 为规划水平年本区内由外区供电的负荷水平；σ 为规划所采用的容载比；Q_1 为规划区现有该电压等级变电容量。

3. 配电网变电站备用容量计算

变电站备用容量包括检修备用容量、事故备用容量和负荷备用容量，此处通过分析分布式能源和负荷主动性对于检修备用容量、事故备用容量和负荷备用容量的影响，给出变电站的总体备用容量。

（1）检修备用容量：只有当季节性低落所空闲出来的容量不足以保证全部机组周期性检修时，才需要设置检修备用容量。检修备用容量的确定应在年负荷曲线上进行，一般为系统最大负荷的 12%～15%。

（2）事故备用容量：电力系统中的发电设备可能因为某些偶然的事故而被迫临时停机，需设置一定数量的备用容量。

（3）负荷备用容量：为担负电力系统一天内瞬时的负荷波动和计划外的负荷增长所需要

的发电容量。

综上所述，依据百分数估计法，一般系统总备用容量占系统最大负荷的20％左右。

4. 电量平衡计算方法

在考虑分布式能源的电力系统的电量平衡中，分布式能源的发电量采用年可信发电量，但按年低发电量进行校验。具体电量平衡计算步骤如下：

步骤1：确定（预测）电力系统的需要发电量。

步骤2：按年低发电量及年可信发电量计算分布式能源的年发电量，电量平衡中用可信发电量进行平衡，用低发电量进行校核。

步骤3：将系统需要的发电量减去分布式能源发电量及其他电源发电量，即为系统火电发电量。

步骤4：根据火电年底装机容量和当年新增容量，计算出火电年平均装机容量。

步骤5：火电年发电量除以火电年平均装机容量，即得火电装机利用小时数。

五、多区域互联系统提高系统消纳间歇式电源能力研究

1. 多区域互联系统可靠性评估技术简介

互联系统是用具有一定输送能力的输电线把两个或多个原来彼此独立的发电系统联系起来的系统。互联系统对于间歇式电源接入的电力系统的优点在于：不同区域间的互联可以提高系统备用水平，降低由于间歇式电源随机波动带来的运行风险。针对互联系统的运行特点，在对互联系统进行可靠性评估时，需要考虑如下因素：

（1）各个待联孤立系统的装机容量。

（2）各孤立系统之间的联络线的传输容量。

（3）联络线的可靠性数据，如故障率和修复率。

（4）各个待联孤立系统的负荷特性。

（5）各系统之间实现容量互相支援的合同。

2. 用LOLP法估计两个系统互联时的可靠性

互联系统的LOLP计算基本与单区域相同，只是计算时要考虑到两个系统互联后的特点。它们的关系是

$$R_A = X_A + Y_A - L_A = IC_A - L_A \tag{3-7}$$

$$R_B = X_B + Y_B - L_B = IC_B - L_B \tag{3-8}$$

式中：R_A、R_B 分别为系统A、B的日备用容量，MW；X_A、X_B 分别为系统A、B的故障停运容量，MW；Y_A、Y_B 分别为系统A、B的可用发电容量，MW；IC_A、IC_B 分别为系统A、B的装机容量，MW；L_A、L_B 分别为系统A、B的某天的最大负荷，MW。

即

$$R_A - X_A = Y_A - L_A \tag{3-9}$$

$$R_B - X_B = Y_B - L_B \tag{3-10}$$

当$R_A < X_A$（或$R_B < X_B$），即A系统的备用容量小于停运容量（或B系统的备用容量

小于容量），则 A 系统发生电力不足（或 B 系统电力不足），互联前，A、B 系统的容量模型如图 3-6 的左侧和上方所示，图中 IC_A 和 IC_B 分别是 A、B 系统的装机容量。R_A 和 R_B 分别 A、B 系统的日备用容量。图中 C_T 为联络线的有效传输容量。

图 3-6 中央部分的矩阵以 R_A 和 R_B 为分界划分 I、II、III、IV 四个区域，当 A 和 B 系统孤立运行时，对应于容量模型的 I 区，相当于两个系统都向各自的负荷正常供电的情况；IV 区则表示两个系统都电力不足，有负荷停电的情况；II 区对应于 A 系统正常 B 系统故障；III 区对应 B 系统正常 A 系统故障（此时 II、III 区包括阴影部分在内）。

当 A 和 B 系统通过联络线互联后，图 3-6 中 II 和 III 区的性质有所变化。下面着重分析系统 A 某一天的情况。

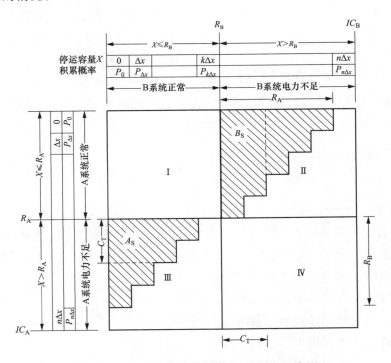

图 3-6　A、B 两系互联时 LOLP 的算法示意图

当 A 系统的故障停运容量 $X > R_A$ 时，由于 B 系统此时具有备用容量 R_B，若联络线的容量 $C_T > R_B$，则 R_B 可全部支援 A 系统，使 A 系统继续正常供电。不过即使 B 系统发生故障，只要故障停运容量 $X < R_B$，都可以支援 A 系统使之正常工作。图 3-7 在 III 区中画出一部分 A_s 区域，即阴影表示的部分，相当于 A 系统接受 B 系统支援仍可正常工作的情况。面积 A_s 代表了 A 系统由于互联所得到的概率增益。

将图 3-6 中的 A_s 部分重画成图 3-7，并将面积 A_s 所代表的概率增益，记为 P_{A_s}，则

$$P_{A_s} = \sum_{n=1}^{R_B/\Delta x} \{P(R_A + (n-1)\Delta x) - P(R_A + n\Delta x)\} \times [1 - P(R_B - n\Delta x)] \quad (3-11)$$

式（3-12）等号右边大括号中第一项是 A 系统接受 $n-1$ 个功率步长的支援后的风险值，

第二项是接受 n 个功率步长的支援后的风险值，二者之差即为 A 系统的受益概率。

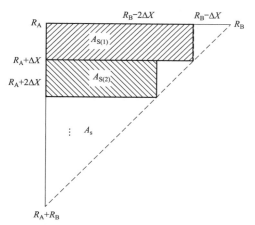

图 3-7 图 3-6 中 B 系统对 A 系统的支援部分

第二个方括号代表 B 系统可向 A 系统提供等于 n 个功率步长的支援而不致造成其本身停电的概率。

设 A 系统单独运行时的 LOLP 为 P_{RA}，由于互联后 LOLP 值可降低 P_{A_s}，那么，互联后 A 系统的 LOLP 值为 P_{A2}，即

$$P_{A2} = P_{RA} - P_{A_s} \tag{3-12}$$

以上算出的是一天的 LOLP 值，应用公式算出一年中各天的 LOLP 并将结果总加，即可求得互联情况下 A 系统一年的 LOLP 值。

若联络线容量 $C_T < R_B$，那么 A 系统受益概率面积 A_s 将减小到虚线上面的部分（参见图 3-7）。为计算这种情况，只需将式（3-11）中求和的上限改为 $C_T/\Delta x$ 即可。如果还要计及联络线的强迫停运率 r，只需在式（3-11）右边乘一项联络线的可用率 $(1-r)$，即

$$P_{A_s} = \sum_{n=1}^{R_B/\Delta x} \{P[R_A + (n-1)\Delta x] - P(R_A + n\Delta x)\} \times [1 - P(R_B - n\Delta x)] \times (1-r)$$

$$\tag{3-13}$$

3. 联网效益的估算

用 LOLP 表示互联效益还不够直观，通常希望把互联的概率增益折算到各自的备用容量增益，也就是说，希望知道互联后，每个系统的备用容量到底加大到什么程度。这个折算出的容量称为联络线对各个系统的有效容量或互联效益。当联络线的实际允许传输容量大于任一系统的备用容量时，即使增大联络线的传输容量，互联效益也不再增大。当联络线的允许传输容量小于可支援的备用容量时，被限制的概率增益并不是线性增加，这是因为概率分布具有指数特性。这种情况可由图 3-8 得到说明。该图中横坐标表示两个互联系统联络线的允许容量，记为 $C_{T(AC)}$，纵坐标表示联络线的有效容量，记为 $C_{T(EF)}$。从图 3-8 可看出，联络线的有效容量开始与允许容量几乎呈线性关系。

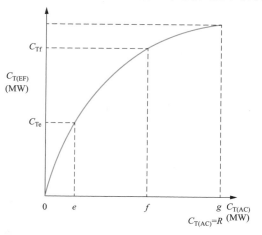

图 3-8 联络线有效容量与允许容量的关系

但是，后来呈现饱和状态，当允许容量大于备用容量时，有效容量不再增加了。这一特点可在选择互联线路的电压等级时加以应用。例如，图 3-8 中用 e 和 f 两点分别表示用 110kV 和 220kV 联络线时各自的允许传输容量，其对应的有效容量分别为 C_{Te} 和 C_{Tf}。显然，

用200kV线路联网比用110kV线路联网效益高得多，但如果用200kV以上电压等级联网所得到的效益就并不显著，可能不合算了。

4. 多区域电力系统互联时的可靠性估计

多区域系统的互联计算从本质上说是两系统互联计算的方法的反复运用。但多区域系统互联的结线方式比两区域互联的结线方式复杂得多，要穷举一切可能的结线方式，将使计算过于繁杂和冗长，因此，应选取几种典型结线方式进行分析计算。

下面以三地区互联为例，说明计算LOLP的一般过程。设有A、B、C三个系统，其结线方式只考虑两种，如图3-9所示。

对于图3-9（a），各系统可靠性计算步骤是：

（1）若A为受援系统，首先计算C对A的支援，形成C支援A后新的积累概率表A′，然后计算B对A′的支援，得到在这种结线方式

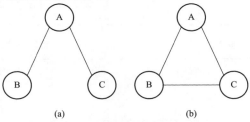

图3-9 三个系统的两种互联方式
(a) 放射状网络；(b) 环形结构

下A系统同时受B、C两系统支援的最终积累概率表，最后计算出互联后A系统的LOLP值。

（2）若B为受援系统，首先计算C对A的支援，形成A′表，然后用A′支援B，形成这种结线方式下B系统同时受A、C支援的最终积累概率表，最后计算出互联后B系统的LOLP值。

（3）若C为受援系统，首先计算B对A的支援形成A′表，然后用A′支援C，形成这种结线方式下C系统同时受A、B支援的最终积累概率表。

对于图3-9（b），各系统可靠性指标的计算步骤是：

（1）若A为受援系统，则认为B、C间无联络线。用图3-9（a）所示的结线方式中的步骤（1）进行。

（2）若B为受援系统，则认为A、C间无联络线。先计算A对B的支援，形成B′表，然后用C支援B′，形成B系统同时受A、C支援的最终积累概率表，最后计算系统的LOLP值。

（3）若C为受援系统，则认为A、B间无联络线。先计算A对C的支援，形成C′表，然后用B支援C′，形成C系统同时受A、B支援的最终积累概率表，最后计算系统的LOLP值。

5. 算例分析

下面通过实例具体说明放射状态系统的LOLP的计算。

例：如图3-10所示，A、B、C三系统互联，系统中发电机参数见表3-1，A、B间的联络线容量为15MW，A、C间的联络线容量为30MW，假定联络线的故障可不考虑，计算互联后系统A的LOLP。

图3-10 A、B、C三系统互联

解：（1）建立各孤立系统的停运容量概率表，见表3-2～表3-4。其中概率小于10^{-8}者均略去。

表 3-1   系统的电源和负荷

系统	机组数	机组容量（MW）	每台机组的强迫停运率	总容量（MW）	峰值负荷（MW）
A	4	10	0.02	60	40
	1	20	0.02		
B	5	10	0.02	75	50
	1	25	0.02		
C	5	20	0.02	130	90
	1	30	0.02		

表 3-2   系统 A 的停运容量概率表

停运容量 X(MW)	确切概率 $p(X)$	积累概率 $P(X)$
0	0.90392080	1.00000000
10	0.07378945	0.09607920
20	0.02070622	0.02228975
30	0.00153664	0.00158353
40	0.00004626	0.00004689
50	0.00000063	0.00000063

表 3-3   系统 B 的停运容量概率表

停运容量 X(MW)	确切概率 $p(X)$	积累概率 $P(X)$
0	0.88584238	1.00000000
10	0.09039208	0.11415764
20	0.00368947	0.02376556
25	0.01807842	0.02007609
30	0.00007530	0.00199767
35	0.00184474	0.00192237
40	0.00000077	0.00007763
45	0.00007530	0.00007686
50	0.00000000	0.00000156
55	0.00000154	0.00000154
65	0.00000002	0.00000002

表 3-4   系统 C 的停运容量概率表

停运容量 X(MW)	确切概率 $p(X)$	积累概率 $P(X)$
0	0.88584238	1.00000000
20	0.09039208	0.11415764
30	0.01807842	0.02376556
40	0.00368947	0.00568714
50	0.00184474	0.00199767
60	0.00007530	0.00015293

停运容量 X（MW）	确切概率 $p(X)$	积累概率 $P(X)$
70	0.00007530	0.00007763
80	0.00000077	0.00000233
90	0.00000154	0.00000156
100	0.00000000	0.00000002
110	0.00000002	0.00000002

（2）系统 B、C 对系统 A 的支援容量。

1）系统 C 对系统 A 的支援容量见表 3-5。

表 3-5 系统 C 对系统 A 的支援容量

C 的停运容量（MW）	0	20	30	40
C 可以支援 A 容量（MW）	40	20	10	0
联络线容量（MW）	30	30	30	30
实际可支援容量（MW）	30	20	10	0
相当于多态发电机停运容量（MW）	0	10	20	30
确切概率	0.88584238	0.09039208	0.01807842	0.00568714

2）系统 B 对系统 A 支援容量见表 3-6。

表 3-6 系统 B 对系统 A 的支援容量

B 的停运容量（MW）	0	10	20	25
B 可以支援 A 容量（MW）	25	15	5	0
联络线容量（MW）	15	15	15	15
实际可支援容量（MW）	15	15	5	0
相当于多态发电机停运容量（MW）	0	0	10	15
确切概率		0.97623446	0.00368947	0.02007609

（3）建立支援后的停运容量概率表。系统 C 支援系统 A 后的停运容量概率表为 A′，见表 3-7，A′的总容量为 90MW。

表 3-7 系统 C 支援系统 A 后的停运容量概率表 A′的计算过程

X	$p(X)$	X	$p(X)$	X	$p(X)$	X	$p(X)$	X	$p(X)$
支援后 原来 A 系统		A′多态发电机的确切概率停运容量概率							
		0	0.88584238	10	0.09039208	20	0.01807812	30	0.00568714
0	0.90392080	0	0.80073135	10	0.08170728	20	0.01634146	30	0.0514072
10	0.07378945	10	0.06536582	20	0.00666998	30	0.00133997	40	0.00041965
20	0.02070622	20	0.01834245	30	0.00187168	40	0.00137434	50	0.00011776
30	0.00153664	30	0.00136122	40	0.00013890	50	0.00002778	60	0.00000874
40	0.00004526	40	0.00004098	50	0.00000418	60	0.00000034	70	0.00000026
50	0.00000063	50	0.00000056	60	0.00000006	70	0.00000001	80	0.00000000

将表 3-7 中停运容量相同的状态合并，就得到考虑 C 支援的 A 后的停运容量概率表 A′，见表 3-8。

表 3-8   **C 支援 A 后的停运容量概率表 A′**

停运容量 X(MW)	$p(X)$（确切概率）	$P(X)$（积累概率）
0	0.80073185	1.00000000
10	0.14707310	0.19926865
20	0.04135389	0.05219555
30	0.00970761	0.01084167
40	0.00097387	0.00113406
50	0.00015028	0.00016019
60	0.00000964	0.00000991
70	0.00000027	0.00000027

再建立系统 B 对 A′的支援，表 3-9 是停运容量概率表 A″的计算过程。计算时把 B 看成一台多态的发电机，A″的容量为 105MW。

表 3-9   **B 支援的 A′后的停运容量概率表 A″的计算过程**

X	$p(X)$	X	$p(X)$	X	$p(X)$	X	$p(X)$
\ B 支援		0	0.97623446	10	0.00368947	15	0.02007609
A′ \			B 多态发电机停运容量确切概率				
0	0.80073135	0	0.78170154	10	0.00295427	15	0.01607555
10	0.14707310	10	0.14357783	20	0.00054262	25	0.00295262
20	0.04135389	20	0.04037109	30	0.00115257	35	0.00083022
30	0.00970761	30	0.00947690	40	0.00003581	45	0.00019501
40	0.00097387	40	0.00095073	50	0.00000359	55	0.00001955
50	0.00015028	50	0.00014671	60	0.00000055	65	0.00000302
60	0.00000901	60	0.00000941	70	0.00000004	75	0.00000019
70	0.00000027	70	0.00000026	80	0.000000001	85	0.00000001

将表 3-9 中停运容量相同的状态合并，就得到 B 支援 A′后的停运容量概率表 A″，见表 3-10。

表 3-10   **B 支援 A′后的停运容量概率表 A″**

停运容量 X	确切概率 $p(X)$	积累概率 $P(X)$
0	0.78170154	1.00000000
10	0.14653210	0.21829855
15	0.01607555	0.07176645
20	0.04091371	0.05569090
25	0.00295262	0.01477719
30	0.00962947	0.01182457
35	0.00083022	0.00219510
40	0.00098654	0.00136488
45	0.00019501	0.00037834

停运容量 X	确切概率 $p(X)$	积累概率 $P(X)$
50	0.00015030	0.00018333
55	0.00001955	0.00003303
60	0.00000996	0.00001348
65	0.00000302	0.00000352
70	0.00000030	0.00000050
75	0.00000019	0.00000020
80	0.000000001	0.000000011
85	0.00000001	0.00000001

（4）计算 LOLP。令

$$IC_* = \frac{105}{40} = 2.625; \quad R_* = 2.625 - 1 = 1.625; \quad t_{k*} = \frac{O_{k*} - R_*}{0.25}$$

$LOLP$ 计算见表 3-11。

表 3-11 $LOLP$ 计 算 表

X	$p(X)$	O_{k*}	$O_{k*} - R_*$	t_{k*}	$p_{k*} t_{k*}$
0	0.78170154	0	0	0	0
10	0.14653210	0.25	0	0	0
15	0.01607555	0.375	0	0	0
20	0.04091371	0.5	0	0	0
25	0.00295262	0.625	0	0	0
30	0.00962947	0.75	0	0	0
35	0.00083022	0.875	0	0	0
40	0.00098654	1.0	0	0	0
45	0.00019501	1.125	0	0	0
50	0.00015030	1.25	0	0	0
55	0.00001955	1.375	0	0	0
60	0.00000996	1.5	0	0	0
65	0.00000302	1.625	0	0	0
70	0.00000030	1.75	0.125	0.5	1.5×10^{-7}
75	0.00000019	1.875	0.25	1	1.9×10^{-7}
80	0.00000000	2	0.375	1	0.01×10^{-7}
85	0.00000001	2.125	0.5	1	0.1×10^{-7}
			$\sum p_k t_k = 3.511 \times 10^{-7}$年/年		

考虑 B、C 的支援后，系统 A 的 $LOLP$ 为

$$LOLP = 3.511 \times 10^{-7} \text{ 年 / 年}$$

$$= 0.00001281 \text{ 天 / 年}$$

六、基于系统可靠性的充裕度指标

1. 评估指标

对于电力系统不同的子系统，具体评价的指标可能有所不同，但归纳起来一般有概率性

指标和期望值指标两大类。

（1）概率性指标。概率性指标主要是指电力系统发生故障的概率，最常用的概率性指标为电力不足概率（loss of load probability，LOLP），此指标表示系统由于设备故障造成负荷缺额的时间概率。$LOLP$ 的计算式为

$$LOLP = P(X \geqslant C - L) \tag{3-14}$$

式中：C 为电力系统的总装机容量；L 为日峰值负荷。

（2）期望值指标。

1）电力不足期望值（loss of load expectation，LOLE）。电力不足期望值是指系统的停运容量大于等于系统的备用容量的概率，而系统备用容量是指系统的装机容量与负荷的差值，系统负荷模型常采用日峰值负荷曲线。$LOLE$ 的计算式为

$$LOLE = p[X \geqslant (C - L)] \tag{3-15}$$

式中：C 为电力系统的总装机容量；L 为日峰值负荷。

全年的 $LOLE$（h/a）表示为

$$LOLE = \sum_{i=1}^{m} \sum_{j=1}^{n_i} \sum_{K=1}^{24} p_i [X \geqslant (C_i - L_{ijk})] \tag{3-16}$$

式中：m 为一年中的时间段数；n_i 为第 i 个时间段中的天数；L_{ijk} 为第 i 个时间段内第 j 天第 K 小时的负荷峰值；C_i 为第 i 个时间段中系统的装机容量；$p_i [X \geqslant (C_i - L_{ij})]$ 为第 i 个时间段第 j 天停运容量大于或等于备用容量的概率。

2）电量不足期望值（expected energy not serve，EENS）。电量不足期望值表示电力系统由于机组强迫停运而造成用户电能不足的期望值，这个指标可以表征系统故障的严重程度，因为电力系统的可靠性不仅仅受到电力不足的限制，电量不足也会对系统造成很大影响。$EENS$ 的计算式为

$$EENS = (X - R) \times p(X) \tag{3-17}$$

式中：R 为系统备用容量，即 $R = C$。

一年中 EENS 值可表示为

$$EENS = \sum_{i=1}^{m} \sum_{j=1}^{n_i} \sum_{K=1}^{24} \sum_{X=C_i-L_{ijk}K}^{C_i} [X - (C_i - L_{ijk})] P_{ijk}(X) \tag{3-18}$$

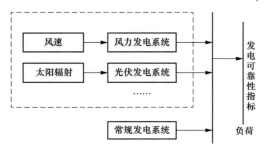

图 3-11　含间歇式电源的发电系统可靠性评估模型

式中：$P_{ijk}(X)$ 为第 i 时间段第 j 天第 k 小时停运容量大于或等于 X 的概率；m 为一年中的时间段数；n_i 为第 i 时间段中的天数；L_{ijk} 为第 i 时间段第 j 天第 k 小时的小时负荷。

2. 评估模型

含间歇式电源的发电系统可靠性评估模型如图 3-11 所示。整个发电系统由间歇式电源发电系统和常规发电系统组成，主要评估可用发电容量满足总负荷需求的能力，它涉及容量模

型、负荷模型和由这两个模型结合产生的系统发电裕度模型。

发电裕度模型为：某时刻系统的发电裕度是可用发电容量和负荷之间的差值，正的裕度表示电力充足；负的裕度表示电力不足。发电裕度模型可表示为

$$PM(t) = \sum_{i=1}^{NC} P_{c,i}(t) + \sum_{i=1}^{NH} P_{h,i}(t) + \sum_{i=1}^{NW} P_{w,i}(t) + \sum_{i=1}^{NPV} P_{pv,i}(t) - L'(t) \qquad (3\text{-}19)$$

$$L'(t) = [1 - \mu(t)]L(t) - \sum_j p_{w,j}(t) - \sum_j p_{pv,j}(t) \qquad (3\text{-}20)$$

式中：$PM(t)$ 为系统在 t 时刻的系统发电充裕量；$P_{c,i}(t)$、$P_{h,i}(t)$、$P_{w,i}(t)$、$P_{pv,i}(t)$ 和 $L'(t)$ 分别为 t 时刻火电可用容量、水电可用容量、风电平均出力、光伏平均出力和系统净负荷；$\mu(t)$ 为 t 时刻弹性负荷响应度；$p_{w,j}(t)$ 和 $p_{pv,j}(t)$ 分别为 t 时刻分布式风电和光伏平均出力。NC、NH、NW 和 NPV 分别是系统中火电、水电、风电场和光伏站的个数。发电充裕度计算流程如图 3-12 所示。

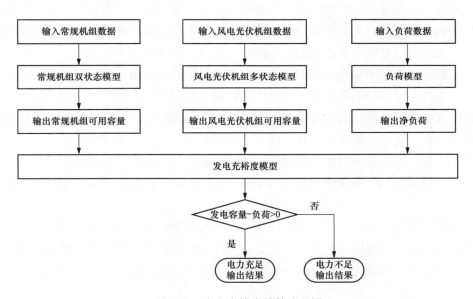

图 3-12　发电充裕度计算流程图

通过观察足够长时间内的系统发电裕度情况（见图 3-13），可以得到系统的发电可靠性指标。

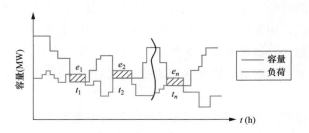

图 3-13　容量状态和按时序排列的负荷重叠图（阴影区域表示负的裕度）

第二节　系统消纳间歇性能源电力电量的原则和方法

一、系统消纳间歇式能源电力电量的原则

风力发电、光伏发电等间歇式新能源的规模化接入，对降低我国非化石能源在一次能源消费中的比重，减少单位国内生产总值二氧化碳排放，继而促进我国能源战略调整，转变电力发展方式，支撑国民经济的可持续发展，具有重要的战略意义。然而，由于风、光等一次能源所固有的间歇性和随机性等特点，风电场和光伏电场的可控性和输出功率可靠性均弱于常规电厂。为更好地发挥间歇式能源规模化接入后的容量效益和能量效益，使间歇式能源的推进与电力系统的发展相匹配，需要注意以下原则：

（1）间歇式能源建设与电力负荷需要相匹配。电力负荷的增长直接反映了国民经济发展和社会生活的用电需要。来自负荷的用电需求是推动电源建设的根本动力。大规模间歇式能源的开发，必须与国家电力负荷的需要相匹配。后者是前者的刚性约束。

（2）间歇式能源建设与系统消纳能力和技术水平相适应。由于间歇式能源功率的波动性和间歇性，大规模接入后的消纳问题涉及电力系统运行的各个方面。在系统组成上，具有灵活调节的常规电源可提供参与波动性电力消纳的可控容量决定了系统消纳间歇式能源的能力。在技术层面，诸如间歇式能源功率预测的精度水平和电网运行控制水平（如 AVC 系统的运行水平）等，是系统消纳间歇式能源的重要支撑。间歇式能源的建设规模，应充分考虑现阶段及与间歇式能源开发时序相匹配的未来时间段内，系统所能具备的消纳能力和能够达到的技术水平。

（3）间歇式能源的消纳应"本地优先平衡，大区统筹协调"。间歇式能源的本地优先平衡，有利于减少电力的远距离外送，提高系统运行的经济性。当间隙式能源功率超出了本地消纳能力时，应在更大的区域内统筹协调消纳，以充分发挥风电、光伏等新能源的节能减排效益。

（4）间歇式能源的消纳须以系统的安全性为前提。间歇式能源规模化接入后，在既定的系统负荷水平、常规电源装机组成和网架结构下，在某些情况下，受系统稳定性的约束，间歇式能源的功率不可能完全被消纳。在这样的条件下，会舍弃部分间歇式能源的电力和电量。

（5）间歇式能源的消纳宜综合考虑经济性等其他因素。以风电为例，在规划阶段，对一定安装容量的风电机组，如果视为等容量的常规电源进行输电规划，那么可以保证有足够的输电容量，但是投资较大。如果考虑比如按 80％的风电装机容量进行输电配套建设，则会有一定时段的弃风，但是可以节省输电建设的投资。具体如何开展，应根据风资源特性来综合权衡。

在运行阶段，间歇式能源的调峰主要还是依靠常规电源来实现。以火电为例，当间歇式能源峰值功率而压火电时，会导致火电运行效率的降低，这时，火电运行经济性降低只是问题的一个方面，还应注意到，火电运行效率的降低可能导致煤耗率增加，这是不利于节能减

排的。所以，这种情况下需要对间歇式能源功率的取舍做综合评估。

二、间歇式能源与常规电源 "打捆" 外送研究

开发大规模间歇式能源如果配套建设一定规模的常规电源，"打捆"输送可以平滑对电网的总体功率，保持输电通道功率相对平稳，减少线路功率大幅波动，改善系统无功、潮流，提高电网安全稳定水平，同时大幅提高输电通道利用率和经济性。

图 3-14 给出的简单系统，简化模拟了目前国内出现的"新能源大规模集中开发远距离外送"的系统特性。送端电源由风电机组和火电机组构成，风火电比例为 1∶2，即风电有功功率为 3600MW，火电有功功率为 3600MW，火电另留有 3600MW 的旋转备用。风电场通过双回 100km 750kV 交流线路与换流母线连接；火电站通过双回 100km 750kV 交流线路与换流母线连接。直流系统电压等级为±800kV，额定输电功率为 7200MW。

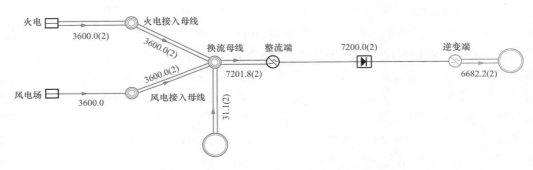

图 3-14　风火打捆联网直流外送简化系统

1. 对系统频率稳定性的影响

图 3-14 中的火电与风电建设比例为 2∶1，在风电满发的情况下，火电有功功率下压至 50%，在风电有功功率为零的情况下，火电全输出功率。这样的情况下，由风电和火电构成的风火基地，能够保持有功功率稳定，为 7200MW。这时，风火基地和与其相连的送端系统间有功功率交换为零。如果将火电风电装机比例提升为 3∶1，同时假设为了保证火电运行的经济性，在风电零发的情况下，火电保证满发，风火基地的稳定输出功率将提升至 10800MW。在直流外送仍然安排为 7200MW 的情况下，与电源端相连的送端系统将接受 3600MW 的有功功率。这种背景下，整个送端系统在不发生解列故障的情况下，系统频率稳定性一致。

但是，如果风火基地与送端系统的联络线发生解列故障，则情况有很大的不同。在初始的风火 1∶2 比例情况下，风火基地有功功率完全由直流外送，与送端系统功率交换很小，此时联络线解列，各系统均能维持稳定运行。在风火 1∶3 比例情况下，联络线解列将造成风火基地 3600MW 功率的富裕和送端系统 3600MW 功率的缺额，形成较大冲击。故障后风火基地需要切机，而送端系统如果容量不够够大的话，可能引起低频减载动作。

2. 对系统暂态稳定性的影响

如前述系统中，在风电场装机规模一定的条件下，如果风火基地的火电装机比例提高，则整个基地的外送电力增加。在送出通道网架不变的情况下，系统的暂态稳定裕度将降低，

系统抵抗大扰动的能力变差。为提高稳定性，可能需要扩建外送通道，导致投资的增加。

3. 对系统稳态调压的影响

从系统稳态调压的角度考虑，当火电装机比例足够保证风火基地的有功功率波动在允许范围之内时，再提高火电装机比例对系统稳态电压调整能力没有更明显的贡献。需要特别指出的是，从系统稳态调压的角度考虑，这里存在一个火电最小装机量的下限。在酒泉千万千瓦级风电基地建设的研究中，酒泉风电从 0～3600MW 变动的过程中，如果不考虑任何系统的调压手段，那么西北电网最大电压波动可以达到 70kV 左右。为降低运行人员压力，可以综合考虑现有的运行控制水平，给出允许的由酒泉风电基地有功功率波动引起的电压最大波动值，如 10kV，在此基础上倒推酒泉风电基地允许的最大有功功率波动，然后结合风电装机的有功功率波动情况，得到必需的火电装机容量下限。

4. 不同打捆比例对常规机组调节能力的要求

常规机组与风电打捆主要目的是为了平滑整个电源基地的有功功率，将风电的有功功率波动"消化"在基地内部。这样的情况下，要求常规机组的调节能力必须能够跟上风电有功功率的变化。这有容量和单位时间内容量变化量等两方面的要求。水电机组具有相对较好的调节能力，爬坡速度快，并可以在水资源允许的条件下进行全容量调节。而火电机组则由于受锅炉、汽轮机最小技术出力等条件的制约，调整范围较小，而且，锅炉、汽轮机等设备受交变应力的限制，调整速度较慢，一般凝汽式机组每分钟仅可调整装机容量的 1％ 左右。这样的情况下，常规机组的装机比例越大，风电有功功率波动分摊到每台常规机组的需要的调节量就越小，其运行控制难度就越低。所以，从常规电源配套平滑风电有功功率波动的角度，常规电源的比例应该越大越好，这中间存在一个常规电源必需建设容量的下限。这个值主要由当地风资源特性决定。

5. 风火打捆比例的选择

在风火打捆外送时，如果考虑风电弃风电量低于 5％、输电到受端的落地电价低于受端煤电标杆上网电价、送端火电利用小时数大于 5000h、风电电量占输电量的比例大于 20％ 等条件，酒泉—湖南 ±800kV 直流的输电利用小时数需高于 6500h。综合考虑各类约束，若直流输电的利用小时数为 6500h，风电并网规模为 470 万～480 万 kW；若直流输电的利用小时数为 7000h，风电并网规模为 490 万～570 万 kW，如表 3-12 所示。

表 3-12 风火打捆外送的各类技术经济因素比较 （万 kW）

技术经济因素	输电线路利用小时数			
	6000h	6250h	6500h	7000h
弃风电量<5％	0～300	0～400	0～480	0～610
落地电价<受端煤电标杆价	0～400	0～450	0～490	0～570
送端火电小时数>5000	0～380	0～470	0～570	0～810
风电占输电量比例>20％	>490	>480	>470	>490
风电并网规模	无解	无解	470～480	490～570

考虑受端电网的调峰需求，如果输电小时数达到 7000h，跨区输电的日运行曲线过于平缓，峰谷差仅为 12％ 左右，而我国"三华"受端电网的负荷峰谷差一般在 30％ 左右，

对受端电网造成较大的调峰压力。如果输电小时数为 6500h，跨区输电的日运行曲线的峰谷差为 25％左右，与"三华"受端电网的负荷峰谷差较为接近，对受端电网增加的调峰需求相对较小。综合以上各种对比，酒泉—湖南±800kV 直流打捆外送风电的合理规模为 480 万 kW。

三、基于负荷响应的间歇式电源短期消纳能力分析

负荷管理的目标主要集中在电力和电量的改变上，一方面采取措施降低电网的峰荷时段的电力需求或增加电网的低谷时段的电力需求，以较少的新增装机容量达到系统的电力供需平衡；另一方面，采取措施节省电力系统的发电量，在满足同样的能源服务的同时节约了社会总资源的耗费。从经济学的角度看，负荷管理的目标就是将有限的电力资源最有效地加以利用，使社会效益最大化。在负荷管理的规划实施过程中，不同地区的电网公司还有一些具体目标，如单位供电成本最小、单位购电费用最小等目标。

负荷管理的一个重要内容是通过技术、经济措施及必要的行政引导激励用户调整其负荷曲线形状，有效地降低电力峰荷需求或增加电力低谷需求，提高电力系统的供电负荷率，从而提高供电企业的生产效益和供电可靠性，有三种基本类型，包括：①削峰，在电网高峰负荷期减少用户的电力需求；②填谷，在电网低谷时段启用系统空闲的发电容量，增加用户的电力电量需求；③移峰填谷，将电网高峰负荷的用电需求推移到低谷负荷时段，同时起到削峰和填谷的双重作用。

负荷管理的对象主要指电力用户的终端用能设备以及与用电环境条件有关的设施，包括：①用户终端的主要用电设备，如照明系统、空调系统、电动机系统、电热、电化学、冷藏、热水器等；②与电能相替代的用能设备，加以燃气、燃油、燃煤、太阳能、沼气等作为动力的替代设备；③与电能利用有关的余热回收，如热泵、热管、余热和余热发电等；④与用电有关的蓄能设备，如蒸汽蓄热器、热水蓄热器、电动汽车蓄电瓶等；⑤自备发电厂，如自备背压式、抽汽式热电厂以及燃气轮机电厂、柴油机电厂等；⑥与用电有关的环境设施，如建筑物的保温、自然采光和自然采暖及遮阳等。

在大规模储能技术的突破和高载能企业规模不断扩大的前提下，开展电源侧和需求侧资源参与大规模新能源调峰的可行性及效果量化研究，可有效地实现大规模风电和高载能企业的优势互补、协调发展，以减轻电网调峰压力。

1. 高载能负荷参与间歇式能源消纳的数学模型

高载能负荷是指能源价值在产值中所占比重较高的用户负荷，它具有以下调节特性：①可调节容量大，适合就地消纳受阻风电，提高风电利用率；②响应速度快，能快速跟踪风电有功功率变化引起的调节需求，降低对常规电源调节能力的要求；③负荷稳定，昼夜峰谷差较小，可以较好应对风电有功功率的反调峰特性；④自动化水平高，相比于其他分散负荷更易于管理。图 3-15 为某高载能生产企业日负荷曲线特性。因此，利用高载能负荷弥补常规电源在调节大规模风电波动上的不足，深入研究源荷协调对风电消纳的积极效用具有重大意义。

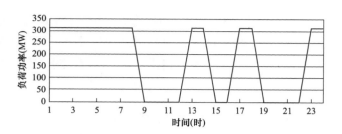

图 3-15 某高载能生产企业日负荷曲线特性

（1）目标函数。目标函数由常规电源发电成本和高载能负荷的投切成本两部分组成。

$$\min C_{GH} = C_{gen} + C_{high\text{-}load} \tag{3-21}$$

式中：C_{gen} 为常规电源的燃料费用；$C_{high\text{-}load}$ 为高载能负荷的投切费用。

常规电源的燃料费用 C_{gen} 可以用有功功率 P_{Gj}^t 的函数表示，表达式为

$$C_{gen} = \sum_{t=1}^{T} \sum_{j=1}^{N_G} \{ U_{Gj}^t [\alpha_j + \beta_j P_{Gj}^t + \gamma_j (P_{Gj}^t)^2] + S_{Gj}^t + D_{Gj}^t \} \tag{3-22}$$

式中：α_j，β_j，γ_j 分别为燃料费用系数；P_{Gj}^t 为有功出力；S_{Gj}^t 为开机费用；D_{Gj}^t 为停机费用。

开机费用 S_{Gj}^t 采用两状态模型，通过比较连续停机时间 $T_{Gj,off}^t$ 与最小冷启动时间限制的大小，确定采用冷启动还是热启动方式启动机组，开机费用 S_{Gj}^t 表示为

$$S_{Gj}^t = \begin{cases} c_{cj} & T_{Gj,off}^t \leqslant T_{Gj,off}^{min} + T_{Gj}^{cold} \\ c_{hj} & T_{Gj,off}^t > T_{Gj,off}^{min} + T_{Gj}^{cold} \end{cases} \tag{3-23}$$

式中：c_{cj}、c_{hj} 分别为机组 j 的冷热开机费用；$T_{Gj,off}^{min}$ 为机组 j 的最小停机时间限制；T_{Gj}^{cold} 为机组的冷启动时间；$T_{Gj,off}^t$ 为机组 j 到时段 t 时已经连续停机的时间。

停机费用 D_{Gj}^t 主要由维护费用构成，一般与连续开停机的时间长短无关，可假设为常数。

$$C_{high\text{-}load} = \sum_{t=1}^{T} \sum_{k=1}^{N_H} \lambda_{Hk} S_{Hk}^t P_{Hk} \Delta T \tag{3-24}$$

式中：λ_{Hk} 为高载能负荷 k 的调节成本；S_{Hk}^t 为高载能负荷 k 在时段 t 的投切状态，0 代表负荷 k 在时段 t 中断运行，1 代表负荷 k 在时段 t 投入运行；P_{Hk} 为高载能负荷 k 的单位投切容量。

（2）约束条件。约束条件包括系统功率平衡约束、常规电源运行约束和高载负荷投切约束等。

1）功率平衡约束表示为

$$\sum_{k=1}^{N_H} \lambda_{Hk} S_{Hk}^t + P_L^t = \sum_{t=1}^{N_H} P_{Wi}^t + \sum_{j=1}^{N_G} U_{Gj}^t P_{Gj}^t \tag{3-25}$$

式中：P_L^t 为 t 时段系统原有的有功负荷；P_{Wi}^t 为风电场 i 在 t 时段的有功功率。

2）旋转备用约束。风电的随机性导致风电预测存在一定的误差，为了避免风电功率预测误差对系统的优化运行造成不利影响，本书通过增加正、负备用容量来应对大规模风电有功功率的波动，即

$$\sum_{j=1}^{N_{\mathrm{G}}} U_{\mathrm{G}j}^{t}\left(P_{\mathrm{G}j,\mathrm{up}}^{t} - P_{\mathrm{G}j}^{t}\right) \geqslant R_{\mathrm{L,up}}^{t} + R_{\mathrm{W,up}}^{t} \tag{3-26}$$

$$\sum_{j=1}^{N_{\mathrm{G}}} U_{\mathrm{G}j}^{t}\left(P_{\mathrm{G}j}^{t} - P_{\mathrm{G}j,\mathrm{down}}^{t}\right) \geqslant R_{\mathrm{L,down}}^{t} + R_{\mathrm{W,down}}^{t} \tag{3-27}$$

式中：$P_{\mathrm{G}j,\mathrm{up}}^{t}$ 和 $P_{\mathrm{G}j,\mathrm{down}}^{t}$ 分别为常规机组 j 在时段 t 的最大可用功率和最小可用功率；$R_{\mathrm{L,up}}^{t}$ 和 $R_{\mathrm{L,down}}^{t}$ 分别为 t 时段对应负荷预测所需的正负旋转备用；$R_{\mathrm{W,up}}^{t}$ 和 $R_{\mathrm{W,down}}^{t}$ 别分别为 t 时段应对风电功率波动所需的正负旋转备用。

3）风电功率约束为

$$0 \leqslant P_{\mathrm{W}i}^{t} \leqslant P_{\mathrm{W}i,\mathrm{forecast}}^{t} \tag{3-28}$$

式中：$P_{\mathrm{W}i,\mathrm{forecast}}^{t}$ 为风电场 i 在 t 时段的有功预测值。

4）常规电源运行约束条件。

a. 输出功率上、下限约束为

$$U_{\mathrm{G}j}^{t} P_{\mathrm{G}j,\min} \leqslant P_{\mathrm{G}j}^{t} \leqslant U_{\mathrm{G}j}^{t} P_{\mathrm{G}j,\max} \tag{3-29}$$

式中：$P_{\mathrm{G}j,\min}$ 和 $P_{\mathrm{G}j,\max}$ 分别为机组 j 的输出的下、上限。

b. 最小启停时间约束为

$$\begin{cases} \left(U_{\mathrm{G}j}^{t-1} - U_{\mathrm{G}j}^{t}\right)\left(T_{\mathrm{G}j,\mathrm{on}}^{t} - T_{\mathrm{G}j,\mathrm{on}}^{\min}\right) \geqslant 0 \\ \left(U_{\mathrm{G}j}^{t} - U_{\mathrm{G}j}^{t-1}\right)\left(T_{\mathrm{G}j,\mathrm{off}}^{t} - T_{\mathrm{G}j,\mathrm{off}}^{\min}\right) \geqslant 0 \end{cases} \tag{3-30}$$

式中：$T_{\mathrm{G}j,\mathrm{on}}^{t}$ 和 $T_{\mathrm{G}j,\mathrm{off}}^{t}$ 分别为机组 j 在时段 t 的开机持续时间和停机持续时间；$T_{\mathrm{G}j,\mathrm{on}}^{\min}$，$T_{\mathrm{G}j,\mathrm{off}}^{\min}$ 为常规机组 j 的最小运行时间和最小停机时间。

c. 爬坡速度约束为

$$\begin{cases} U_{\mathrm{G}j}^{t} P_{\mathrm{G}j}^{t} - U_{\mathrm{G}j}^{t-1} P_{\mathrm{G}j}^{t-1} \leqslant P_{\mathrm{G}j,\mathrm{up}} \\ U_{\mathrm{G}j}^{t-1} P_{\mathrm{G}j}^{t-1} - U_{\mathrm{G}j}^{t} P_{\mathrm{G}j}^{t} \leqslant P_{\mathrm{G}j,\mathrm{down}} \end{cases} \tag{3-31}$$

式中：$P_{\mathrm{G}j}^{t}$ 为常规机组 j 在时段 $t-1$ 的输出功率；$P_{\mathrm{G}j,\mathrm{up}}$ 和 $P_{\mathrm{G}j,\mathrm{down}}$ 分别为常规机组 j 的上升输出功率限制和下降输出功率限制。

5）高载能负荷投切约束条件。

a. 投入容量约束为

$$P_{\mathrm{H,min}}^{t} \leqslant \sum_{k=1}^{N_{\mathrm{H}}} S_{\mathrm{H}k}^{t} P_{\mathrm{H}k} \leqslant P_{\mathrm{H,max}}^{t} \tag{3-32}$$

式中：$P_{\mathrm{H,max}}^{t}$ 和 $P_{\mathrm{H,min}}^{t}$ 分别为 t 时段高载能负荷的投入容量上、下限。

b. 投切次数约束为

$$0 \leqslant \sum_{t=1}^{T} \left| S_{\mathrm{H}k}^{t} - S_{\mathrm{H}k}^{t-1} \right| \leqslant M_{\mathrm{H}k} \tag{3-33}$$

式中：$M_{\mathrm{H}k}$ 为高载能负荷 k 的最大允许投切次数。

c. 投切时间约束为

$$\begin{cases} \left(S_{\mathrm{H}k}^{t-1} - S_{\mathrm{H},k}^{t}\right)\left(T_{\mathrm{H}k,\mathrm{on}}^{t} - T_{\mathrm{H}k,\mathrm{on}}^{\min}\right) \geqslant 0 \\ \left(S_{\mathrm{H}k}^{t} - S_{\mathrm{H}k}^{t-1}\right)\left(T_{\mathrm{H}k,\mathrm{off}}^{t} - T_{\mathrm{H}k,\mathrm{off}}^{\min}\right) \geqslant 0 \end{cases} \tag{3-34}$$

式中：$T_{Hk,on}^t$ 和 $T_{Hk,off}^t$ 分别为高载能负荷 k 在时段 t 的投入持续时间和中断持续时间；$T_{Hk,on}^{min}$ 和 $T_{Hk,off}^{min}$ 分别为高载能负荷 k 的最小连续投入时间和最小连续中断时间。

   2. 高载能负荷参与间歇式能源消纳的算例验证

   本书采用包含 1 个风电场—储能混合系统和 10 台火电机组的测试系统对所提优化调度模型及其求解算法进行验证，模型研究的时间尺度为未来 24h。在该测试案例中引入高载能负荷 10 组，每组的功率为 65MW，投切成本为 180 元/MWh。该组高载能负荷允许投切的最大功率为 650MW，最小功率为 130MW，每组负荷每天允许总切换次数不超过 5 次，每组负荷的最小切除时间为 2h，最小切入时间为 3h。采用 Matlab 软件调用 CPLEX 求解器，求解在高载能负荷和电源协调调度优化模型，图 3-16 和图 3-17 分别为传统调度模式下和源荷协调调度模式下的风电消纳图。

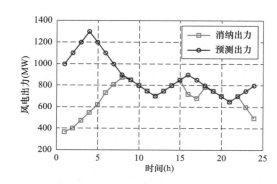

图 3-16 传统调度模式下风电消纳能力　　　　图 3-17 源荷协调调度模式下风电消纳能力

   源荷协调优化模型用较少的高载能负荷调节成本换取了更少的常规电源发电成本和更高的风电消纳水平，是缓解常规电源调节压力、提高系统运行经济性和风电消纳水平的有效手段。

   源荷协调多目标优化模型和传统优化调度模型得到的系统运行成本如表 3-13 所示。

表 3-13　　　　　　　　　　　两种优化模型下的系统运行成本　　　　　　　　　　　（元）

优化模型	机组运行费用	高载能负荷投入费用	弃风成本
源荷协调	1777696	936000	259500
传统优化	1521727	0	960200

   此处，由于该高载能负荷有最小投入组数的限制，因此在风电输出功率低谷时，高载能负荷依然以最小负荷参与传统调度中，在传统调度中常规机组输出功率的累计电量为 10701MWh，在网源荷协调调度中常规机组输出功率的累计电量为 12398MWh。通过表 3-13 的分析计算可以得到传统优化调度模型虽然没有高载能负荷调节成本，但由于只采用常规电源对风电波动进行调节，使得传统调度中常规电源的单位发电成本远远高于源荷协调优化结果（传统调度中平均发电成本为 142.2 元/MWh，源网荷调度中平均发电成本为 120.3 元/MWh）。

四、储能参与间歇式能源短期消纳能力分析

   间歇式能源接入后，对系统的调峰和调频能力都提出了更高的要求。当一个电网中现有

的电源以及通过调整运行方式等无法满足要求时，可以考虑采用储能设备作为应对措施。储能设备在包含大规模间歇式能源的电网中主要发挥三方面的作用：①提高电能质量和参与调频；②跟踪负荷变化；③调峰，参与电力电量平衡。三种作用下，储能设备的放电时间要求如表 3-14 所示。

表 3-14　　　　　　　　　　　　储能设备的作用和性能要求

功能和作用	应用实例	需要的持续充放电时间
提高电能质量、调频、提高系统稳定性	应用于暂态过程中以及起调频作用	秒～分钟
跟踪负荷变化	事故备用、功率爬坡	分钟～小时
参与电力电量平衡	削峰填谷提供容量价值，推迟输配电投资	数小时

本书主要研究大容量储能参与间歇式能源消纳的模型，以风机功率预测值为数据基础，研究了含风储混合系统的电力系统机组组合问题。为提高电力系统能源利用率，构建了以系统总发电成本最小和系统总能源利用率最高为目标的多目标机组组合优化模型，综合考虑了风储系统自身约束、系统功率平衡、系统备用容量、机组爬坡率以及机组启停时间等相关约束。

1. 储能参与间歇式能源消纳的数学模型

(1) 目标函数。

$$C_{\text{gen}} = \sum_{t=1}^{T} \sum_{j=1}^{N_{\text{G}}} \{ U_{\text{G}j}^t [\alpha_j + \beta_j P_{\text{G}j}^t + \gamma_j (P_{\text{G}j}^t)^2] + S_{\text{G}j}^t + D_{\text{G}j} \} \tag{3-35}$$

式中：α_j、β_j、γ_j 分别为燃料费用系数；$S_{\text{G}j}^t$ 为开机费用，采用两状态模型，通过比较连续停机时间 $T_{\text{G}j,\text{off}}^t$ 与最小冷启动时间限制的大小，确定采用冷启动还是热启动方式启动机组，开机费用表示为

$$S_{\text{G}j}^t = \begin{cases} c_{\text{c}j}, & T_{\text{G}j,\text{off}}^t \leqslant T_{\text{G}j,\text{off}}^{\min} + T_{\text{G}j}^{\text{cold}} \\ c_{\text{h}j}, & T_{\text{G}j,\text{off}}^t > T_{\text{G}j,\text{off}}^{\min} + T_{\text{G}j}^{\text{cold}} \end{cases} \tag{3-36}$$

式中：$c_{\text{c}j}$ 和 $c_{\text{h}j}$ 分别为机组 j 的冷热开机费用；$T_{\text{G}j,\text{off}}^{\min}$ 为机组 j 的最小停机时间限制；$T_{\text{G}j}^{\text{cold}}$ 为机组的冷启动时间；$T_{\text{G}j,\text{off}}^t$ 为机组 j 到时段 t 时已经连续停机的时间。

停机费用 $D_{\text{G}j}^t$ 主要由维护费用构成，一般与连续开停机的时间长短无关，可假设为一常数。

(2) 约束条件。

1) 功率平衡约束及风电机组功率约束为

$$P_{\text{L}}^t + D_{\text{loss}} + P_{\text{ch}}^t = \sum_{i=1}^{N_{\text{W}}} P_{\text{W}i}^t + \sum_{j=1}^{N_{\text{G}}} U_{\text{G}j}^t P_{\text{G}j}^t + P_{\text{dis}}^t \tag{3-37}$$

$$0 \leqslant P_{\text{W}i}^t \leqslant P_{\text{W}i,\text{forecast}}^t \tag{3-38}$$

$$P_{\text{dro},i}^t = P_{\text{W}i,\text{forecast}}^t - P_{\text{W}i}^t \tag{3-39}$$

式中：$P_{\text{W}i,\text{forecast}}^t$ 为风电场 i 在 t 时段的有功预测值；$P_{\text{dro},i}^t$ 为在 t 时段内因调度风电场弃风电量；P_{dis}^t 和 P_{ch}^t 分别为时段 t 内储能系统的放电量和充电量；D_{loss} 为线路损耗。

2) 蓄电池运行约束条件。蓄电池运行约束条件主要包括蓄电池初始能量约束、储能容量约束、相邻时段储能容量变化约束、蓄电池充放电功率约束、蓄电池周期始末能量平衡约

束以及充放电状态转换约束。

初始能量约束为

$$E(0) = SOC_{\text{ini}} E_{\text{bat}}^{\max} \tag{3-40}$$

储能容量约束为

$$E_{\text{bat}}^{\min} \leqslant E(t) \leqslant E_{\text{bat}}^{\max} \tag{3-41}$$

相邻时段蓄电池储能容量变化约束为

$$E(t+1) = E(t) + [P_{\text{ch}}(t) - P_{\text{dis}}(t)]\Delta T \tag{3-42}$$

充放电功率约束为

$$0 \leqslant P_{\text{dis}}(t) \leqslant P_{\text{dis}}^{\max} S_{\text{dis}}(t)$$
$$0 \leqslant P_{\text{ch}}(t) \leqslant P_{\text{ch}}^{\max} S_{\text{ch}}(t) \tag{3-43}$$

周期始末能量平衡约束为

$$E(T_{\text{end}}) = E(0) \tag{3-44}$$

充放电状态转换约束为

$$S_{\text{dis}}(t) + S_{\text{ch}}(t) = 1 \tag{3-45}$$
$$Y_{\text{dis}}(t) - Z_{\text{ch}}(t) = S_{\text{dis}}(t+1) - S_{\text{dis}}(t) \tag{3-46}$$
$$Y_{\text{dis}}(t) + Z_{\text{ch}}(t) \leqslant 1 \tag{3-47}$$

式中：$P_{\text{ch}}(t)$ 为蓄电池在时刻 t 的充电功率；$P_{\text{dis}}(t)$ 为蓄电池在时刻 t 的放电功率；SOC_{ini} 为初始储能容量系数；$E(t)$ 为蓄电池在时段 t 的储能容量；$E_{\text{bat}}^{\max}$ 和 $E_{\text{bat}}^{\min}$ 分别为储能容量的上下限；$P_{\text{dis}}^{\max}$ 和 $P_{\text{ch}}^{\max}$ 分别为放电和充电功率的最大值；$t=0$ 和 $t=T_{\text{end}}$ 分别代表调度周期起始和结束时段；$S_{\text{dis}}(t)$ 和 $S_{\text{ch}}(t)$ 分别为蓄电池在时段 t 内充电和放电状态，两变量均为布尔型。周期始末能量平衡约束的物理含义为，一个调度周期完成后，蓄电池回到初始状态，为下一周期的调度计划制定做准备。

2. 储能参与间歇式能源消纳的算例验证

本书采用包含 1 个风电场—储能混合系统和 10 台火电机组的测试系统对所提优化调度模型及其求解算法进行验证，模型研究的时间尺度为未来 24h。储能系统最大功率输出为 133MW，储能容量为 1000MWh，储能初始容量为 500MWh，最小放电容量为 200MWh。传统调度和风储协调运行下风电消纳能力分别如图 3-18 和图 3-19 所示。

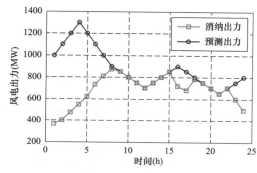

图 3-18 传统调度运行下风电消纳能力

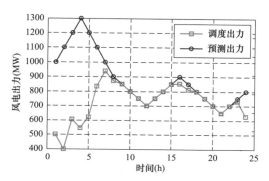

图 3-19 风储协调运行下风电消纳能力

风储协调优化模型和传统优化调度模型得到的系统运行成本如表 3-15 所示。

表 3-15 两种优化模型下的系统运行成本

优化模型	机组运行费用（元）	弃风成本（元）
风储协调	1359274	752400
传统优化	1521727	960200

此处，由于储能的引入，因此在风电输出功率低谷时，储能可以向系统提供放电功率。通过表 3-15 的分析计算可以得到传统优化调度模型的机组费用高于风储协调运行的机组费用，这是由于只采用常规电源对风电波动进行调节；此外在风储协调优化模型调度下，弃风成本也有显著的下降。

五、系统消纳间歇式能源对电源和网架结构要求

1. 电源结构优化

（1）匹配大容量的灵活调节电源。大规模间歇式能源接入电网客观上需要有一定规模的灵活调节电源与之相匹配。增加电源的灵活性主要表现在：增加可以快速启动投入运行的机组，如燃气机组、燃油发电机、水电机组等；提高电网中现有传统发电机组的灵活性，包括改进设备和运行条件，降低机组的最小输出功率；提高机组对负荷的跟踪能力、爬坡速度。

中国现有的电源结构与大规模间歇式能源发展的要求之间存在着较大的不匹配。随着风电开发规模逐渐增大，特别在冬季，火电机组的供热期、水电机组的枯水期、风电机组的大发期相互叠加，导致调峰困难，风电消纳受到较大的制约。为更好地支撑我国间歇式能源的规模化发展，迫切需要加强灵活调节电源的建设。

（2）灵活调节电源提升系统消纳能力实例。2010 年，西班牙主网最大负荷为 4412 万 kW，电源结构中燃油燃气及抽水蓄能机组等灵活调节电源所占比例为 34.3%，约为风电的 1.7 倍。2010 年 11 月 9 日凌晨 3：35，西班牙主网风电有功功率占负荷比例的瞬时值达到 54%，当时系统负荷为 2308 万 kW，风电装机 1981 万 kW，有功功率为 1234.2 万 kW，其他新能源（含太阳能、地热、生物质能等）装机 1380 万 kW，有功功率为 409.1 万 kW。为满足风电等新能源消纳的需要，其他常规电源最大限度停运或降出力运行，灵活电源发挥了尤其重要的作用。其中水电（含抽水蓄能）装机 1665 万 kW，有功功率为 -202 万 kW（抽水蓄能工作在抽水位置）；燃油/燃气双燃料电源装机 286 万 kW，有功功率为 0，处于停机备用状态；燃气联合循环机组装机容量 2522 万 kW，有功功率降至 143.5 万 kW，煤电装机 1138 万 kW，有功功率降至 68.4 万 kW；核电装机 771 万 kW，有功功率为 738.7 万 kW；同时向境外送电 83.7 万 kW，满足了风电等新能源消纳的需要。

2. 电网结构优化

（1）发展大规模间歇式能源需要坚强电网的支撑。加强电网互联，有利于平抑不同地域间歇式能源的有功功率差异，共享大电网范围内的灵活资源，有效提高本地间歇式能源开发水平。

以风电为例，德国、西班牙电网通过 220kW 及以上跨国联络线与周边国家实现了较强

互联，风电消纳得到了欧洲大电网的有力支撑。丹麦电网与挪威、瑞典和德国通过14条联络线实现互联，设计容量超过500万kW。美国虽然目前跨州、跨区电网联系较弱，但正在规划建设数条超高压跨州输电线路，以支撑未来风电的进一步大规模发展。

我国的风能资源都远离负荷中心，占可开发风资源量约90％以上的陆上风能资源主要集中在内蒙古、甘肃、新疆地区，该地区或远离电网，或是电网薄弱，当地电网消纳风电能力很小，若仅规划在该区域建风电场而电网建设跟不上风电的发展，将导致所发风电电力无法上网送出。

（2）国外建设坚强电网支撑大规模间歇式能源的规划实例。2015年，丹麦风电全年平均覆盖负荷的比例达到42％，继2014年覆盖比例39％以来又一次成为世界上风电使用比率最高的国家。丹麦有7000km的海岸线和丰富的风力资源，是连接北欧和欧洲大陆两大电力系统的枢纽。相较于其他可再生能源丰富的国家和地区，丹麦还拥有强壮的电网系统。这也为丹麦通过电网消纳可再生能源提供优势。发展风电需要强大的储能措施，和风电形成互补，比如北边挪威的水电可以通过蓄水放水实现对丹麦风电的补充。近年来，丹麦还在积极推进与邻国间国际包络线的建设项目，为能够更加灵活地消纳更多的可再生能源提供基础。为了达到灵活的控制目的，这些包络线大量采用直流传输设备，比如丹麦西部与挪威相连的四条海上直流传输线以及连接瑞典的两条直流传输线；丹麦东部与德国的直流传输线以及东西两网之间的直流传输。这样通过对直流传输线路的调节，实现灵活有效的调度。

六、系统消纳间歇式能源经济性评价

间歇式能源接入系统规划方案的经济性评价通常有如下目的：①在间歇式能源项目已确定的前提下，需要通过综合技术经济分析决定其接入方案以及配套的电源电网扩建方案；②为实现可再生能源发展目标，根据技术经济性分析结果，决定本电网适宜接入的可再生能源发电项目的容量和分布情况；③分析间歇式能源接入后给系统带来的附加的建设和运行成本，为求得政府的资助或进行成本分摊提供依据。

根据评估目的的不同，评估工作的侧重点也不同。例如，欧美国家确立了在2020～2030年可再生发电电能比例达到20％～30％的发展目标后，通过经济性评估获知，在发展目标从20％提高到30％时，可再生能源单位功率的附加成本增加很多，远高于从10％提高到20％时的增加量，这一结果可作为政府和电力公司做出决策的依据。

间歇式能源接入系统规划方案经济性评价通常采用成本/效益评价方法，具体包括如下一些指标（成本用"一"表示，效益用"十"表示）。

（1）一间歇式能源本身的投资成本及其接入电网的配套输变电设备投资。

（2）一系统接纳间歇式能源的附加成本（integration costs）。

（3）一为满足间歇式能源接入而增加的输配电扩容成本（levelized，per-MWh incremental transmission costs）。

（4）十替代能源价值（energy value）。

（5）十替代容量价值（capacity value）。

（6）＋输配电系统推迟建设成本（避免成本，T＆D avoided costs），当间歇式能源在靠近负荷的中心接入时，有可能推迟建设其他输配电工程，因此而减少的成本。

（7）＋（－）环境效益。

其中，间歇式能源本身的建设投资以及接入电网的配套输变电设备投资，被称为项目成本，其余部分称为系统成本（效益）。

采用测试系统（the investment model for renewable energy systems，IMRES），模拟了德国的等值电路，可以用来分析 30％、45％间歇式能源渗透率下，引入储能和负荷侧响应对该方案的效益成本比。在间歇式能源渗透率为 30％和 45％的两种场景下，分析引入储能、负荷响应两种手段在不同容量下，对这些方案进行了效益成本分析，结果分别如图 3-20 和图 3-21 所示。

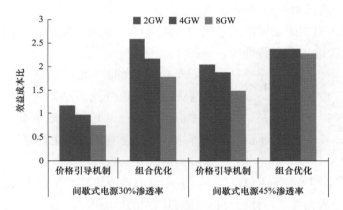

图 3-20　在 IMRES 系统中引入储能后的效益成本比

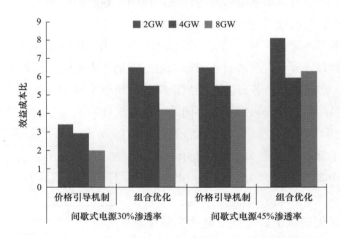

图 3-21　在 IMRES 系统中引入负荷相应后的效益成本比

从图 3-20 可以看到，在间歇式能源低渗透率 30％情况下，只有低储能配置 2GW 时，储能只是通过价格引导机制参与系统运行时，效益成本比大于 1，此时引入储能装置是具有经济性的；在组合优化，即储能作为灵活电源参与系统运行时，无论在间歇式电源低渗透率

30％和高渗透45％下，效益成本比均大于1。此外无论渗透率是高还是低，组合优化模式下，效益成本比均高于价格引导机制下的效益成本比。

从图3-21可以看到，引入负荷响应后，无论是在间歇式能源低渗透率30％还是45％情况下，效益成本比大于2。同样的无论渗透率是高还是低，组合优化模式下，效益成本比均高于价格引导机制下的效益成本比。

对比图3-20和图3-21，可以看到引入负荷响应和储能装置方案后，负荷响应无论在渗透率高低、价格引导机制还是组合优化模式下，引入负荷响应后的效益成本比均要比引入储能方案后的要强。

七、考虑机组组合的省级系统间歇式电源消纳能力分析

1. 影响间歇式能源消纳能力的因素

影响可再生能源消纳的主要因素有电力系统规模、常规机组类型、电网传输能力、负荷特性以及可再生能源输出功率特性等，如图3-22所示。

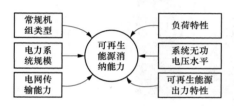

图3-22　影响可再生能源消纳的因素

现有可再生能源消纳方法主要有就地消纳、风/光与火打捆交流外送消纳以及直流外送消纳等方式，其中由于我国三北地区本地负荷不足，风/光与火打捆外送，尤其是利用交流电网进行外送是现有可再生能源消纳的主要途径。

其中电力系统规模对于确定的送端电网和受端电网，在分析时作为边界条件，不作为可再生能源消纳的影响因素；系统无功电压水平可以通过安装无功补偿装置进行调节，本书也暂不考虑由于该因素导致的可再生能源消纳空间不足。

2. 评估年弃间歇式能源的方法

（1）消纳评估的基本思路。针对特定的评估水平年，若能得到该年各日的负荷曲线、电源结构，则通过调峰能力分析可得到各日各时段的电网接纳风电空间。而如果各日风电有功功率曲线也可模拟得到，则通过比较各日各时段的电网接纳风电空间和风电有功功率，即可得到各日各时段的弃风功率，形成年弃风功率时序曲线，进而统计得到全年的弃风情况指标。

跨区可再生能源消纳框架如图3-23所示。按照安全、清洁、经济的原则，从电力系统的整体效益出发，根据电力系统中各类电源，包括水电、火电、风电、光伏等运行的技术经济特点，优化水电、火电等常规电源运行方式，促进风电、光伏发电的高效率利用。考虑系统中各电站的计划检修、负荷备用、事故备用等约束条件，模拟系统全年365天各电站的运行方式和发电曲线，从调峰层面分析可再生能源的消纳

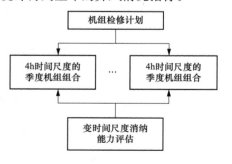

图3-23　跨区可再生能源消纳框架

能力，然后再分析系统在小时时间尺度内分钟级可再生能源波动下的消纳能力。

此处为了简化求解的规模，还考虑到部分电源如水电、热电机组等有功功率具有很强的

季节性，因此全年的机组组合可以分割为四个季度的机组组合问题。

图 3-23 中关于机组检修计划，可通过等可靠性原则获得。首先，在对系统进行长时间尺度下的机组组合求解时，由于涉及机组数目多、时间尺度长，如此高维数的混合整数求解难度较大，且费时较多，不利于整体计算平台的平衡，因此此处将全天以 4h 作为间隔，平均每月为 180 个时间节点，求解月度机组组合计划；然后根据求解得到的机组组合结果，分析在更细小的时间尺度，如小时、30min、15min、5min 时间尺度下，由于可再生能源的波动，机组调峰能力不足而引起的可再生能源利用不充分。

（2）机组启停计划的优化方法。上述分析步骤中，电源检修计划的制订基于等风险度法计算，机组组合方案的制订基于以总运行费用最小为目标构造的优化模型，即

$$C_{\text{gen}} = \sum_{t=1}^{T} \sum_{j=1}^{N_G} \{ U_{Gj}^t [\alpha_j + \beta_j P_{Gj}^t + \gamma_j (P_{Gj}^t)^2] + S_{Gj}^t + D_{Gj}^t \} \qquad (3\text{-}48)$$

式中：α_j、β_j、γ_j 分别燃料费用系数；S_{Gj}^t 为开机费用，采用两状态模型，通过比较连续停机时间 $T_{Gj,\text{off}}^t$ 与最小冷启动时间限制的大小，确定采用冷启动还是热启动方式启动机组，开机费用表示为

$$S_{Gj}^t = \begin{cases} c_{cj}, & T_{Gj,\text{off}}^t \leqslant T_{Gj,\text{off}}^{\min} + T_{Gj}^{\text{cold}} \\ c_{hj}, & T_{Gj,\text{off}}^t > T_{Gj,\text{off}}^{\min} + T_{Gj}^{\text{cold}} \end{cases} \qquad (3\text{-}49)$$

式中：c_{cj} 和 c_{hj} 分别为机组 j 的冷热开机费用；$T_{Gj,\text{off}}^{\min}$ 为机组 j 的最小停机时间限制；T_{Gj}^{cold} 为机组的冷启动时间。

机组组合计算模型考虑的约束条件包括电力电量平衡、机组有功功率上下限、旋转备用、机组最小启停时间、机组爬坡等约束。

（3）考虑调峰能力的可再生能源消纳框架。在得到机组的长时间尺度的机组组合结果以后，则可以求解考虑机组调峰能力后系统消纳间歇式能源的能力，具体框架如图 3-24 所示。

通过上节运算后，可以计算得到全年的机组组合，进而可以计算得到全年每时刻常规电源的最小出力，计为 ΣP_{gmin}。

定义净负荷为

$$load_{\text{net}} = load_{\text{o}} + load_{\text{s}} - P_{\text{PV}} - P_{\text{wind}} \qquad (3\text{-}50)$$

式中：$load_{\text{net}}$ 为净负荷；$load_{\text{o}}$ 为原始负荷曲线；$load_{\text{s}}$ 为系统外送功率；P_{wind} 为风电有功功率；P_{PV} 为光伏有功功率。

得到逐小时净负荷曲线，在此基础上，与此时的所有开机机组的最小出力之和 ΣP_{gmin} 进行比较：若 $load_{\text{net}} > \Sigma P_{\text{gmin}}$，且机组爬坡不越限，则可将可再生能源全部消纳，无弃风弃光；若 $load_{\text{net}} < \Sigma P_{\text{gmin}}$，且机组爬坡不越限，则弃可再生能源量为 $\Sigma P_{\text{gmin}} - load_{\text{net}}$。

在小时间尺度内，可再生能源波动会较大，而机组爬坡率有限，则当等效负荷波动率大于机组越限，且将所有的机组爬坡越限值记做 P'，则新增弃风弃光量为 $\sum\limits_t P'$。具体流程可参见图 3-25。

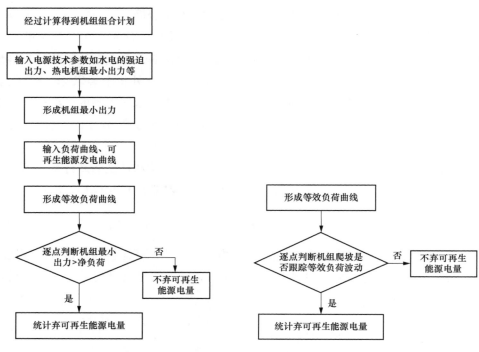

图 3-24　跨区可再生能源消纳分析方法　　　图 3-25　机组跟踪等效负荷波动能力

此外，本书所提的方法还可以用到其他时间尺度上，运用线性插值理论，将原有的以 1h 为一个时间单位的负荷数据，外送功率数据，新能源有功功率数据扩展为变时间尺度（包含 5min、10min、15min、30min、60min）的时序有功功率曲线。

3. 算例分析

（1）基本数据。按联络线规划，规划年合计向区外送电联络线容量为 1425 万 kW，本书将之等效为一台输出功率为负值的虚拟火电机组参与调峰。根据规划，建成了青海柴木—西藏拉萨（柴拉）、甘肃陇东—徐州（陇徐）、酒泉—衡阳直流线路（酒阳），各条外送线路的输送容量如表 3-16 所示。

表 3-16　　　　　　　　　　　　外送联络线输送容量

线路名称	最大负荷（MW）
柴拉	260
陇徐	6849.3
酒阳	5479.45

根据规划报告，预测青海负荷需求全网最高用电负荷规划年为 15800MW，甘肃负荷需求全网最高用电负荷规划年为 30900MW。

夏季、冬季典型日负荷曲线如图 3-26 所示。最小负荷率分别为 0.7877 和 0.7927。本算例中，4～9 月采用夏季典型日负荷曲线，其余月份采用冬季典型日负荷曲线。

根据电源规划，预计到规划年甘青电网区内装机容量将达到 117519.9MW。其中，水电

21493.9MW，常规煤电 30840MW，热电 17225MW，风电 24670MW，太阳能 19627MW。

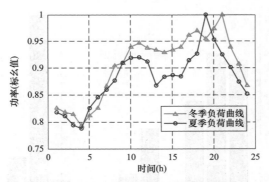

图 3-26　冬、夏季典型日负荷曲线预测

　　在每年冬季供热期间，热电机组的最小运行功率为额定功率的 78%，不参与调峰，西北地区的调峰实际主要由常规火电和水电实现。此处假设规划年的平水文年，其在该年的水电特性如表 3-17 所示。

表 3-17　　　　　　　　　　　甘青的水电站在平水年的水电特性

月份	预想出力	平均出力	强迫出力
1	0.775	0.310	0.089
2	0.776	0.311	0.089
3	0.777	0.318	0.089
4	0.773	0.330	0.090
5	0.994	0.572	0.328
6	0.992	0.625	0.329
7	0.998	0.816	0.331
8	0.999	0.781	0.330
9	0.999	0.606	0.327
10	1.000	0.596	0.327
11	0.775	0.332	0.090
12	0.777	0.312	0.089

　　预想出力为考虑来水、水头等因素，水电站可能达到的最大出力；平均出力为根据某一时间的水电发电量除以水电装机，即水电站的平均发电功率；强迫出力为保证水电厂下游用水部分而必须发电的最小出力。

　　采用西北电网 SCADA 系统所采集的 2013 年和 2014 年网内所有风电场的有功功率统计数据计算风电标幺值有功功率曲线。

　　得到机组组合后，评价风电消纳时，采用基于 ARMA 模型得到的可再生能源机组有功功率曲线。

　　(2) 评估结果。依据上述数据，利用前文所提计算方法，即可计算出规划年甘青电网各月的弃可再生能源情况各月弃可再生能源及比例，如图 3-27 所示。

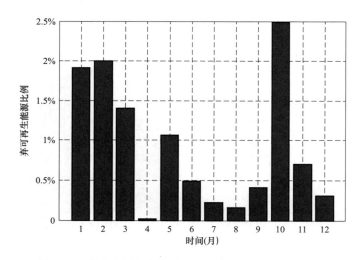

图 3-27　甘青电网规划年全年消纳可再生能源评估结果

　　图 3-27 为在建立了直流外送通道下的甘肃、青海两省可再生能源消纳能力分析结果。在一定程度上夏季弃可再生能源电量要略小，主要是因为供热机组和水电机组相比于冬季要更灵活。10 月弃可再生能源比例较高，是因为根据历史数据，10 月还处于水电的丰水期，而 10 月恰好也是冬季供暖期，因此灵活机组容量较少，弃可再生能源比例增大。4 月是夏季的第一个月，而此时水资源是的强迫出力是按照枯水期设置，因此 4 月的其可再生能源比例最小。本书建立了一种可再生能源消纳能力的评估方法，利用该方法，可估算得到年弃可再生能源比例等反映可再生能源消纳的数据。并对西北电网中甘肃、青海两省在规划年的可再生能源消纳能力进行评估计算。

第三节　含间歇性能源的电力生产模拟研究

一、含间歇式新能源的电力系统的随机生产模拟技术

　　下文将介绍适合随机生产模拟的间歇式能源发电有功功率模型，考虑间歇式能源的生产模拟分析指标及其计算方法，以及开展考虑间歇式能源的生产模拟实证研究。

　　1. 随机生产模拟的基本概念

　　根据计算所采用负荷曲线形式的不同，随机生产模拟算法可以划分为基于持续负荷曲线的生产模拟和基于时序负荷曲线的随机生产模拟。基于时序负荷曲线的随机生产模拟，能够考虑电力系统生产的时序特征，适合于处理有功功率波动、不可控的机组，如风电、光伏等，但计算效率低，且难以处理水电、抽水蓄能等具有跨时段运行特点的机组。

　　基于持续负荷曲线的随机生产模拟适合处理有功功率可调、可控的机组，尤其适合处理跨时段运行、需在多个时段进行生产优化的机组，如火电、核电、有调节性能的水电站和抽

水蓄能电站等。常见的基于持续负荷曲线的方法有分段卷积法、傅里叶级数法、半不变量法和等效电量函数法。其中，等效电量函数法以其高效性、精确性以及数值稳定性获得了研究人员的广泛认可。同时，该方法在多个水电、抽水蓄能机组方面极具优势，避免了其他算法繁琐的卷积和反卷积计算过程。

下面将对持续负荷曲线和等效电量函数法的基本概念做简单介绍。

（1）等效持续负荷曲线（equivalent load duration curve，ELDC）。持续负荷曲线是电力系统随机生产模拟中的重要概念，如图 3-28 所示。

图 3-28 的横坐标表示系统的负荷，纵坐标表示持续时间，T 为研究周期。系统最大负荷为 $X_{\max}$，总装机容量为 C_t。曲线上任何一点 (x, t) 表示系统负荷大于或等于 x 的持续时间为 t，即

$$t = F(x) \tag{3-51}$$

用周期 T 除式（3-52）两端，可得

$$P = f(x) = F(x)/T \tag{3-52}$$

式中：P 是系统负荷大于等于 x 的概率。

如果各机组的故障率为 0，即机组完全可靠，但 $C_t < X_{\max}$，则图中阴影部分面积即为系统电力

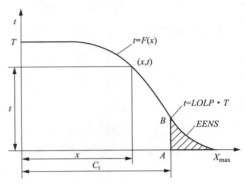

图 3-28　持续负荷曲线

不足电量 $EENS$，其左边线的高度为电力不足时间期望 $LOLH$，有

$$LOLH = LOLP \cdot T \tag{3-53}$$

式中：$LOLP$ 为系统的电力不足概率。虽然一般电力系统中设有一定的备用容量（即 $C_t > X_{\max}$），但由于发电机组具有一定的停运概率，系统还是存在失负荷的可能。

等效持续负荷曲线是把发电机的随机停运视为等效负荷对原始持续负荷曲线进行不断修正的结果。当发电机组故障时，系统等效负荷就要增大，相当于持续负荷曲线的右移故障发电机组装机容量的过程。可以用卷积公式表达等效持续负荷曲线的修正过程，即

$$f^{(i)}(x) = p_i f^{(i-1)}(x) + q_i f^{(i-1)}(x - C_i) \tag{3-54}$$

式中：C_i、q_i 分别为发电机组 i 的容量和强迫停运率；$f^i(x)$、$f^{(i-1)}(x)$ 分别为发电机组 i 投运后、投运前的等效持续负荷曲线。在形成等效持续负荷曲线的过程中，可以在各台机组的带负荷区间计算各机组的发电量，即

$$E_{gi} = T \cdot p_i \cdot \int_{x_{i-1}}^{x_i} f^{(i-1)}(x) \mathrm{d}x \tag{3-55}$$

$$x_i = \sum_{j=1}^{i} C_j$$

式中：C_j 为发电机组 j 的容量；T 为研究的周期；p_i 为发电机组 i 的可用率。

可以从理论上证明，尽管机组停运造成了系统等效负荷的增加，但系统总的发电量仍与系统负荷电量一致，因为在计算发电机组发电量时已经计及了机组强迫停运的因素。可从完成卷积计算的等效持续负荷上读出系统的可靠性指标，式中 n 为发电机组台数，即

$$LOLP = f^{(n)}(x_n) \tag{3-56}$$

$$EENS = T\int_{x_n}^{x_n+x_{\max}} f^{(n)}(x)\mathrm{d}x \tag{3-57}$$

（2）等效电量函数法。上文给出了等效持续负荷曲线的卷积算法和电厂发电量计算公式，介绍了随机生产模拟的基本概念和一般算法。从概念和算法上可以看出，电量、各个机组的发电量是随机生产模拟中的核心问题；同时，考虑到实际计算中的速度、精度要求，采用等效电量函数法（equivalent energy function，EEF），通过电量函数卷积完成随机生产模拟的相关计算。

已知研究周期 T 内系统持续负荷曲线 $t = F(x)$，把 x 轴按步长 Δx 分段，于是可以定义一个离散电量函数，即

$$\begin{cases} E(J) = \int_x^{x+\Delta x} F(x)\mathrm{d}x = T\int_x^{x+\Delta x} f(x)\mathrm{d}x \\ J = <x/\Delta x> + 1 \end{cases} \tag{3-58}$$

式中：$<x/\Delta x>$ 表示取不大于 $x/\Delta x$ 的整数；$E(J)$ 相应于从 x 到 $x+\Delta x$ 这一段负荷曲线下的面积，即该段负荷对应的电量或电量的期望值。若系统最大负荷为 $x_{\max}$，则对应的离散变量值为：$N_E = <x_{\max}/\Delta x> + 1$。系统负荷总电量的离散形式为

$$E_D = \int_0^{x_{\max}} F(x)\mathrm{d}x = \sum_{j=1}^{N_E} E(J) \tag{3-59}$$

与基于等效持续负荷曲线的方法类似，等效电量函数也通过卷积方法安排机组投运并考虑机组的随机停运。设原始负荷持续曲线对应的电量函数为 $E^{(0)}(J)$。在安排完毕第 $i-1$ 台发电机组运行以后的等效电量函数为 $E^{(i-1)}(J)$。在随机生产模拟过程中，$E^{(0)}(J)$ 将依次演变为 $E^{(1)}(J)$，$E^{(2)}(J)$，$\cdots$，$E^{(n)}(J)$，这里 n 为系统机组的总台数。

现在分析第 i 台机组的安排过程。设系统已经安排了第 $i-1$ 台机组运行，并得到等效电量函数 $E^{(i-1)}(J)$，C_i 为机组 i 的额定容量，q_i 为机组 i 的强迫停运率（FOR），按照等效持续负荷曲线的卷积方法可得

$$f^{(i)}(x) = p_i f^{(i-1)}(x) + q_i f^{(i-1)}(x - C_i) \tag{3-60}$$

$$p_i = 1 - q_i$$

式中：p_i 为机组 i 的可用率。结合电量函数的定义、化简计算，可得

$$E^{(i)}(J) = p_i E^{(i-1)}(J) - q_i E^{(i-1)}(J - K_i) \tag{3-61}$$

$$K_i = C_i/\Delta x$$

式中，将 Δx 取为所有机组容量的最大公因子，以保证 K_i 为整数。

将电量函数的计算公式代入发电机电量计算公式，可以得到机组 i 的发电量 E_i，即

$$\begin{cases} E_i = p_i \sum_{J=J_{i-1}+1}^{J_i} E^{(i-1)}(J) \\ J_{i-1} = \left(\sum_{m=1}^{i-1} C_m\right)/\Delta x \\ J_i = J_{i-1} + K_i \end{cases} \tag{3-62}$$

以上方法安排的机组 i 的带负荷区间为 $[J_{i-1}+1, J_i]$。在安排了第 i 台发电机组后，前 i 台发电机带负荷区间为 $[1, J_i]$，故系统尚未满足的负荷电量可以表示为

$$E_{Di} = \sum_{J > J_i} E^{(i-1)}(J) \qquad (3-63)$$

设电力系统中共有 n 台发电机组，系统的电量不足期望可以表示为

$$EENS = E_{Dn} = \sum_{J > J_n} E^{(n)}(J) \qquad (3-64)$$

在 $LOLP$ 的计算方面，等效电量函数虽不能直接给出结果，但可给出其取值范围，即

$$\frac{E^{(n)}(J_n+1)}{T \cdot \Delta x} < LOLP < \frac{E^{(n)}(J_n)}{T \cdot \Delta x} \qquad (3-65)$$

据此，可以给出 $LOLP$ 的估计值，即

$$LOLP \approx \frac{E^{(n)}(J_n) + E^{(n)}(J_n+1)}{2T \cdot \Delta x} \qquad (3-66)$$

在实际计算中，可以通过减小步长 Δx，提高 $LOLP$ 的计算精度。

2. 常规电源的模拟方法

一般来说，按照发电功率、发电量的受限情况，系统中发电机组可以分为三类：①机组的发电功率、发电量只受机组容量约束，而不受一次能源约束（假定燃料供应充足），如火电机组、核电机组和天然气机组等燃料机组；②机组的发电功率不受一次能源约束，而发电量受一次能源约束，如有库容的水电机组和抽水蓄能机组；③机组的发电功率和发电量都受到一次能源的限制，如风电机组、光伏电站以及径流式水电机组。

下文将对火电、核电等燃料机组、有库容的水电机组和抽水蓄能机组以及径流式水电机组的随机生产模拟方法进行介绍。为简化叙述，当不加指出时，水电机组指有库容的水电机组，不包括无调节性能的径流式水电。

（1）燃料机组随机生产模拟。一般来说，火电机组、核电机组、燃气机组等燃料机组的模拟计算较为简单：仅关心系统的可靠性指标时，仅需考虑机组强迫停运率，直接进行卷积计算即可。但在随机生产模拟计算中，还需要评估系统的生产运行成本，因而在卷积计算过程中需要考虑机组运行约束和生产运行成本问题。

火电机组、核电机组都有最小技术出力的限制，为了保证机组的稳定运行，不允许机组输出功率小于最小技术出力。同时，机组在不同功率水平下，燃料特性具有一定差异，通常以燃料特性曲线描述。为实现数值计算，通常需要对机组及其燃料特性曲线进行分段处理，通过机组在不同分段的不同平均燃料消耗率描述机组燃料耗性随负荷率变化而变化的特征。

因而，需要在生产模拟中需要对火电、核电机组采用分段处理。首先，将各火电、核电机组的最小技术出力部分安排在负荷曲线的基荷部分；在待所有基荷段（启停调峰机组除外）安排完毕后，再依次安排机组的峰荷段运行。

分段机组依次带负荷时，同一发电机组的基荷分段和峰荷分段不一定排在相邻的位置上，因而在计算峰荷部分发电量时，必须在等效持续负荷曲线或电量函数中消除基荷部分卷积运算的影响，这需要通过反卷积计算实现。反卷积计算是卷积计算的逆运算，也是处理等

效持续负荷曲线或电量函数的重要手段。下面以等效电量函数法说明反卷积运算的计算方法。

设第 $i+1$ 台发电机组与前面已安排运行的发电机组 b 为同一发电机组的不同分段，在安排第 $i+1$ 台发电机组时，应已形成了 $E^{(i)}(J)$，即

$$E^{(i)}(J) = E^{(0)}(J) \otimes G_1 \otimes G_2 \otimes G_3 \otimes \cdots \otimes G_b \otimes \cdots \otimes G_i \qquad (3\text{-}67)$$

式中：$\otimes$ 为卷积运算；G_i 为参与卷积运算的机组或机组分段。式（3-67）可以写成递推形式，即

$$E^{(i)}(J) = E^{(i-1)}(J) \otimes G_i \qquad (3\text{-}68)$$

$$E^{(i-1)}(J) = E^{(0)}(J) \otimes G_1 \otimes G_2 \otimes G_3 \otimes \cdots \otimes G_b \otimes \cdots \otimes G_{i-1} \qquad (3\text{-}69)$$

考虑到卷积运算服从交换律，式（3-69）可以改写成

$$E^{(i)}(J) = E^{(0)}(J) \otimes G_1 \otimes G_2 \otimes G_3 \otimes \cdots \otimes G_i \otimes G_b \qquad (3\text{-}70)$$

或写成递归形式，即

$$E^{(i)}(J) = \overline{E}^{(i-1)}(J) \otimes G_b \qquad (3\text{-}71)$$

式中：$\overline{E}^{(i-1)}(J)$ 为原始等效电量函数与除发电机组 b 以外前 i 台机组卷积计 $E^{(i)}(J) = p_{i+1}\overline{E}^{(i-1)}(J) + q_{i+1}\overline{E}^{(i-1)}(J - K_b)$ 算的结果，即

$$\overline{E}^{(i-1)}(J) = E^{(0)}(J) \otimes G_1 \otimes G_2 \otimes G_3 \otimes \cdots \otimes G_i \qquad (3\text{-}72)$$

由于第 $i+1$ 台机组与机组 G_b 同一电机的不同分段，因而在安排第 $i+1$ 台机组运行时，不应考虑 G_b 对等效电量函数的影响。换言之，第 $i+1$ 台机组的卷积计算应基于 $\overline{E}^{(i-1)}(J)$ 进行，而不是基于 $E^{(i)}(J)$ 进行，需要利用式（3-71）计算 $\overline{E}^{(i-1)}(J)$。

设机组 b 的容量为 C_b，强迫停运率与第 $i+1$ 机组相同，为 q_{i+1}，将式（3-71）展开得

$$E^{(i)}(J) = p_{i+1}\overline{E}^{(i-1)}(J) + q_{i+1}\overline{E}^{(i-1)}(J - K_b) \qquad (3\text{-}73)$$

式中：$p_{i+1} = 1 - q_{i+1}$；$K_b = C_b/\Delta x$。由此可以导出两个反卷积公式，即

$$\overline{E}^{(i-1)}(J) = [E^{(i)}(J) - \overline{E}^{(i-1)}(J - K_b) \cdot q_{i+1}]/p_{i+1} \qquad (3\text{-}74)$$

$$\overline{E}^{(i-1)}(J - K_b) = [E^{(i)}(J) - \overline{E}^{(i-1)}(J - K_b) \cdot p_{i+1}]/q_{i+1} \qquad (3\text{-}75)$$

当利用式（3-74）求 $\overline{E}^{(i-1)}(J)$ 时，需要已知 $E^{(i)}(J)$ 及 $\overline{E}^{(i-1)}(J - K_b)$。设系统最小负荷为 $P_{\min}$，相应的离散值为

$$N_F = <P_{\min}/\Delta x> \qquad (3\text{-}76)$$

显然，当 $J - K_b \leqslant K_F$ 时，有

$$\overline{E}^{(i-1)}(J - K_b) = T\Delta x \qquad (3\text{-}77)$$

因此，采用式（3-74）进行反卷积时，应该从区间 $[N_F, N_F + K_b]$ 内开始，递推地向 J 增大的方向进行。当利用式（3-75）计算 $\overline{E}^{(i-1)}(J - K_b)$，需要已知 $E^{(i)}(J)$、$\overline{E}^{(i-1)}(J)$。显然，$J \geqslant J_{\max} - K_b$ 时，有 $\overline{E}^{(i-1)}(J) = 0$。因而在此种计算方法下，应该从区间 $[J_{\max} - K_b, J_{\max}]$ 内开始，按照 J 减小的方向递归地进行。

从随机生产模拟的观点来讲，式（3-75）在计算上较为灵活，可以减少一些不必要的计算量。但这种计算方法的数值稳定性较差，在递归计算中舍入误差会以 p_{i+1}/q_{i+1} 的倍数向前传递。当计算次数较多时，误差的增长会很快超出允许范围。与此相反，式（3-74）数值

稳定性较好，舍入误差在计算中可以得到有效控制；如充分利用此特点，可以得到效率很高的近似算法，不再详述。在计算中，采取式（3-74）中方法进行计算。

相比于火电机组和核电机组，燃气机组启停较为灵活，同时允许在较低负载水平下运行。但从整体上看，燃气机组仍属于一种燃料机组。因而，在生产模拟中，燃气机组采用了与火电机组、核电机组类似的建模方法，其运行特性主要通过机组最小技术出力等参数的取值描述。

（2）有库容水电和抽水蓄能电站模拟方法。与火电、核电机组直接进行卷积、反卷积计算，由计算确定发电量不同，水电机组的发电量受到一次能源制约；作为电量给定机组，它们的发电量由水文情况和水库调度决定。因此难以预先确定水电机组的带负荷位置。为了充分发挥水电效益，在安排水电机组运行时应遵循以下原则。

1）充分利用水能发电量，尽量避免弃水。

2）尽量利用水电带尖峰部分负荷，取代不经济的火电机组，节约更多燃料，发挥其调峰调频作用。

在随机生产模拟的过程中，等效持续负荷曲线在不断变化，各负荷段所需电量也随之不断变化。因此，为了给水电机组寻找一个适当的带负荷位置需要进行不断的试探，并反复进行卷积、反卷积运算。当系统中包含两个及两个以上水电机组时，可能出现多个水电厂带负荷位置重叠的现象。在这种情况下，整个随机生产模拟过程变得异常复杂，计算量急剧上升。而等效电量函数法抓住了电量这一随机生产模拟框架下的核心变量，给出了一种精确、高效的水电机组模拟方法。

当电力系统有多水电机组时，应尽可能用水电机组代替担任峰荷的火电机组，由于这些火电机组的煤耗最大，因此可以得到最大的燃料节约。水电机组担任峰荷的情况如图 3-29所示。图中阴影部分为水电机组担任的负荷，曲线 cg 是由原等效持续负荷曲线向左平移相当于水电机组容量 C_H 得来的。阴影部分 $gcdf$ 的面积应等于水电机组的给定电量 E_{HA}。这样就能保证水电机组不过载的情况下最经济、最充分地利用水电量 E_{HA}。这时，其余火电自己机组应承担的负荷为 $oacgfh$ 所围成的部分。

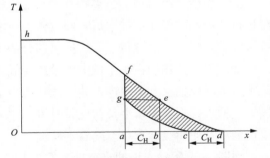

图 3-29　单个水电机组的随机生产模拟

可以把水电机组带负荷的条件表示为

$$E_{HL} = E_{HA} \tag{3-78}$$
$$P_{HL} = C_H \tag{3-79}$$

式（3-78）中，水电机组承担的负荷电量 E_{HL} 等于给定电量 E_{HA}，这个条件保证了水能电量的充分利用。式（3-79）表示水电机组所承担的最大负荷 P_{HL} 应等于其运行容量 C_H，这个条件保证获得最大的燃料节约。

当电力系统中含有两台或多台水电机组时，牵涉水电机组的协调联合问题，随机生产模拟过程要比上述过程复杂。

设电力系统中有 N_H 台水电机组。将它们的特征矩形按照其高度（水电机组的利用小时

数）大小从左到右移动，在等效持续负荷曲线（等效电量函数序列）的某一区间满足以下条件时，即

$$\sum_{j=1}^{k} E_{\mathrm{HA}j} \leqslant \sum_{j=1}^{k} E_{\mathrm{HL}j}, k = 1, 2, \cdots, n \tag{3-80}$$

$$\sum_{j=1}^{n} C_{\mathrm{HA}j} = \sum_{j=1}^{n} C_{\mathrm{HL}j} \tag{3-81}$$

前 n 台水电机组可以合并为一台等效水电机组，并带相应位置的负荷。该等效水电机组的容量 C_{e} 和给定电量 E_{Ae} 分别为

$$C_{\mathrm{e}} = \sum_{j=1}^{n} C_j \tag{3-82}$$

$$E_{\mathrm{Ae}} = \sum_{j=1}^{n} E_{\mathrm{HA}j} \tag{3-83}$$

其余 $N_{\mathrm{H}-n}$ 台水电机组的特征矩形应继续向右移动，并按照上述公式合并、等效，在适当的位置承担负荷。

与单台机组类似，式（3-81）在实际计算中需要修正为

$$\sum_{j=1}^{n} E_{\mathrm{HA}j} \geqslant \sum_{j=1}^{n} E_{\mathrm{HL}j} \tag{3-84}$$

可能出现水电电量不能用尽的情况。为不致造成弃水浪费，应将这群水电机组带负荷位置向左移动，并和左邻的火电进行电量调整。

水电机组的运行位置一旦确定之后，其电量就能确定。考虑其故障率对等效持续负荷曲线、等效电量函数的修正过程与火电机组一致，参照相关卷积公式进行即可。

抽水蓄能机组可视为一类特殊的水电机组，它的模拟可以分为抽水模拟和发电模拟两部分进行。抽水蓄能完成抽水后，即可作为一般水电机组处理，参与等效机组形成、带负荷位置寻优等过程。本部分重点介绍抽水部分的模拟。

抽水部分的作用在于维持电力系统在低谷时段火电机组稳定高效运行，将多余的发电量用来从下水库抽水到上水库，使电能转换为水的势能，用于高峰时段的发电。在时序负荷曲线上，抽水模拟即为填平负荷低谷时段；在等效持续负荷或电量函数上，这种"填谷"策略表现为尽量使曲线膝点尽量向右平移。

如图 3-30 所示，设抽水容量为 C_{p}，所需抽水能量为 E_{p}（可根据库容和抽水效率折算），

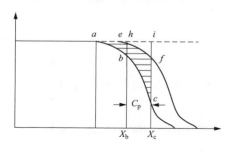

则抽水蓄能机组应在低谷负荷（即最小负荷）时使系统负荷增加 C_{p}，即将此部分负荷曲线向右平移 C_{p} 距离，并使曲多边形 $abcdef$ 面积等于 E_{p}。应把图 3-30 中右上部分 $abcdef$ 看成等效持续负荷曲线。寻找一段 $hi=C_{\mathrm{p}}$，使相应曲多边形的面积 $hbci=E_{\mathrm{p}}$，就可以确定 b、c 两点的位置 X_{b} 和 X_{c}。知道 b、c 两点位置后，可按照式（3-85）修改等效持续负荷曲线（电量函数）的形状，即

图 3-30 抽水蓄能机组抽水部分的模拟

$$X' = \begin{cases} X + C_{\mathrm{p}}, & X \in [0, X_{\mathrm{b}}] \\ X_{\mathrm{c}}, & X \in [X_{\mathrm{b}}, X_{\mathrm{c}}] \\ X, & X \in [X_{\mathrm{c}}, +\infty) \end{cases} \qquad (3\text{-}85)$$

（3）径流式水电模拟。径流式水电的有功功率具有一定的随机性和不确定性。在工程实际中采用典型的有功功率曲线描述径流式的水电有功功率特征。在本书中，针对不同季节来水量的差异，采用四条不同的典型日有功功率曲线描述特定径流式水电的有功功率特征。通过在负荷曲线上扣除其有功功率的方式对径流式水电厂进行随机生产模拟，即

$$P'_{\mathrm{L},t} = P_{\mathrm{L},t} - S_{\mathrm{si},t} \qquad (3\text{-}86)$$

式中：$P_{\mathrm{L},t}$ 为原始负荷曲线中，t 时刻的负荷功率值；$P'_{\mathrm{L},t}$ 为修正后的负荷功率值；$S_{\mathrm{si},t}$ 为径流式水电站 si 在 t 时刻的发电功率。

在特定时间段（$t \in T$）内，径流式水电站 si 的发电量可以表示为

$$E_{\mathrm{si}} = \sum_{t \in T} S_{\mathrm{si},t} \qquad (3\text{-}87)$$

当考虑机组的随机停运因素时，生产模拟过程可以改写为

$$P'_{\mathrm{L},t} = P_{\mathrm{L},t} - S_{\mathrm{si},t} FOR_{\mathrm{si}}$$

式中：FOR_{si} 为径流式水电站 si 的强迫停运率。

相应地，发电量计算公式需要修正为

$$E_{\mathrm{si}} = (1 - FOR_{\mathrm{si}}) \sum_{t \in T} S_{\mathrm{si},t} \qquad (3\text{-}88)$$

从有功功率随机性的角度出发，径流式水电站的有功功率特征类似于风电场和光伏电站。它们之间的区别主要存在在于有功功率轨迹和有功功率随机性的程度。本书给出了一个数据需求量、被工程实际认可的简化处理方法。在统计数据充足的条件下，可以参照风电场和光伏电站的建模方法对径流式电站建模并进行随机生产模拟计算。

3. 新能源发电模拟方法

电场、光伏电站等典型的新能源电厂的容量、电量均不可控，机组在有功功率特征上都有鲜明的时序波动特性，因而下文中的介绍、分析以时序负荷曲线的修正技术为主。

（1）风电场有功功率特性建模。结合典型曲线和概率拟合方法，对不同时刻的新能源出力选用不同的概率分布参数进行能够反映时序特征的建模，并采用区间分段的方法建立了新能源发电的时序多状态模型。这种模型可描述新能源特定时刻有功功率的随机性和不同时刻多状态机组参数的差异性描述有功功率的波动性。此处介绍一种基于马尔科夫（Markov）过程的新能源特性建模方法。

马尔科夫过程是一种特殊的随机过程，其特殊性在于认为随机变量现阶段的取值仅与前一阶段有关，而与更早之前其他阶段的取值无关。这种假设简化了随机变量复杂的演化过程，仅需要状态转移矩阵就能描述随机变量分布的动态变化，即

$$\pi_{j+1} = \pi_j P \qquad (3\text{-}89)$$

式中：π_j 为 j 时刻新能源有功功率在各个状态上的概率分布；P 为马尔科夫过程的一步转移矩阵。在一步转移矩阵 P 中，第 i 行第 j 列元素 p_{ij} 表示随机变量由状态 i 转移到状态 j 的概

率。在马尔科夫特性建设下，转移矩阵不仅是构建新能源有功功率随机过程的关键，而且在一定程度蕴含新能源电厂的爬坡特性。

假定新能源有功功率过程具有马尔科夫特性，确定转移矩阵，进而构建新能源有功功率的时序多状态模型。转移矩阵包含了新能源出力的演变特征，是建模的关键。对于特定新能源电厂，获得其有功功率数据后，使用步长因子，将可有功功率规格化，形成规格化的可出力状态序列，即

$$RPS_t = \text{int}(RP_t/StepSize + 0.5) \tag{3-90}$$

式中：RP_t 为 t 时刻某新能源电厂的有功功率数据；RPS_t 为 t 时刻某新能源电厂的有功功率状态；$StepSize$ 为步长因子。

得到时序状态序列后，统计得到各状态间的转移频次，若 t 时刻新能源有功功率处于状态 i，而 $t+1$ 时刻新能源有功功率处于状态 j，则记为

$$F_{ij} = F_{ij} + 1 \tag{3-91}$$

式中：F_{ij} 为新能源有功功率由状态 i 转移到状态 j 的频次。状态序列扫描完成得到转移频次后，通过计算转移频率模拟状态转移概率，即

$$p_{ij} = \frac{F_{ij}}{\sum_j F_{ij}} \tag{3-92}$$

进而形成状态转移矩阵 $P = \{p_{ij} \mid i, j = 1, 2, \cdots, NS\}$，其中 NS 表示新能源出力的状态数。得到转移矩阵这一核心结果后，根据初始时刻的新能源有功功率分布，即可按照式（3-89）获得新能源有功功率各个时刻在各个状态的概率，进而构建新能源的时序多状态模型。

针对新能源有功功率的季节特征，可以构建不同的转移矩阵描述不同季节的新能源特性。新能源其他有功功率特征也可以按照类似方法处理。

（2）风电场模拟方法。风电场的发电容量和发电量对风能情况有很强的依赖性。不同于燃料、水库存水，风能无法大规模存储，风能特性很大程度上决定了风电有功功率特性：风能的随机、波动特征使得风电场有功功率和发电量都具有较强的随机性和间歇性，如日风电有功功率的波动、月平均电量变化和不同季节有功功率特征的不同。

常见风电场建模方法侧重于描述风电有功功率的时序波动特性，侧重于描述风电有功功率的随机分布特征，但无法兼顾风电的随机性与波动性这两种共生的本质特征。下文将介绍基于马尔科夫模型的风电场建模和随机生产模拟方法，用不同的多状态机组模型描述不同时刻的风电有功功率分布，能够得到时序的风电功率分布序列（即时序的多状态机组模型），还能保留相邻时刻风电功率的状态转移特性（即爬坡特征）。

引入一种多状态的负荷曲线修正方法，将风电场的随机生产模拟和等效持续负荷曲线（电量函数）的形成过程混合。t 时刻针对风电场 wi 第 s 状态进行负荷修正，有

$$P'_{L,t,s} = P_{L,t} - StepSize \cdot s \tag{3-93}$$

式中：$P'_{L,t,s}$ 为 s 状态下修正后负荷功率。

修正后 t 时刻负荷取值为 $P'_{L,t,i}$ 的概率是 $Prob_{wi,t,i}$。在常规情况下，t 时刻负荷 $P_{L,t}$ 全部

用于形成持续负荷曲线（电量函数）。此处，依照概率值 $Prob_{\mathrm{wi},t,s}$ 用负荷 $P_{\mathrm{L},t}$ 形成持续负荷曲线，即将负荷值乘以权重 $Prob_{\mathrm{wi},t,s}$ 累加至持续负荷曲线。

图 3-31 和图 3-32 分别给出了常规电量函数的形成方法和考虑时序多状态风电的电量函数形成方法。前者是一个逐时刻扫描的过程，后者是一个逐时刻、逐状态扫描的过程。后者的计算复杂度是前者的 NS 倍。考虑 T 个时刻，每个时刻风电有功功率有 NS 个状态，那么可以组合出 NS^T 个时序风电有功功率场景。可见，本书提出的风电建模和风电模拟方法能够通过计算量的少许增加，考虑数目庞大的风电有功功率场景数，从而较好地考虑风电有功功率的随机性与波动性。

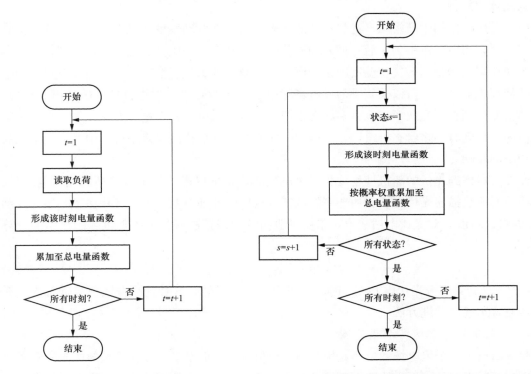

图 3-31　常规电量函数形成流程图　　图 3-32　考虑多状态负荷曲线修正的电量函数形成流程图

如前文建模章节中所述，在上述框架下，风电场 wi 的发电量为

$$E_{\mathrm{wi}} = \sum_{t \in T} W_{\mathrm{wi},t,s} prob_{\mathrm{wi},t,s} \Delta t \tag{3-94}$$

（3）光伏电站有功功率特性建模。前文给出了基于马尔科夫过程的、新能源特性建模的一般方法，但光伏电厂有功功率具有显著的间歇性，采用式（3-89）分析光伏电厂有功功率显然是不合理的。针对光伏电厂，提出了双层马尔科夫过程建模，具体过程如下所述。

以月或季节为单位对光伏电厂的有功功率进行分析、建模。首先，确定该月或该季节光伏电厂的起始发电时刻 T_{Start}（清晨某时刻）和终止发电时刻 T_{End}（傍晚某时刻）。在 $T_{\mathrm{Start}} \sim T_{\mathrm{End}}$ 的时间区间内，光伏有功功率的演变过程可以参照式（3-89）进行，在其余时刻光伏有功功率恒为零。

光伏出力的建模问题转化为如何确定每天 T_{Start} 时刻光伏有功功率分布的问题。同样的，可采用马尔科夫过程建模方法对 T_{Start} 时刻的光伏有功功率进行建模。按照前文中的流程，可以获得 T_{Start} 时刻的光伏有功功率的转移矩阵 P_{Start}。

在构建光伏有功功率的时序多状态模型时，可以根据初始时刻的功率分布和 P_{Start} 得到每日光伏电厂起始发电时刻的功率分布，进而根据式（3-89）得到每一个时刻的光伏有功功率分布。

这种建模方法需要借助于起始时刻和日内转移两种马尔科夫过程，上层的起始时刻转移过程为下层日内转移提供了转移的起点。双层马尔科夫过程能够针对性地解决光伏有功功率具有强间歇性的特点。

（4）光伏电站的生产模拟。光伏电站的间歇性与时序波动性更加显著，整个夜晚光伏有功功率为零，而白天正午到午后一段时间光伏较大；其次，与风电的强随机性不同，光伏电站的有功功率虽然受到天气、温度因素的影响，但整体随机性程度较弱，输出功率规律和输出功率特征更加显著。可以采用类似风电场建模的方法对光伏电站进行精确的建模和模拟。二者的主要区别在于光伏形成时序多状态机组的过程与风电不同，这一点已在上一小节中进行了论述。得到时序多状态机组后，可以在时序多状态的负荷曲线修正过程中考虑光伏电站有功功率的影响。

此外，考虑到光伏的随机性程度相对风电较弱，也可以采用各季节典型的光伏电站日、周有功功率曲线描述光伏电站有功功率的特征（这样的处理强调了光伏有功功率时序的波动性与间歇性特征），对光伏电站建模，采用一般的负荷修正法将其纳入随机生产模拟的计算体系，即

$$P'_{\text{L},t} = P_{\text{L},t} - PV_{\text{pv}i,t} \tag{3-95}$$

式中：$PV_{\text{pv}i,t}$ 为第 i 个光伏电站在 t 时刻的发电功率。显然，这种处理方式更接近于前文介绍的径流式水电站处理方法。

4. 风光互补与有功功率相关性

前文给出了单个风电场和单个光伏电站的模拟方法。但对于含多种类型新能源的电力系统而言，不同类型的可再生能源电厂的有功功率可能存在一定的相关性，如常提到的风光互补问题：夜间多风、风大，风电场有功功率较大；而白天，光伏电站有功功率较大。另外，随着新能源电力规模的快速增长，新能源电厂数目增加，分散在同一、不同地区的同类型新能源电厂也存在一定的相关性，如同一地区多个风电场有功功率的群集效应和不同地区多个风电厂有功功率的互补效应。

进行含多类型、多个新能源电厂的随机生产模拟时，需要根据新能源电厂的有功功率统计数据进行计算、分析，评估、识别不同新能源电厂有功功率的相关性，进而根据相关性水平的不同选择适宜、方便的模拟计算方法。

本书中，新能源电厂采用基于马尔科夫过程的时序多状态机组建模，在一定程度上能够反映新能源电厂的时序有功功率特征。当新能源电力规模较小或新能源电厂有功功率相关性不强时，可以采用同一时段、同一时间标记下的不同新能源电厂的数据进行建模，通过不同

电厂模型自身的时序特征，反映它们有功功率的相关性。但新能源规模较大、不同新能源电厂有功功率具有明显依附关系时，这种处理方式则难以反映新能源电厂有功功率的强相关性。

针对相关性处理的有效策略，目前主要有 ARMA 模型和 Coupla 模型。其中 ARMA 模型主要是用来描述单个风电场风速的自相关性，即刻画了风速的时序特性，但无法描述不同风电场之间多个风速序列间的相关性；而 Coupla 模型是一种分布模型，可以很好地描述不同风电场之间多个序列间的相关性，但其本质是通过概率抽样的方法获得风速数据，完全忽略了风速的自相关性，使得时序特性无从体现。若割裂采用上述一种刻画相关性的方法，将无法发挥基于马尔科夫过程的时序多状态机组模型的建模优势。针对上述两种模型各自的优缺点，将 ARMA 时间序列模型与 Coupla 函数有机结合在一起，采用 Coupla-ARMA 模型，这样既可以保持单个风速的自相关性，又可以刻画多个风速序列间的相关性。

5. 负荷响应的生产模拟

除去电源侧发生的上述变化之外，负荷侧也在悄然发生着变化。民用电上，随着电力系统的发展以及人们生活水平质量的提高，电动汽车、空调、洗碗机、洗衣机等大量出现在人们的日常生活中。工业用电上，出现了一些可在时间尺度上进行平移的特定产品加工。区别于传统负荷，上述负荷大部分具有可调或可控的特性。针对任意一个场景，可以生成相应的可调可控负荷曲线。建立在大量场景的基础上，即可得到一系列的相对应的可调可控负荷曲线。在此基础上，可以得到可调可控负荷的期望值。最后采用负荷修正法，将负荷响应纳入随机生产模拟的计算体系中。

6. 算法与程序设计

（1）算法框架。如前文所述，风电、光伏等随机性、间歇性电源的广泛接入，使得系统电能生产产生了很强的时序、波动特征，现有的基于等效持续负荷曲线、等效电量函数的生产模拟方法难以对时序特征加以分析、考虑。另外，火电、核电以及有调节性能的水电机组仍在系统中占据主导地位，基于等效持续负荷曲线的生产模拟方法特别是等效电量函数法在系统主要组成部分模拟分析方面仍具有鲜明的优势，因而本书提出一种时序和持续混合模拟的方法，其整体框架如图 3-33 所示。该方法的核心观点是：①通过时序负荷修正或时序负荷卷积对风电、光伏、径流式水电等时序特征显著的机组类型进行生产模拟；②以等效电量函数法主体，采用等效电量函数法计算分析占系统主导地位的火电、核电与水电机组。

（2）时序处理部分。在时序处理部分，需要对风电场、光伏电站、径流式水电等有功功率具有鲜明时序波动性的特殊进行处理；但考虑到机组的带负荷顺序，还应处理非启停调峰常规机组的基荷段，具体流程如图 3-34 所示。

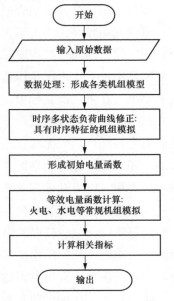

图 3-33　时序持续混合模拟法框架

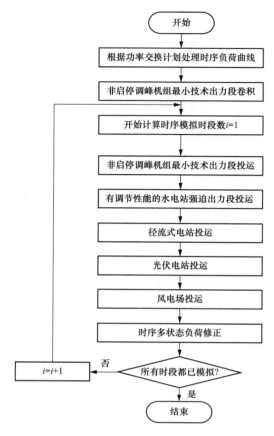

图 3-34　时序负荷曲线处理部分流程图

常规机组，尤其大型火电、核电机组在运行中会受到机组启停时间、最小开停机时间约束，启停费用较高。当大型火电、核电机组带负荷时，因保证其最小出力部分承担基荷，避免它们启停。因而在投运安排中，因优先不参与启停调峰的大型火电、核电机组，首先安排它们的最小技术出力段承担负荷。考虑到排洪、灌溉的需要，有调节性能的水电站会有强迫出力要求，在带负荷安排中，水电站的强迫出力段也需要优先考虑。

与风电、光伏等不同，非启停调峰的常规机组，特别是常规火（核）电机组各个时刻的基荷出力相同，因而无需在每个时刻都对其进行卷积计算；可以先进行非启停调峰机组基荷段的卷积计算，并将结果保存，作为各个时刻计算的公因式，分别与各个时刻新能源有功功率序列卷积，以提升计算效率。

（3）等效电量函数部分。时序处理部分完成后，系统中未投运的机组、机组分段包括：①非启停调峰火电、核电机组的峰荷段；②参与启停调峰的火电机组，如燃气轮机；③有调节性能的水电站峰荷段和抽水蓄能电站。系统中待投运的机组都属于上文中所介绍的常规电源，可以直接采用常规电源的建模与模拟方法进行生产模拟。

此时，系统层面随机生产模拟需要解决的主要问题是系统生产的优化，即：①如何安排火电机组的运行；②如何充分利用水能，安排水电机组的运行。关于前者，可以按照机组燃料消耗特性（考虑燃料价格，如有要求还可以考虑排放费用）对火电机组或机组分段进行排序，按照燃料成本由低到高的顺序依次投运火电机组。后者则需要按照利用小时数从大到小排序对水电机组排序，寻找等效水电机组及其带负荷位置。事实上，图 3-31 中水电机组特征矩形不断右移的过程就是火电机组或机组分段按照燃料成本排序不断投运的过程。因而，等效电量函数法进行生产模拟的流程实质上是水电机组依次投运流程，如图 3-35 所示。

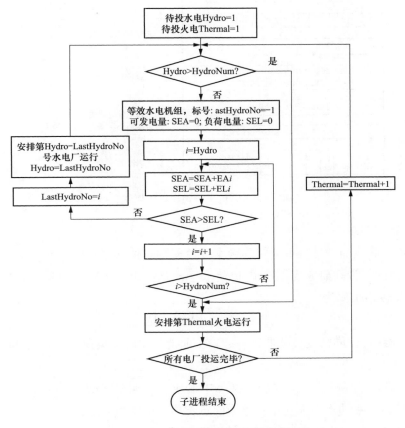

图 3-35　等效电量函数部分流程图

（4）程序设计。根据电源规划程序的总体设计和各部分功能的设置安排，图 3-36 给出了电源规划程序中随机生产模拟部分的主要模块、基本流程和各模块的主要功能。图中计算流程完成后，随机生产模拟模块将电厂发电量、生产成本、可靠性指标等计算结果返回给主程序，以使分解协调计算顺利进行。

二、大规模间歇式新电源并网对系统可靠性与经济性的影响分析

1. 基于等效频率法的随机生产模拟

针对传统随机生产模拟忽略负荷的时序特性而难以考虑机组启停、备用、调峰等相关动态费用的问题，下文将转移频率分析纳入随机生产模拟框架中，形成改进等效电量频率法。

该方法通过等效负荷频率曲线（ELFC）的卷积考虑机组启停，将生产成本分析的范畴拓宽到动态费用的计算。根据所提算法和含风电的 EPRI-36 算例，比较了风电并网前后系统可靠性指标、燃料成本、环境成本和动态费用等的变化，并研究了风电装机规模对动态费用率的影响。研究表明相对于动态费用的增加，风电对系统可靠性与经济性的改善是主要的；动态费用率随着风电规模的扩大而提高。

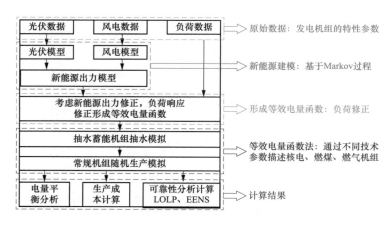

图 3-36　随机生产模拟程序概貌

（1）负荷频率曲线。

1）负荷频率曲线的含义。负荷转移频率或负荷频率曲线（LFC）$f_L(x)$ 是频率—持续时间法的重要概念。设在研究周期 T 内负荷水平 x 从向上方向穿过时序负荷曲线的平均次数为 σ，则负荷转移频率为

$$f_L(x) = \sigma/T(\text{次}/\text{h}) \tag{3-96}$$

负荷频率曲线可以同持续负荷曲线一起较全面地反映时序负荷信息，且比时序负荷曲线更容易运算处理。

2）负荷频率曲线的建立。下文应用文献中形成负荷频率表的算法，求取负荷转移频率 $f_L(x)$。设定负荷由小功率向大功率转移为向下转移，反之为向上转移。

首先，取步长 Δx，将负荷功率离散化。设负荷功率 $x_i = i\Delta x$ 在某一分级（i 为分级序号）出现的时间为 t_{ij}（j 为负荷变化的时刻），可以计算下一时刻负荷升高（向大功率方向转移）时，向上转移率 $\lambda'_{ij} = 0$，向下转移率 $\lambda'_{ij} = 1/t_{ij}$，负荷处于该分级的概率 $p_{ij} = t_{ij}/T$。根据由状态图求增量频率的计算公式，点（j，$i\Delta x$）处的增量频率为

$$f_{ij} = p_{ij}(\lambda'_{ij} - \lambda''_{ij}) = -1/T \tag{3-97}$$

同理，当下一时刻负荷降低时，该点的增量频率为

$$f_{ij} = 1/T \tag{3-98}$$

可以看出，负荷在任何一个分级的增量频率的绝对值恒等于 $1/T$，而与其持续时间 t_{ij} 无关。

然后，可以求得负荷 x_i 的总增量频率

$$f_i = \sum_j f_{ij} \qquad (3\text{-}99)$$

最后，可以得到负荷 x_i 的累积频率

$$f_i^* = \sum_{k \geqslant i} f_k \qquad (3\text{-}100)$$

根据对负荷转移频率的定义，写出各负荷分级对应的 $f_L(x_i)$，发现总有

$$f_L(x_i) = f_i^* \qquad (3\text{-}101)$$

（2）等效负荷频率曲线的卷积过程。与 ELDC 类似，ELFC 也可由卷积的方法得到。假设所建立的负荷频率曲线为 $f_{EL}^{(0)}(x)$，安排完第 $i-1$ 台机组后的等效负荷频率曲线为 $f_{EL}^{(i-1)}(x)$，则安排完第 i 台机组后的等效负荷频率曲线 $f_{EL}^{(i)}(x)$ 为

$$f_{EL}^{(i)}(x) = f_1^{(i)}(x) + f_2^{(i)}(x) \qquad (3\text{-}102)$$

式中：$f_1^{(i)}(x)$ 为移位分量；$f_2^{(i)}(x)$ 为循环分量。

$$f_1^{(i)}(x) = p_i f_{EL}^{(i-1)}(x) + q_i f_{EL}^{(i-1)}(x - C_i) \qquad (3\text{-}103)$$

$$f_2^{(i)}(x) = \frac{F^{(i-1)}(x - C_i) - F^{(i-1)}(x)}{T\tau_i} \qquad (3\text{-}104)$$

式中：C_i 为第 i 台机组的额定容量；p_i 和 q_i 分别为第 i 台机组的可用率和强迫停运率，$p_i = 1 - q_i$；τ_i 为第 i 台机组的平均循环周期，即平均故障间隔时间（MTBF）；$F^{(i-1)}(x)$ 为安排完第 $i-1$ 台机组后 ELDC 表示的持续时间。

将式（3-89）～式（3-104）离散化，可得

$$f_{EL}^{(i)}(J) = p_i f_{EL}^{(i-1)}(J) + q_i f_{EL}^{(i-1)}(J - K_i) + \frac{F^{(i-1)}(J - K_i) - F^{(i-1)}(J)}{T\tau_i} \qquad (3\text{-}105)$$

$$K_i = C_i / \Delta x$$

式中：$J = <x/\Delta x> + 1$，其中 $<x/\Delta x>$ 表示不超过 $x/\Delta x$ 的最大整数；Δx 为步长，取所有机组容量的最大公约数，因而 K_i 是整数。

再将等效电量函数的定义代入式（3-105），得

$$f_{EL}^{(i)}(J) = p_i f_{EL}^{(i-1)}(J) + q_i f_{EL}^{(i-1)}(J - K_i) + \frac{E^{(i-1)}(J - K_i) - E^{(i-1)}(J)}{T\tau_i \Delta x} \qquad (3\text{-}106)$$

式中：$E^{(i-1)}(J)$ 为安排完第 $i-1$ 台机组而修改后的 ELDC 曲线下，从 x 到 $x + \Delta x$ 这段负荷对应的电量。

考虑机组在两种情况下启动：①按照事先制定的机组加载顺序，当负荷增长到机组的加载点时，按计划增开机组；②如果机组正在运行，突然发生故障，待故障修复后再投入运行。这分别对应于移位分量和循环分量。所以第 i 台机组在研究周期 T 内启动次数的期望值 F_{Si} 为

$$F_{Si} = T f_{EL}^{(i-1)}(J_{i-1}) \qquad (3\text{-}107)$$

$$J_{i-1} = x_{i-1} / \Delta x \qquad (3\text{-}108)$$

式中：J_{i-1} 为第 i 台机组的加载位置；x_{i-1} 为已加载的前 $i-1$ 台机组的总容量。

（3）计及动态费用的生产成本分析。在逐台加载系统中的 n 台常规机组、不断地对 ELFC 进行卷积的过程中，按式（3-108）逐台计算周期 T 内启动次数的期望值 F_{Si}，进而可以计算每台机组的动态费用。

1）动态费用。常规机组的动态费用 C_d 为

$$C_d = C_{tsu} + C_{bsu} + C_{sd} \tag{3-109}$$

式中：C_{tsu} 为汽轮机启动费用；C_{bsu} 为锅炉启动费用；C_{sd} 为停机费用。

2）生产成本计算。全面计及燃料费用、环境成本、停电损失和动态费用的系统总生产成本为

$$C_{\Sigma} = C_{\Sigma0} + C_d \tag{3-110}$$

其中，由传统的随机生产模拟方法即可得到的系统生产成本

$$C_{\Sigma0} = C_{fuel} + C_{envi} + C_{voll} \tag{3-111}$$

式中：C_{fuel} 为燃料费用；C_{envi} 为环境成本；C_{voll} 为停电损失。

进而风电的可避免费用为

$$\Delta C = C_0 - C_1 \tag{3-112}$$

式中：C_0 为不含风电系统的总生产成本；C_1 为风电接入后系统的总生产成本。

为了使不同规模的系统的动态费用具有可比性，以发电厂直接承担的 C_{fuel} 和 C_d 之和为基准，定义动态费用率指标为

$$\gamma = C_d / (C_{fuel} + C_d) \tag{3-113}$$

（4）算例分析。

1）改后的 EPRI-36 机系统。本节采用 EPRI-36 机系统作为算例，该系统的总装机容量为 8800MW，各发电机组参数同文献所取，年最大负荷为 8502MW，负荷采用 IEEE-RTS 1979 年 1 月份前 30 天的数据（标幺值），模拟时间共计 720h。单位失负荷价值取为 1000 \$/MWh。

风电场采用单机容量为 1500kW 的机组，其切入风速、额定风速、切出风速分别是 3、10.3、22m/s。计算中的风速数据采用达坂城风电场某月每 10min 的实测风速数据，风电场每小时的等效出力取该小时内 6 个风速数据点对应的风电场有功功率的平均值。

首先对以下两个场景进行生产模拟：

场景 0：不含风电的原系统；

场景 1：在场景 0 的基础上，接入装机容量为 1000MW 的风电场。

2）生产模拟结果。根据优先接纳风电的原则，把预测风电有功功率作为负的负荷加到系统原始负荷上，得到净负荷曲线。下面针对该净负荷曲线进行转移频率分析。根据所述方法，选取 50MW 的步长，从净负荷曲线的起始时刻向后逐点扫描，即可建立初始负荷频率曲线。

表 3-18 给出了应用改进等效电量频率法进行随机生产模拟的结果。

表 3-18　　　　　　　　基于改进等效电量频率法的随机生产模拟结果

场景	E_{EENS} (MWh)	P_{LOLP}	I_{FGSUC}	运行维护可变成本（万元）	汽轮机启停费用（万元）	锅炉启停费用（万元）	环境成本（万元）	停电损失（万元）
0	31401	0.0736	11.4591	31412	934.98	448.37	1297.515	15700.5
1	13796	0.0341	13.0816	24133.5	988	460.757	1131.625	6898

从表 3-18 可以得出以下结论：1000MW 风电场的接入使系统的 E_{EENS} 减少了 56%，P_{LOLP} 降低了 54%，说明风电对改善系统的可靠性仍有相当的贡献。1000MW 风电场接入后，燃料费用可望节省 23%，环境成本可望减小 13%，停电损失期望值减小了 56%。

常规机组的单位容量启停频率指标 I_{FGSUC} 增大了 14%，说明风电接入后需要常规机组启停配合的频繁程度增加了 14%，所以启停费用增加：汽轮机启停费用增加了约 6%，占总成本的比重由 1.5% 上升至 2.3%；锅炉启停费用增加了约 3%，占总成本的比例由 0.8% 上升至 1.1%。风电场的月度可避免费用为 $28306780，风电并网后较并网前的总生产成本节省了 26%。

3）风电接入规模对动态费用率的影响。令算例中风电场的装机容量从 0 按一定步长增大到 3000MW，可以得到动态费用率随着风电装机容量变化的趋势，如图 3-37 所示。可以看出，未接入风电时，系统动态费用率为 4.2%；当风电场装机达到 1500MW 时，动态费用率上升为 7.0%；风电场装机增至 3000MW 时，动态费用率达到 10.4%。可见随着风电装机规模的增大，动态费用在发电厂直接生产成本中所占的比例升高。在进行风电场规划时根据预期的系统动态费用率限值，可以确定适当的风电接入规模。

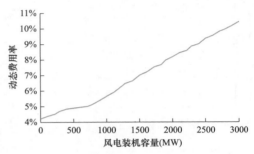

图 3-37　动态费用率随风电装机规模变化曲线

2. 基于等效间隔频率的随机生产模拟

在随机生产模拟中，负荷的时序波动会导致发电机组的启停和相关的动态运行费用。频率持续法中负荷频率曲线只反映了随机生产模拟中负荷时序波动的频率信息部分，忽略了波动的时间分布信息，导致在评价机组启停次数及相关动态成本时，发电机组在短时间内启停费用也被计入生产成本。在风电等间歇性能源接入量不断增加的情况下，系统净负荷的波动性进一步提高，为了更加全面地反映时序相关信息，引入负荷超越的间隔—频率分布概念，将每一个时序负荷水平根据向上、向下转移特性分割成多个时间单元体，分别计算其向上转移持续时间、向下转移持续时间，从而把负荷频率曲线扩展成由间隔—频率分布组成的间隔—频率分布族。

具体的计算步骤为：首先将风电场预测功率直接与原始负荷相减，得到考虑风电场有功功率影响的净负荷曲线，并利用其构造原始间隔—频率分布族。模拟传统随机生产模拟的算法核心，本章用标准卷积法对负荷间隔—频率分布族进行卷积计算，把发电机组的随机故障影响当成等效负荷对原始分布族的各个时间单元体不断修正的结果。然后利用卷积后的等效间隔—频率分布族各个时间单元体包含的信息进行机组发电量、启停次数进行计算。该算法在一定程度上恢复了传统随机生产模拟所忽略的负荷时特性，保留了风电机组有功功率的波动性，可以更加准确评估风电场对常规机组造成的开停机影响以及运行有关的动态费用。

基于等效间隔—频率分布的随机生产模拟算法采用图 3-38 所示流程，等效电量函数法

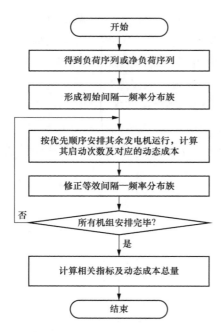

图 3-38 基于等效间隔—频率分布的
随机生产模拟算法

计算在计算过程中同步进行。

3. 算例分析

采用 EPRI-36 机系统作为算例，该系统的总装机容量为 8800MW，各发电机组参数同文献所取，年最大负荷为 8502MW，进行随机生产模拟，得到的计算结果如表 3-19 所示。通过表 3-19 可知，等效间隔频率继承了等效电量函数大的优点，同时，其在对风电等新能源并网后系统的可靠性指标的评估更加合理、准确。

三、甘肃—青海电网算例分析

随机生产模拟的基本功能大致可以归纳为：①提供各发电场在模拟期间的发电量，燃料消耗量及燃料费用；②给出电力系统中各水电厂及抽水蓄能电厂在负荷曲线上的最佳工作位置及水能利用情况；③进行电力系统电能成本分析；④计算发电系统的可靠性指标。在上述基本功能的基础上，根据发电系统的可靠性指标，可以进一步求解含新能源电力系统的置信容量评估，系统的检修计划安排，电力电量平衡以及新能源消纳等。

表 3-19   等效间隔频率法与等效电量频率法计算结果对比

评价指标	等效间隔频率法		等效电量频率法
	剔除短时间间隔	未剔除短时间间隔	
机组单位容量启停频率	12.937	22.366	22.366
汽轮机启动费用（万元）	555880	817010	817010
锅炉启动费用（万元）	1125800	1649200	2593900
停机费用（万元）	503030	817010	817010
动态费用总成本（万元）	2184710	3283220	3227920

1. 算例系统概况

以规划年甘肃—青海电网为应用示范，测试系统最大计算负荷 44918MW，火电计算装机 51729MW，水电计算装机 21493.9MW，风电计算装机 23657MW，光伏计算装机 19628MW。火电机组共 129 台，水电机组共 240 台，风电计入 3 个风区。由三条直流向区外送电，即酒泉—湖南、陇东—徐州、柴达木—西藏；直流输电利用小时数为 6000h。

2. 置信容量计算方法

目前研究中对风电置信容量有多种理解方式，大致可以分成两类：①从发电侧考虑，以系统可靠性不变为衡量指标，将风电等效为一定强迫停运率的常规机组，计算其能够替代常规机组的容量；②从负荷侧考虑，认为风电置信容量等于在相同可靠性指标下有风电与无风电情况下系统可以承载的负荷的差。前一种理解方式一般以发电可替换容量❶（generation replacement capability，GRC）作为计算指标；后一种理解方式一般以有效载荷能力❷（effective load carrying capability，ELCC）作为计算指标。下面分别介绍这两个指标的计算方法。

（1）GRC 计算方法。本指标评估风电机组替代常规机组的能力。常规机组即软件输入部分说明的虚拟机组，其台数以及强迫停运率均由用户在系统文件中输入。本程序规定所有虚拟机组的参数均相同，可靠性衡量指标选择电量不足期望值（EENS）。GRC 的计算方法示意图如图 3-39 所示。

（2）ELCC 计算方法。本指标评估在可靠性指标不变的条件下，加入风电机组后年最大负荷允许提高的程度。可靠性衡量指标选择电量不足期望值（EENS），ELCC 的计算方法示意图如图 3-40 所示。

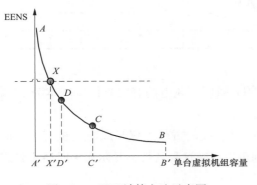

图 3-39　GRC 计算方法示意图

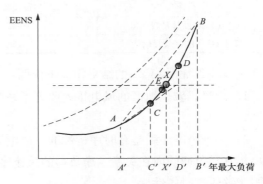

图 3-40　ELCC 计算方法示意图

ELCC 的随机生产模拟计算比 GRC 的计算要繁琐。这是因为每次迭代均要改变系统的最大负荷，所以每次迭代中持续负荷曲线的存储空间均会不同。故每迭代一次，均要利用负荷信息重新生成持续负荷曲线。

（3）风电模型的选择。本程序中，使用了马尔科夫时序多状态和净负荷两种风电场模型，由用户根据实际需求和掌握的数据情况选择使用。净负荷与多状态是风电不同的建模方法，主要的区别在将风电视为负的负荷或视为有功功率不稳定的电源。将风电视作负的负荷是因为风电随机性、波动性大，可控性差，对于其发电效益，人们只能被动接受。而将风电视为电源则是因为风资源虽然不可控，但风电究其本质还是作为电源向系统中输送电能，故将风电场刻画为一台马尔科夫时序多状态机组以反映其有功功率波动的情况。

（4）置信容量评估结果。下文以甘青电网随机生产模拟为例，简要介绍不同的风电模型如何影响置信容量评估。甘肃风能资源丰富且呈分散、大规模接入，不可再将全省的风电等

---

❶　新增间歇式电源后，以系统可靠性不变为衡量指标，将风电等效为一定强迫停运率的常规机组，计算其能够替代常规机组的容量。

❷　新增间歇式电源后，维持系统一定可靠性水平的情况下，可以多承担的增量负荷。

效成为一个马尔科夫时序多状态机组。本书整理了 2020 年敦煌、酒泉地区风电场的出力加总数据，将两组数据作为新能源原始数据输入。如使用马尔科夫时序多状态机组模型，则将两组数据等效成为两个马尔科夫时序多状态机组与等效持续负荷曲线卷积。这里使用不同的风电模型对两个风区分别进行置信容量计算，结果如表 3-20 和表 3-21 所示。计算间歇式电源可替代的虚拟机组（GRC 指标）时，虚拟机组取为 1 台。两模型均取 11 月作为研究月，该月无机组检修。

表 3-20　　　　　　　　　　　　敦煌风区置信容量计算表

指标	马尔科夫时序多状态	净负荷
基于 ELCC 的容量置信度	15.0%	12.9%
基于 GRC 的容量置信度	14.3%	11.4%

表 3-21　　　　　　　　　　　　酒泉风区置信容量计算表

指标	马尔科夫时序多状态	净负荷
基于 ELCC 的容量置信度	15.8%	13.5%
基于 GRC 的容量置信度	15.3%	10.1%

对表 3-20 和表 3-21 的结果作如下说明：

1) 酒泉、敦煌地区的风电接入改善了系统的充裕度，风电的容量置信度基本为 10%～20%。

2) 因为风电序列是有时序特性的，风电对于可靠性的贡献不仅与风电装机有关，而且取决于其与负荷的内在关系。净负荷的风速序列可以反映这种特性，马尔科夫时序多状态机组则能够体现时序性。

3) 使用净负荷模型难以考虑风电的随机性。用一条确定的曲线去度量风电有功功率与负荷的相关性是不可取的，高估或低估风电的情况都有可能发生。而马尔科夫时序多状态机组模型则能够反映风电的波动性。

4) 风电模型的选择影响容量置信度计算结果。以敦煌风区为例，两种置信容量评估方法下，使用净负荷模型计算得到的容量置信度指标均比马尔科夫时序多状态模型小。还可以看出，敦煌风区的容量置信度普遍比酒泉风区小，这是由两风区风资源特性决定的。根据本书研究成果，风电的容量置信度与风电年利用小时数、风电序列的特性以及风电与负荷相关性紧密相关，并且电力充裕程度不同的系统，相同的风电场可能体现出不同的容量置信度。

5) 长期随机生产模拟中，考虑到风电有功功率的随机性，建议采用马尔科夫时序多状态模型。如果运行人员采用保守的风险态度，可以将两种模型下容量置信度评估结果的较小值作为最后的取值。

3. 检修计划安排方法

从提高系统可靠性的角度出发，比较严格地安排检修计划的方法应当使研究周期内各时段的 LOLP 尽可能相等，这种方法称为等风险度法。

等风险度法安排检修计划的计算流程简单介绍如下。

步骤 1：用各时段的持续负荷曲线与系统所有发电机组进行卷积计算，形成其等效持续负荷曲线，以等电量函数法为例进行介绍。

步骤 2：求出无发电机进行检修的情况下各时段的风险度，即

$$EENS_k^{(n)} = f_k^n[C_k^{(n)}] \tag{3-114}$$

式中：n 为系统发电机的总台数；k 为时段数。

步骤 3：将发电机进行排序。这里的排序是指在制定检修计划时处理发电机组的顺序，本程序的具体排序原则是：先安排水电，再安排火电。这是为了最大限度的利用清洁环保的水力资源，保证水力发电机在丰水月能够满输出功率，故将其检修期安排在平水月。同时对火电机组按容量从大到小进行排序，以便于利用启发式算法决定火电机组的检修月份。

步骤 4：比较各时段的风险度。在着手安排第 i 台机组的检修计划时，前 $i-1$ 台机组已安排好检修位置，因此系统中尚有 $n-i+1$ 台机组尚未安排。这里应从 $EENS_k^{(n-i+1)}$（$k=1, 2, \cdots, t_p$）中选择出风险度最小的时段 k，作为检修机组 i 的时段，并记录在检修计划表中。

步骤 5：利用反卷积从 $f^{(n-i+1)}(x)$ 中去掉机组 i 的随机停运的影响。

步骤 6：修正检修时段的风险度，有

$$EENS_k^{(n-i)} = f_k^{(n-i)}[C_k^{(n-i)}] \tag{3-115}$$
$$C_k^{n-i} = C_k^{n-i+1} - C_k^i$$

式中：C_k^{n-i} 为修正之后的总机组容量。

步骤 7：如安排完所有机组的检修计划，则输出结果，否则进行下一台机组的检修安排，返回步骤 4。

这里风电模型使用净负荷，置信评估方法采用 GRC。研究选定 156 台机组，按照等风险度法安排检修计划，检修计划如表 3-22 所示。

表 3-22   检修计划表

月份	检修机组
1	青桥头 G1，青神华 G2，青鱼卡 G2，甘景泰 G1，甘环县 G1，甘环县 G3，甘崇信 G1
2	甘西电 G4
3	无检修
4	甘金川 G1，甘西固 G9，青格燃 G1，青桥二 G1，青桥二 G3，青桥二 G4，甘兰二 G2，青格燃 G4，甘酒钢 G6，甘 803 厂 G4，甘华明厂 G1-2，甘酒钢 G5，甘玉门 G10，甘玉门 G2，青拉西瓦 G1，青拉西瓦 G3，青玛尔 G1，青李厂 G3，青羊曲 G2，青积厂 G1，青公厂 G2，青唐湖 G1，青班多 G2，甘九甸峡 G2，甘碧口 G1，甘盐锅峡 G1-2，甘苗家坝 G3，青黄丰 G2，甘八盘峡 G1-2，甘小峡 G4，甘二龙山 G1-3，甘西流水 G2，青康扬 G3，青康扬 G45，青尼那 G34，青直岗 G1，青直岗 G2，甘麒麟寺 G1，甘乌金峡 G4，甘虎家崖 G1-2，甘代古寺 G3，青青岗 0，青莫多 G2，甘三道湾 G3，甘宝瓶河 G4，甘冰沟 G1-3，甘金沙峡 G3，甘河口 G1，甘月亮湾水二级 G1-6，青卡索峡 G，甘大孤山 G3，青江源 G2，甘刘右 G2，青玉龙滩 G1，青小干沟 G1，青一线天二 G1
5	甘平凉 G1，甘平凉 G2，甘华亭 G3，甘天水热电 G1，甘连城 G4，甘金昌电厂 G1，甘 803 二期 G1，甘靖远 G2
6	青桥头铝电 G1，青万象 G2，甘酒泉热电 G1，甘兰铝 G3，甘酒热 G2
7	甘玉门电厂 G2，甘甘谷 G2，甘靖远 G6，甘范家坪 G1

月份	检修机组
8	甘青羊沟 11，甘铁城 G34，青康扬 G6，甘八盘峡 G6，青青岗 2，甘巴藏 G2，甘常乐电厂 G1，甘二热二期 G2，青西宁热电 G1，甘靖远 G8，甘大通 G1，青民和火电 G1
9	青拉西瓦 G6，青玛尔 G2，青羊曲 G1，青积厂 G2，青龙厂 G2，甘刘家峡 G3，青班多 G1，甘九甸峡 G1，甘盐锅峡 G9-10，甘苗家坝 G2，甘大峡 G4，青黄丰 G3，甘龙首 G1-5，甘小峡 G3，甘天王沟 G1-3，甘寺沟峡 G2，青康扬 G4，甘小孤山 G1，甘立节 G1，青尼那 G5，青直岗 G34，甘扎古录 G1，甘海甸峡 G1-2，甘大峡 G5，甘古城 0，甘大孤山 G1，青莫多 G12，甘小孤山 G3，甘莲麓 G1，甘多儿 G1-2，青金沙峡 G34，甘巴藏 G3，甘水伯 2，甘月亮湾水一级 G1-3，甘峡城 G3，甘椒园坝 G1，青尕孔 G1，青江源 G3，青小干沟 G4
10	甘张掖夹道沟 G1，青凯美克 G1，甘柴家峡 G3-4，甘寺沟峡 G1，甘三道湾 G1，青康扬 G67，青尼那 G3，甘麒麟寺 G2，甘乌金峡 G2，甘宝瓶河 G3，甘代古寺 G2，甘汉坪 0，甘汉坪 1，甘莲麓 G3，甘喜尔沟 G1，甘花园 G2，甘水伯峡 G2，甘录巴寺 G3，甘峡城 G2，青青岗峡 G34，甘吉利 0，青尕孔 G2，青雪龙滩 G34，青玉龙滩 G3
11	无检修
12	无检修

注 含水电机组。

由表 3-22 可以得出两点结论：

（1）检修计划是参考各月可靠性指标制定的。在负荷比较大，电力供应比较紧张的 11、12 月不安排机组检修。

（2）西北地区的丰水期为 5～8 月，而水电机组大部分安排在平水月检修。这样可以充分利用水能，使其在丰水月不至于弃水，从而最大程度地消纳清洁能源。

（3）西北地区的供热期在 11 月至第二年的 3 月，在此期间尽量不安排供热机组的检修工作。

4. 电力电量平衡计算

电力电量平衡表反映了规划地区各月的电力供需形势。根据不同的风电模型和风电置信容量评估方法，表 3-23 给出计算结果。

表 3-23　风电采用时序多状态模型、置信容量评估方法为 ELCC 时，各月电力电量平衡结果

月份	可用发电容量（MW）	最大负荷（MW）	备用率	发电电量（MWh）	负荷电量（MWh）	月电量不足期望（MWh）	失负荷概率
1	55273	45943.4	0.20	2.93×10^7	2.93×10^7	0	2.39×10^{-8}
2	53353	44368.8	0.20	2.59×10^7	2.59×10^7	0	2.14×10^{-8}
3	52693	43386	0.21	2.86×10^7	2.86×10^7	0	1.68×10^{-8}
4	65624	46153.7	0.42	2.86×10^7	2.86×10^7	0	5.63×10^{-18}
5	68319	46076.9	0.48	2.90×10^7	2.90×10^7	0	3.31×10^{-22}
6	68994	46635.5	0.48	2.85×10^7	2.85×10^7	0	2.11×10^{-22}
7	67302	45629.1	0.47	2.96×10^7	2.96×10^7	0	4.54×10^{-22}
8	67653	45613.3	0.48	2.91×10^7	2.91×10^7	0	2.14×10^{-22}
9	65604	46048.9	0.42	2.78×10^7	2.78×10^7	0	5.69×10^{-18}
10	70720	51301.5	0.37	3.06×10^7	3.06×10^7	0	8.28×10^{-18}
11	63613	53506.2	0.19	3.23×10^7	3.23×10^7	0	3.58×10^{-8}
12	62413	52542.3	0.19	3.26×10^7	3.26×10^7	0	3.32×10^{-8}

通过比较可以得出以下结论：

（1）从电力平衡结果来看，备用容量较为充裕，规划的常规机组装机基本可以满足电力供应需求。在供热期（冬季）时，供热机组需要完成供暖任务，最大输出功率会受到限制，故供热期的备用率一般比非供热期小。

（2）发电系统可靠性评估计算出的结果反映 11、12 月的电量充裕度较低，应当重点关注这两个月的电力供需形势。同时，西北地区的用电高峰一般在 11、12 月，随机生产模拟的计算结果基本吻合事实。

针对系统各类型电源年利用小时数，各类电源年利用小时数及发电量如表 3-24 所示。

表 3-24 各类电源年利用小时数及发电量表

类型	年发电量（MWh）	年利用小时数（h）
火电	2.25604×10^8	4361.27
水电	7.92645×10^7	3687.77
风电	4.70888×10^7	1990.48
光伏	2.85428×10^7	1454.19

从表 3-24 中可以发现：

1）火电年利用小时数较低。这是由于新能源接入规模不断扩大，将挤占火电的发电空间。值得注意的是，尽管甘肃的经济预测增速加快，兰州—白银工业带电力需求持续增长，并且甘肃省将建设两条外送特高压直流外送通道；但是在优先接纳新能源的政策下，火电的装机仍然偏冗余。

2）风电等新能源利用小时数较高，这与生产模拟所遵循的新能源接纳政策有关。将风电、光电有功功率作为负的负荷直接在负荷曲线上修正或首先卷积，风电都认为优先全额接纳新能源，从而提高了新能源的利用率。

5. 甘肃青海送端电网间歇式电源消纳分析

间歇式电源的接入，由于其波动性及不可控制性，需要建设配套的常规电源，以使电源总体能够满足跟踪负荷的要求。但由于中国新能源资源丰富的"三北"地区经济发展水平较低，本地负荷较小，并无空间消纳大量的风电及其配套的常规电源。所以，在光伏、风电基地建设中，必须考虑远距离输送，利用省级电网及大区电网输电线路将风能送到具有大量负荷的受端电网，从而完成风电的消纳。

在间歇式电源外送的过程中，不同的线路容量与控制线路的方法对于间歇式电源消纳空间优化效果不同，根据不同的联络线传输功率控制方法，将外送分为恒功率外送、跟踪间歇式电源功率及综合外送三种方式，其中综合外送方法为部分恒功率外送部分跟踪间歇式电源功率外送的方法。

（1）甘肃青海送端电网间歇式电源消纳。在运行过程中，机组的启停机需要较多的费用，当前没有电力辅助市场的情况下，使电厂过多地启停机组将大大加重电厂的负担，当机组的启停机能力受到电厂运行限制的情况下，系统消纳能力将大幅下降。

根据不同的开机能力，电网的最大负荷及外送设定为 41000MW 及 18000MW，对电网

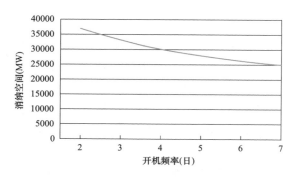

图 3-41　送端消纳空间变化曲线

的消纳能力进行模拟计算，结果如图 3-41 所示。

由结果可以看出，当机组的开机能力受限的情况下，风电的消纳空间大幅下降，但由于系统负荷具有较强的日周期特性，在开机能力下降时，消纳空间的降低呈现减缓的趋势，在合理的 7 日启停条件下，消纳空间为 25000MW，更高的启停频率在获得更大消纳空间的情况下，也要考虑机组启停消耗并对其进行合理补偿。

（2）无间歇式电源外送条件下的送端电网间歇式电源消纳。设定电源总容量为 50000MW，最大负荷为 45000MW，当不进行间歇式电源外送时，对送端系统进行模拟计算，当调峰不足时，对碳排放进行惩罚，从而得到不同间歇式电源装机容量下，系统的总调峰不足概率及碳排放水平，进而得到系统最大接纳间歇式电源的能力。

由表 3-25 所示的无间歇式电源外送时，系统运行模拟结果可以看出，当间歇式电源接入容量增加至火电装机的 50％以上时，系统调峰不足概率开始增加，并且由于频繁调峰及开停机，火电机组运行水平较低，系统碳排放总体水平在间歇式电源增加的情况下仍有一定提高。

表 3-25　　　　　　　　　　　无间歇式电源外送系统模拟运行结果

间歇式电源装机容量（MW）	0	25000	30000	35000	40000
调峰不足概率	0％	0.55％	5.21％	18.36％	33.42％
碳（CO_2）排放（万 t/年）	13598.99	12135.42	13845.37	18965.10	24463.29

（3）恒功率间歇式电源外送条件下的送端电网间歇式电源消纳。当间歇式电源恒功率外送时，对送端系统进行模拟计算，可以得到不同间歇式电源装机容量下，系统的总调峰不足概率及碳排放水平。设定调峰不足概率阈值为 1％，计算得到不同外送功率下，最大间歇式电源消纳空间，计算结果如图 3-42 所示。

由结果可以看到，当外送联络线功率不断增加时，最大间歇式电源接入容量也得到了相应的提升，提升曲线近似为一条直线，单位碳排放则变化不大。

（4）综合外送条件下的送端电网间歇式电源消纳。选定联络线最大功率为 1000MW，根据不同综合外送比例系数，得到间歇式电源综合外送过后的系统计算结果。在外送联络线容量为 1000MW 的情况下，对于不同综合外送比例系数，求最大间歇式电源接入及碳排放指标，计算结果如图 3-43 所示。

由结果可以看到，与提升外送容量相比，改变外送方式提升的最大消纳空间较小，但可以较为有效地降低系统的碳排放指标。当传统机组运行限制满足调峰需求的情况下，接入更多的间歇式电源，虽然会使传统机组运行在低输出功率状态及增加机组启停，但由于间歇式电源的运行不产生碳排放，系统常规电源总发电量降低，系统平均碳排放仍会下降。

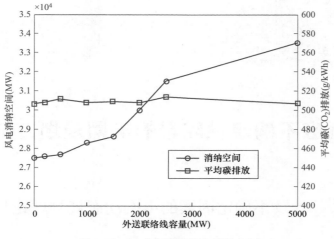

图 3-42 恒功率外送最大消纳空间

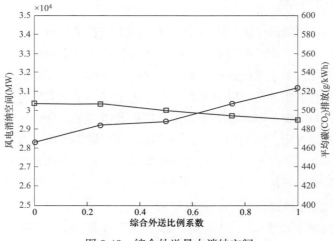

图 3-43 综合外送最大消纳空间

（5）受端消纳能力。为了分析较小的受端系统对于间歇式电源外送的消纳能力，在典型日计算得到系统的总调峰容量比为

$$R_{\text{pr}}^{\text{system}} = 0.5 \qquad\qquad (3\text{-}116)$$

根据不同的综合外送方式，当恒功率外送时，系统消纳能力较强，而当采用跟踪间歇式电源外送方式时，系统消纳能力相对较弱。同样以 1‰作为调峰不足阈值，则可以得到综合外送比例系数最大值与外送联络线最大容量的关系，如图 3-44 所示，曲线左下方的区域为系统调峰充足的运行状态。不同的外送模式下，最大消纳线路容量由 4270MW 减少到 2550MW，差距在 60%以上。

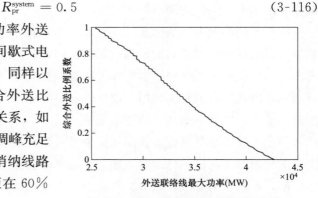

图 3-44 最大综合外送比例系数曲线

第四章

适应不确定性因素的电网规划方法

第一节　计及不确定因素的电网动态规划理论与方法

一、电力系统输电阻塞

作为发电厂和用户之间的电能输送通道，输电网络的正常运行不仅影响系统的安全和可靠性，同时也对市场竞争、市场效率有显著的影响。但是在输电网络容量不足的情况下，就会经常出现阻塞现象，以至于系统运行人员为了保证输电网络的安全，不得不对传输加以限制和约束。有了这些约束条件后，一方面在一定程度上限制了远方发电厂的廉价电力进入本地电力市场，另一方面减少了本地电力市场发电厂的竞争对手，从而削弱了电力市场的竞争机制，增加了系统运行费用。增加的系统运行费用通常叫做系统阻塞费用。

输电阻塞是指输电系统由于网络本身的各种限制，不能完全满足所希望的输电计划的状态。它通常指输电系统在正常运行或进行事故安全检查时，出现了以下两种情况：①输电线路或变压器的潮流超过允许极限；②节点电压越限。

阻塞管理就是控制系统潮流，使其满足输电极限热极限、稳定极限和电压极限等的过程。

在电力市场中，不仅需要相应的阻塞管理方法来消除阻塞，还必须通过相应的阻塞定价机制为输电系统的公平使用和长期规划提供正确的价格信号，即通过输电系统的有效定价机制来缓解阻塞，并促进网络的正常发展。

针对不同的电力市场模式，人们采取不同的方法综合处理阻塞。由于输电阻塞是由网络输电容量与输电计划之间的矛盾引起的。因此，消除阻塞的方法首先可以从网络的物理特性考虑，尽可能通过调整网络结构和控制器参数改变网络潮流以消除阻塞，从而避免更改发电计划以及由此导致的阻塞费用，使发电方案最优：①增加新的输电线路；②调节有载调压变压器的抽头；③使用柔性交流输电系统。

但是上述方法受到设备性能和资金投入以及地理环境等因素的限制。同时，当输电系统无法满足所希望的输电计划时，在公平竞争和资源优化的条件下，以经济性为目标，建立竞争机制，利用价格手段，调节交易量的减少或增加，从而降低过载线路的潮流。这样的方法有：①削减交易合同和输电计划；②系统再调度，增减发电机的输出功率，但使系统不再运行在最佳平衡点；③削减负荷和实行可中断负荷权；④基于的实时电价节点电价，依赖于电力市场本身的调节作用完成。

1. 发电预调度——无阻塞费用

在以往的电力系统中，调度中心的主要任务是在满足系统运行约束条件下安全性，以最小发电成本满足用户的负荷需求经济性。而在电力市场中，调度的目标为满足各种约束的最小购电成本。单一价格模型就是排在预调度序内的机组被调度提供能量时，均被支付同一价格，即市场清算价格。

市场运行中心将各机组按其报价，从小到大排列起来，直到总发电量等于预测负荷。最后接受的发电机组就是边际机组，其报价就是市场清算价格。在预调度排序时，仅仅考虑机组的有功功率约束，而忽略系统的线路潮流约束和节点的电压约束。

发电机组的预调度计划，确定了机组的调度次序和各机组的预调度容量以及市场清算价格。无阻塞运行成本是在不考虑线路容量约束情况下的最小运行费用。在给定的负荷水平、发电水平条件下，无阻塞运行成本是可以直接求得的确定值。

2. 阻塞费用

在电力系统中，线路潮流约束和节点电压约束组成了输电系统的阻塞约束。当任何约束产生作用时，将不得不改变机组的预调度计划。因此，在进行安全校核时，必须考虑系统的各种约束条件。如果预调度计划不违反任何约束时，将执行已确定了的预调度计划。但如果违反了任何约束，必须进行阻塞管理。阻塞管理的目标为系统的阻塞成本最小。

在电力系统中，由于考虑电压安全约束，往往要改变发电机组的输出功率，这将导致阻塞成本。考虑到有载调压和并联电容器组在调压和无功补偿方面的直接作用，可以在阻塞管理再调度的优化目标中，加入这两个新的决策变量，这样可以直接和快速地把节点电压水平恢复到约束范围之内，从而可以减少发电机组的再调度容量。

当系统发生输电阻塞时，市场运行中心根据前面的能量报价，并结合有载调压以及并联电容器组等措施，对发电调度计划进行调整。为了消除系统阻塞，从边际机组开始增加序外机组的有功功率有时也必须从边际机组开始减少序内机组的有功功率。被调度提供能量的序外发电机组称为"约束上"机组，必须支付其报价（报价往往高于市场清算价格）；不得不减少出力的序内发电机组称为"约束下"机组，必须支付其机会成本。

阻塞费用是指在考虑线路容量约束下的最小运行费用减去无阻塞运行成本后的费用，也就是对机组进行再调度所需要的费用。由于在给定的负荷和发电水平条件下，无阻塞运行费用是一个确定值。所以考虑运行成本与考虑阻塞费用具有同等效果。在现有的输电网规划研究中，大都直接考虑系统运行成本以此来计及系统阻塞对于规划的影响。在本书中，我们采用同样的策略，考虑系统运行费用来代替系统阻塞费用。

二、基于系统阻塞分析的一种快速自动产生候选线路集的方法

电网规划过程中，很重要的一个环节是选定候选线路集，然后从候选线路集中选择最优的线路组合来满足未来一段时间的负荷增长需求。电网规划问题的复杂性决定了不能将任意两个

节点之间的线路都作为候选线路，为此，本书提出了一种快速自动产生候选线路集的方法。

在选取候选集的时候，采用规划年限最后一年的负荷和发电容量。在选择候选线路集之前，需要计算每个节点的边际成本 LMP_i。为了计算边际成本，需形成如下边际成本模型（local marginal price model，LMPM）。

$$\min \sum_{g \in G_{NT}} C_g(p_g) + \sum_{i \in B} C_{\text{lolp}} \cdot q_i + \sum_{w \in W_{NT}} C_{\text{res}} \cdot L_w \tag{4-1}$$

$$\text{s. t.} \sum_{g \in G_{i,NT}} p_g + \sum_{e \in E_{\cdot i}} f_e - \sum_{e \in E_{i\cdot}} f_e + \sum_{w \in W_{i,NT}} p_w = D_i^{NT} : \xi_i \quad \forall i \tag{4-2}$$

$$f_e = B_e(\theta_{i_e} - \theta_{j_e}), \forall e \in E_0 \tag{4-3}$$

$$-\bar{f}_e \leqslant f_e \leqslant \bar{f}_e, \forall e \in E_0 \tag{4-4}$$

$$0 \leqslant p_g \leqslant \bar{p}_g^{NT}, \forall g \tag{4-5}$$

$$\sigma \bar{p}_w^{NT} \leqslant p_w + L_w \leqslant \bar{p}_w^{NT}, \forall w \tag{4-6}$$

$$0 \leqslant p_w \leqslant \bar{p}_w^{NT}, \forall w \tag{4-7}$$

$$0 \leqslant L_w \leqslant \bar{p}_w^{NT}, \forall w \tag{4-8}$$

式中：$C_g(p_g)$ 为发电机 g 的发电成本函数；C_{lolp} 为甩负荷成本；q_i 为节点 i 的甩负荷量；C_{res} 为可再生能源发电未消纳的惩罚成本；L_w 为可再生能源 w 的未利用量；p_g 为发电机 g 的发电功率；f_e 为线路 e 的传输功率；p_w 为可再生能源 w 的发电功率；D_i^{NT} 为总的规划年限接在节点 i 的负荷；f_e 为线路 e 的传输功率；B_e 为线路 e 的电抗；θ_{i_e} 为线路 e 的节点 i 的相角；E_0 为现有线路集合（由 e 表示）；p_g 为发电机 g 的发电功率；$\bar{p}_g^{NT}$ 为发电机 g 在总的规划年限的最大发电容量；σ 为可再生能源的最小利用率；$\bar{p}_w^{NT}$ 为可再生能源 w 在总的规划年限的最大发电容量；L_w 为可再生能源 w 的未利用量。

在现有的网络结构下，如果不新增线路，则可能满足不了增加后的负荷和发电的传输需求。所以，在目标函数中，包含了发电成本、甩负荷成本和可再生能源的未利用量惩罚成本。LMP_i 为式（4-2）的对偶变量。甩负荷成本和可再生能源未利用量惩罚成本大于发电成本。所以当某个节点发生甩负荷的时候，其节点电价将很高；当某个节点存在可再生能源未利用的时候，其节点电价为负值。节点电价的差异是新建线路的重要原因。节点电价将应用到后续的步骤中。

本书所提的候选集选择方法包含五个步骤，并且按照步骤顺序依次进行。最终的候选集用 CL 表示。CL 是五个步骤选取出的候选线路集 $CL_m(m=1, 2, 4, 5)$ 的合集。下面依次介绍五个步骤。

步骤1：加强现有通道。

电网规划最直接的方法就是对现有阻塞通道进行加强，提升电网传输能力。潜在的规划方案就是对阻塞线路进行加固，所以这些加固方案应该被纳入候选线路集。此处，每个阶段选取的候选线路，用 CL_m 进行表示。

在 LMPM 问题中，可以得到每条线路的功率。如果某些线路的功率达到其热稳容量，则对这个线路所在通道进行加强，并将其加入 CL_1。然后在新的电网结构下，重新计算

LMPM 问题。如果仍存在某些线路达到热稳容量，继续加强对应通道。直到所有线路的功率低于热稳容量。具体流程见图 4-1。

在该流程开始的时候，CL_1 是空集，然后可能的加固线路被加固到 CL_1 中。执行完步骤 1 之后，CL 变成 CL_1。

步骤 2：安全约束校对。

在步骤 1 中，通过加固现有通道，从而消除电网中的阻塞。电网规划的另一个重要问题是确保电网达到安全约束，例如 $N-k$ 安全校验，此处 $k=\{1,2,3\}$。在此步骤中，将通过加固现有通道，从而使得 $N-k$ 安全校验能够被满足。在给定的 k 个事故下，最严重的事故下的甩负荷量需要小于允许的甩负荷量。图 4-2 给出了考虑 $N-k$ 安全校验的步骤。

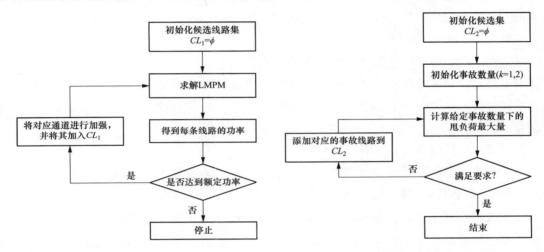

图 4-1　加强现有通道的过程　　　　图 4-2　考虑 $N-k$ 安全校验的步骤

当执行完步骤 2，CL 变成：$CL=CL_1\bigcup CL_2$。

步骤 3：定义候选节点。

在前面两个步骤中，通过加强现有通道，从而消除阻塞和达到安全校验，然而可能新建通道是更好的选择。在选取候选通道过程中，最大的难点就在于如何从如此庞大的潜在新通道选择合适的新通道。在此，提出一种选择新通道的方案。

图 4-3 给出了选取新通道的基本思路。在节点 i 和节点 j 之间已经有传输线路，功率方向从节点 i 流向节点 j。在此，定义节点 i 和 j 为候选节点。基本而言，候选节点要么存在较大的发电容量，或者较重的负荷。候选节点可以归纳为三类：第一类候选节点 i 作为发电节点；第二类候选节点 j 作为负荷节点；第三类候选节点 i 和 j 作为中间节点。

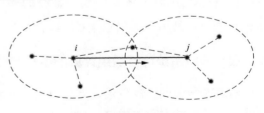

图 4-3　挖掘新的线路通道

通过上述分析，候选节点集 CB 可以定义为：$CB=\{i\in B\mid i$ 为 e 的节点，$e\in CL_1\bigcup CL_2\}$。

步骤 4：挖掘新的传输通道。

对于任意一个候选节点 $i\in CB$，新的线路通道可根据节点边际成本差异和线路投资成本两个方面进行选择。从投资收益来说，节点边际成本差异越大，在这两个节点之间新建新路的潜在收益也会越大。从投资成本来说，线路投资成本越小越好。基于这两个方面的考虑，提出如下的候选线路选择方法，即

$$profit_{ij} = |LMP_i - LMP_j| \cdot \bar{f}_{ij}, \quad i \in CB, j \in CB, i \neq j \quad (4\text{-}9)$$

$$\kappa_{ij} = \frac{profit_{ij}}{inv_{ij}}, \quad i \in CB, j \in CB, i \neq j \quad (4\text{-}10)$$

不难发现，κ_{ij} 越大，其对应的通道越具有较高的投资价值。对于每一个阻塞节点 i，对 κ_{ij} 按照降序排列，然后取前面 M 个通道，将其加入候选线路集 CL_4 中。M 值越大，则候选集的完备性就越高，然而候选集的规模也会随之增大。所以需要合理选择 M 值，以平衡候选集的完备性和规模。当进行完该步骤之后，候选集变成：$CL = CL_1 \cup CL_2 \cup CL_4$。

步骤 5：检查剩余通道。

通过如上四个阶段，分别将一些线路加入候选线路集中，然而仍然有一些线路最优线路可能没有被包含在候选线路集 CL 中。为了提高候选线路集的完备性，对于每一个候选节点，将该候选节点与电网中其余节点进行相连，这些通道是否应该纳入候选线路集中，具体方法如下。

对于每一个候选节点 $i \in CB$：

（1）将该候选节点 i 与电网中其他节点相连，形成临时线路集 RC_i。该临时线路集由那些跟节点 i 相连，但是不属于现有线路和已有候选线路 CL，$RC_i = \{(i,j) \mid j \in B, i \neq j, (i,j) \notin E_0 \cup CL\}$。

（2）求解问题 TEMP，利用候选线路集 $CL \cup RC_i$。为了降低求解时间，为了减少计算时间，安全校验在此过程中没有被考虑。此外，规划决策变量 x_e^t 被连续化成 0 到 1 上的连续变量。这样原来的混合整数规划变成线性规划，大大缩减了所需的计算时间。

（3）求解该连续化后的 TEPM 问题。如果 RC_i 中，某条线路所对应的 x_e^t 的值大于设定的限值 ξ，则认为该条线路被选作规划线路，将其作为候选线路加入候选线路集 CL_5^i 中，$CL_5^i = \{e \in RC_i \mid x_e^{NT} \geqslant \xi\}$。

（4）更新 CL，$CL = CL \cup CL_5^i$。

通过如上五个步骤，形成了最终的候选线路集：$CL = CL_1 \cup CL_2 \cup CL_4 \cup CL_5^{i_1} \cup CL_5^{i_2} \cup \cdots \cup CL_5^{i_h}$，其中 h 为候选集 CB 包含的节点个数。

三、适应系统运行费用计算的不确定性多目标机组组合方法

随着新能源的广泛发展，其发电具有间歇性特点，需要大量的旋转备用来确保电网安全问题运行，但同时也提高了机组组合问题的难度。合理的解决方案应该是允许甩负荷和弃风弃光的发生，但是只能在很小的概率范围内，这就是机会约束问题。

本书提出了一种基于机会约束的两阶段机组组合问题，考虑三个机会约束：失负荷概率，弃风概率和线路越限概率。首先简单介绍风电和光伏的随机模型；其次给出两阶段机组组合问题的数学模型；再者提出了将机会约束转换成确定性约束的方法。

1. 考虑机会约束的两阶段多目标机组组合问题数学模型

负荷和风电功率可以用多种随机分布进行表示，在此，负荷和风电功率均采用截断正态分布，如式（4-11）和式（4-12）所示。由于负荷和风电功率均应在一定的范围内波动，所以采用截断正态分布更符合实际。

$$l_{k,t}(\tau) \sim TN(L^0_{k,t}, \sigma^{l2}_{k,t}) \qquad \forall k, \forall t \tag{4-11}$$

$$q^w_{j,t}(\tau) \sim TN(W^0_{j,t}, \sigma^{w2}_{j,t}) \qquad \forall j, \forall t \tag{4-12}$$

式中：$l_{k,t}(\tau)$ 为负荷 k 在时刻 t 的值，MW；TN 为时间段总个数；$L^0_{k,t}$ 为负荷 k 在时间段 t 的预测负荷，MW；$\sigma^l_{k,t}$ 为负荷 k 在时段 t 的预测标准差，MW；$q^w_{j,t}(\tau)$ 为风力发电 j 在时刻 t 的可用功率，MW；$W^0_{j,t}$ 为风力发电 j 在 t 时刻的预测功率，MW；$\sigma^w_{j,t}$ 为风力发电 j 在时段 t 的预测标准差。

此处给出包含机会约束的两阶段机组组合问题的数学模型，并且考虑负荷和风电的不确定性。整个问题被分成两个阶段。在第一个阶段中，它主要负责决定日前的机组组合，包含如下决定：①每个发电机组的状态和功率输出；②每个发电机组的向上/向下旋转备用；③风电接入功率。第一阶段的目标函数是最小化总体费用，包含发电的燃料费用、启停费用和旋转备用费用。第二阶段问题是在每个负荷和风电样本下，调度备用负荷和重新安排风电接入功率，以达到功率平衡。第二阶段的目标是最小化甩负荷和弃风的惩罚费用。

（1）第一阶段问题。

$$\min \sum_{i=1}^{NG} \sum_{t=1}^{NT} \{C^g_i(q^g_{i,t}) + \mu_i u_{i,t} + C^r_i(r^{up}_{i,t}, r^{dw}_{i,t})\} \tag{4-13}$$

$$\text{s. t.} \sum_{i=1}^{NG} q^g_{i,t} + \sum_{j=1}^{NW} q^{w,0}_{j,t} = \sum_{k=1}^{NL} L^0_{k,t}, \forall t \tag{4-14}$$

$$\underline{q}^g_i o_{i,t} \leqslant q^g_{i,t} \leqslant \bar{q}^g_i o_{i,t} \qquad \forall i, \forall t \tag{4-15}$$

$$-o_{i,t-1} + o_{i,t} - o_{i,k} \leqslant 0, 1 \leqslant k - (t-1) \leqslant G_i, \forall i, \forall t \tag{4-16}$$

$$o_{i,t-1} - o_{i,t} + o_{i,k} \leqslant 1, 1 \leqslant k - (t-1) \leqslant H_i, \forall i, \forall t \tag{4-17}$$

$$-o_{i,t-1} + o_{i,t} - u_{i,t} \leqslant 0, \forall i, \forall t \tag{4-18}$$

$$q^g_{i,t} - q^g_{i,t-1} \leqslant (2 - o_{i,t-1} - o_{i,t})\underline{q}^g_i + (1 + o_{i,t-1} - o_{i,t})RU_i, \forall i, \forall t \tag{4-19}$$

$$q^g_{i,t-1} - q^g_{i,t} \leqslant (2 - o_{i,t-1} - o_{i,t})\underline{q}^g_i + (1 - o_{i,t-1} + o_{i,t})RD_i, \forall i, \forall t \tag{4-20}$$

$$q^g_{i,t} + r^{up}_{i,t} \leqslant \bar{q}^g_i o_{i,t}, \forall i, \forall t \tag{4-21}$$

$$q^g_{i,t} - r^{dw}_{i,t} \geqslant \underline{q}^g_i o_{i,t}, \forall i, \forall t \tag{4-22}$$

$$r^{up}_{i,t} \leqslant \bar{r}^{up}_i o_{i,t}, \forall i, \forall t \tag{4-23}$$

$$r^{dw}_{i,t} \leqslant \bar{r}^{dw}_i o_{i,t}, \forall i, \forall t \tag{4-24}$$

$$\underline{r}^{up}_t \leqslant \sum_{i=1}^{NG} r^{up}_{i,t} \leqslant \bar{r}^{up}_t, \forall i, \forall t \tag{4-25}$$

$$\underline{r}^{dw}_t \leqslant \sum_{i=1}^{NG} r^{dw}_{i,t} \leqslant \bar{r}^{dw}_t, \forall i, \forall t \tag{4-26}$$

$$q^g_{i,t} - q^g_{i,t-1} + r^{up}_{i,t} \leqslant (2 - o_{i,t-1} - o_{i,t})\underline{q}^g_i + (1 + o_{i,t-1} - o_{i,t})RU_i, \forall i, \forall t \tag{4-27}$$

$$q_{i,t-1}^{\mathrm{g}} - q_{i,t}^{\mathrm{g}} - r_{i,t}^{\mathrm{dw}} \leqslant (2 - o_{i,t-1} - o_{i,t}) \underline{q}_i^{\mathrm{g}} + (1 - o_{i,t-1} + o_{i,t}) RD_i, \forall i, \forall t \quad (4\text{-}28)$$

$$q_{j,t}^{\mathrm{w},0} \leqslant W_{j,t}^0, \forall j, \forall t \quad (4\text{-}29)$$

$$p_{m,n}^{t,0} = \sum_{b \in B} k_{m,n}^b \left(\sum_{j \in \Omega_b} q_{j,t}^{\mathrm{w},0} + \sum_{i \in \Xi_b} q_{i,t}^{\mathrm{g}} - \sum_{k \in \Psi_b} L_{k,t}^0 \right), \forall (m,n) \in \Delta_L, \forall t \quad (4\text{-}30)$$

$$-\bar{p}_{m,n} \leqslant p_{m,n}^{t,0} \leqslant \bar{p}_{m,n}, \forall (m,n) \in \Delta_L, \forall t \quad (4\text{-}31)$$

$$\Pr\left\{ \sum_{k=1}^{NL} l_{k,t}(\tau) \leqslant \sum_{i=1}^{NG} q_{i,t}^{\mathrm{g}} + \sum_{i=1}^{NG} r_{i,t}^{\mathrm{up}} + \sum_{j=1}^{NW} q_{j,t}^{\mathrm{w}}(\tau) \right\} \geqslant 1 - \varepsilon_{\mathrm{LOLP}}, \forall t \quad (4\text{-}32)$$

$$\Pr\left\{ \sum_{k=1}^{NL} l_{k,t}(\tau) \geqslant \beta_{\mathrm{w}} \cdot \sum_{j=1}^{NW} q_{j,t}^{\mathrm{w}}(\tau) + \sum_{i=1}^{NG} q_{i,t}^{\mathrm{g}} - \sum_{i=1}^{NG} r_{i,t}^{\mathrm{dw}} \right\} \geqslant 1 - \varepsilon_{\mathrm{LOWP}}, \forall t \quad (4\text{-}33)$$

$$\Pr\left\{ |p_{m,n}^t(\tau)| \leqslant \bar{p}_{m,n} \right\} \geqslant 1 - \varepsilon_{\mathrm{TLOP}}, \forall (m,n) \in \Delta_L, \forall t \quad (4\text{-}34)$$

$$r_{i,t}^{\mathrm{up}}, r_{i,t}^{\mathrm{dw}}, q_{j,t}^{\mathrm{w}} \geqslant 0, u_{i,t}, o_{i,t} \in \{0,1\}, \forall i, \forall t \quad (4\text{-}35)$$

式中：B 为母线集合；NG 为火力发电总个数；NL 为负荷总个数；NT 为时间段总个数；NW 为风力发电机组总个数；i 为火力发电机组下标；j 为风力发电机组下标；k 为负荷下标；t 为时间段下标；C_i^{g} 为火力发电机组 i 的费用函数；$q_{i,t}^{\mathrm{g}}$ 为火力发电机组 i 在时刻 t 的发电功率；μ_i 为火力发电机组 i 的启动费用；$u_{i,t}$ 为 0-1 变量，表示火力发电机组 i 在时刻 t；$C_{i,t}^r$ 为火力发电机组 i 提供备用服务的成本函数；$r_{i,t}^{\mathrm{up}}$ 和 $r_{i,t}^{\mathrm{dw}}$ 分别为火力发电机组 i 在时刻 t 提供的向上和向下旋转备用；$q_{j,t}^{\mathrm{w},0}$ 为在日前调度中，风力发电机组 j 在时刻 t 的发电功率；$L_{k,t}^0$ 为负荷 k 在时间段 t 的预测负荷；$\underline{q}_i^{\mathrm{g}}$ 和 $\bar{q}_i^{\mathrm{g}}$ 为火力发电机组 i 的最小和最大发电容量；$o_{i,t}$ 为 0-1 变量，表示火力发电机组 i 是否处于运行状态；G_i 和 H_i 为火力发电机组 i 的最小运行和关停时间；RU_i 和 RD_i 为火力发电机组 i 的爬坡最大速率；$\bar{r}_t^{\mathrm{up}}$ 和 $\bar{r}_t^{\mathrm{dw}}$ 分别为在时段 t，所有火力发电机组的最大向上和向下旋转备用；$\underline{r}_t^{\mathrm{up}}$ 和 $\underline{r}_t^{\mathrm{dw}}$ 分别为在时段 t，所有火力发电机组的最小向上和向下旋转备用；$p_{m,n}^{t,0}$ 为在日前调度中，连接母线 m 和母线 n 上的安排功率；Δ_L 为所有线路通道集合；$\varepsilon_{\mathrm{LOLP}}$ 为失负荷的概率上限；$\varepsilon_{\mathrm{LOWP}}$ 为弃风概率上限；$\varepsilon_{\mathrm{TLOP}}$ 为线路功率越限的概率上限；$u_{i,t}$ 为 0-1 变量，表示火力发电机组 i 在时刻 t；$k_{m,n}^b$ 为潮流分布因子；Ω_b 为接在母线 b 上的风力发电集合；Ξ_b 为接在母线 b 上的火力发电集合；Ψ_b 为接在母线 b 上的负荷集合。

其中，式（4-13）表示第一阶段的目标函数，包含发电费用、启停费用和备用费用。传统发电的费用函数采用简化处理为线性函数，即

$$C_i^{\mathrm{g}}(q_{i,t}^{\mathrm{g}}) = c_i^f \cdot o_{i,t} + c_i^l \cdot q_{i,t}^{\mathrm{g}} \quad (4\text{-}36)$$

$$C_{i,t}^r(r_{i,t}^{\mathrm{up}} + r_{i,t}^{\mathrm{dw}}) = c_i^{\mathrm{up}} \cdot r_{i,t}^{\mathrm{up}} + c_i^{\mathrm{dw}} \cdot r_{i,t}^{\mathrm{dw}} \quad (4\text{-}37)$$

式中：$C_i^{\mathrm{g}}(\cdot)$ 为火力发电机组 i 的费用函数；$q_{i,t}^{\mathrm{g}}$ 为火力发电机组 i 在时刻 t 的发电功率；c_i^f 和 c_i^l 分别为火力发电机组 i 的费用参数；$o_{i,t}$ 为 0-1 变量，表示火力发电机组 i 是否处于运行状态；$C_{i,t}^r(\cdot)$ 为火力发电机组 i 提供备用服务的成本函数；$r_{i,t}^{\mathrm{up}}$ 和 $r_{i,t}^{\mathrm{dw}}$ 分别为火力发电机组 i 在时刻 t 提供的向上和向下旋转备用；c_i^{up} 和 c_i^{dw} 分别为火力发电机组 i 的向上和向下旋转备用费用。

约束式（4-14）表示功率平衡，即传统发电和风力发电需等于负荷需求。约束式（4-15）表示每个发电机的功率输出必须在其容量之内。约束式（4-16）表示如果机组被开启，则需

要维持最小运行时间。同样，约束式（4-17）表示如果机组被停止，则需要维持最小关停时间。约束式（4-18）表示机组何时被开启。约束式（4-19）和约束式（4-20）表示机组的向上/乡下旋转备用限制。约束式（4-21）和约束式（4-22）表示如果备用被调用，每个机组功率输出仍然在可行范围内。约束式（4-23）和约束式（4-24）表示每个机组可提供的最大旋转备用。约束式（4-25）表示系统最低旋转备用需求。约束式（4-26）表示系统可调度的最大旋转备用容量。约束式（4-27）和约束式（4-28）表示发电机组可以完成计划的备用功率。约束式（4-29）表示在日前调度中，风电接入功率需小于或者等于预测功率。约束式（4-30）利用支路潮流分布系数表示线路潮流。约束式（4-31）表示每条支路的功率需要小于或者等于其容量。约束式（4-32）～约束式（4-34）表示三个机会约束，分别为 LOLP（甩负荷概率），LOWP（弃风概率）和 TLOP（线路过载概率）。约束式（4-35）表示其余的辅助约束。

（2）第二阶段问题。

$$\sum_{i=1}^{NG} q_{i,t}^{\mathrm{g}} + \sum_{j=1}^{NW} q_{j,t}^{\mathrm{w,real}}(\tau) + \sum_{i=1}^{NG} r_{i,t}^{\mathrm{up,real}}(\tau) + \sum_{i=1}^{NG} r_{i,t}^{\mathrm{dw,real}}(\tau) = \sum_{k=1}^{NL} l_{k,t}(\tau) - l_{k,t}^{\mathrm{lsd}}(\tau), \forall\, t, \forall\, \tau$$

(4-38)

$$q_{j,t}^{\mathrm{w,sp}}(\tau) = q_{j,t}^{\mathrm{w}}(\tau) - q_{j,t}^{\mathrm{w,real}}(\tau), \forall\, t, \forall\, \tau \tag{4-39}$$

$$p_{m,n}^{t}(\tau) = \sum_{b\in B} \left(k_{m,n}^{b} \cdot \sum_{i\in \Xi_b} q_{i,t}^{\mathrm{g}} \right) + \sum_{b\in B} \left\{ k_{m,n}^{b} \cdot \sum_{j\in \Omega_b} \left[q_{j,t}^{\mathrm{w}}(\tau) - q_{j,t}^{\mathrm{w,sp}}(\tau) \right] \right\}$$
$$+ \sum_{b\in B} \left[k_{m,n}^{b} \cdot \sum_{i\in \Xi_b} r_{i,t}^{\mathrm{up,real}}(\tau) \right] - \sum_{b\in B} \left[k_{m,n}^{b} \cdot \sum_{i\in \Xi_b} r_{i,t}^{\mathrm{dw,real}}(\tau) \right] \tag{4-40}$$
$$- \sum_{b\in B} \left[k_{m,n}^{b} \cdot \sum_{k\in \Psi_b} \left[l_{k,t}(\tau) - l_{k,t}^{\mathrm{lsd}}(\tau) \right] \right], \forall\, (m,n) \in \Delta_L, \forall\, t$$

$$|p_{m,n}^{t}(\tau)| \leqslant \bar{p}_{m,n} \cdot \kappa, \forall\, (m,n) \in \Delta_L, \forall\, t \tag{4-41}$$

$$0 \leqslant r_{i,t}^{\mathrm{up,real}}(\tau) \leqslant r_{i,t}^{\mathrm{up}}, \forall\, i, \forall\, t, \forall\, \tau \tag{4-42}$$

$$0 \leqslant r_{i,t}^{\mathrm{dw,real}}(\tau) \leqslant r_{i,t}^{\mathrm{dw}}, \forall\, i, \forall\, t, \forall\, \tau \tag{4-43}$$

$$l_{k,t}^{\mathrm{lsd}}(\tau) \geqslant 0, q_{j,t}^{\mathrm{w,sp}}(\tau) \geqslant 0, \forall\, k, \forall\, j, \forall\, t, \forall\, \tau \tag{4-44}$$

式中：NG 为火力发电总个数；NW 为风力发电机组总个数；NL 为负荷总个数；B 为母线集合；Ω_b 为接在母线 b 上的风力发电集合；Ξ_b 为接在母线 b 上的火力发电集合 t 为时间段下标；Ψ_b 为接在母线 b 上的负荷集合；κ 为线路功率的最大越限比例；$q_{i,t}^{\mathrm{g}}$ 为火力发电机组 i 在时刻 t 的发电功率；$q_{j,t}^{\mathrm{w,real}}(\tau)$ 为风力发电机组 j 在时刻 t 的接入功率；$r_{i,t}^{\mathrm{up,real}}(\tau)$ 为火力发电 i 在时刻 t 提供的向上旋转备用；$r_{i,t}^{\mathrm{dw,real}}(\tau)$ 为火力发电机组 i 在时刻 t 提供的向下旋转备用；$l_{k,t}(\tau)$ 为负荷 k 在时刻 t 的值；$l_{k,t}^{\mathrm{lsd}}(\tau)$ 为负荷 k 在时刻 t 的甩负荷值；$q_{j,t}^{\mathrm{w,sp}}(\tau)$ 为风力发电机组 j 在时刻 t 的弃风功率；$q_{j,t}^{\mathrm{w}}(\tau)$ 为风力发电机组 j 在时刻 t 的可用功率；$p_{m,n}^{t}(\tau)$ 为连接母线 m 和母线 n 的在 t 时刻的线路功率；$k_{m,n}^{b}$ 为潮流分布因子；$\bar{p}_{m,n}$ 为连接母线 m 和母线 n 的线路容量。

第二阶段问题是在每个负荷和风电样本下进行计算的。它的目标函数由最小化甩负荷和弃风惩罚费用表示。在第二阶段问题中，需要用到三个第一阶段的决策变量，分别为 $q_{i,t}^{\mathrm{g}}$、$r_{i,t}^{\mathrm{up}}$ 和 $r_{i,t}^{\mathrm{dw}}$。为了简单起见，甩负荷和弃风惩罚费用采用线性函数

$$C_t^{\text{lsd}}(l_{k,t}^{\text{lsd}}(\tau))=c_{\text{lsd}} \cdot l_{k,t}^{\text{lsd}}(\tau)\,C_t^{\text{w,sp}}(q_{j,t}^{\text{w,sp}}(\tau))=c_{\text{w,sp}} \cdot q_{j,t}^{\text{w,sp}}(\tau)$$

式中：$C_t^{\text{lsd}}(\cdot)$ 为甩负荷费用函数；$l_{k,t}^{\text{lsd}}(\tau)$ 为负荷 k 在时刻 t 的甩负荷值；c_{lsd} 为甩负荷费用；$l_{k,t}^{\text{lsd}}(\tau)$ 为负荷 k 在时刻 t 的甩负荷值；$C_t^{\text{w,sp}}(\cdot)$ 为弃风费用函数；$q_{j,t}^{\text{w,sp}}(\tau)$ 为风力发电机组 j 在时刻 t 的弃风功率；$c_{\text{w,sp}}$ 为弃风费用。

通过第一阶段问题和第二阶段问题，可以形成一个两阶段的随机问题，该目标函数包含第一阶段问题的目标函数和第二阶段的目标函数，其中第二阶段目标为不同样本下的期望成本。该问题是一个 MILP 问题，即

$$
\begin{aligned}
\min &\sum_{i=1}^{NG}\sum_{t=1}^{NT}\left[C_i^{\text{g}}(q_{i,t}^{\text{g}})+\mu_i u_{i,t}+C_{i,t}^{\text{r}}(r_{i,t}^{\text{up}},r_{i,t}^{\text{dw}})\right]\\
&+E\left[\sum_{t=1}^{NT}\left(\sum_{k=1}^{NL}C_t^{\text{lsd}}(l_{k,t}^{\text{lsd}}(\tau))+\sum_{j=1}^{NW}C_t^{\text{w,sp}}(q_{j,t}^{\text{w,sp}}(\tau))\right)\right]
\end{aligned}
\tag{4-45}
$$

式中：NG 为火力发电总个数；NL 为负荷总个数；NT 为时间段总个数；NW 为风力发电机组总个数；i 为火力发电机组下标；j 为风力发电机组下标；t 为时间段下标；k 为负荷下标；$C_i^{\text{g}}(\cdot)$ 为火力发电机组 i 的费用函数；$q_{i,t}^{\text{g}}$ 为火力发电机组 i 在时刻 t 的发电功率；$u_{i,t}$ 为 0-1 变量，表示火力发电机组 i 在时刻 t；μ_i 为火力发电机组 i 的启动费用；$C_{i,t}^{\text{r}}(\cdot)$ 为火力发电机组 i 提供备用服务的成本函数；$r_{i,t}^{\text{up}}$ 和 $r_{i,t}^{\text{dw}}$ 分别为火力发电机组 i 在时刻 t 提供的向上和向下旋转备用；$E[\cdot]$ 期望值计算公式；$C_t^{\text{lsd}}(\cdot)$ 甩负荷费用函数；$l_{k,t}^{\text{lsd}}(\tau)$ 为负荷 k 在时刻 t 的甩负荷值；$C_t^{\text{w,sp}}(\cdot)$ 为甩负荷费用函数；$q_{j,t}^{\text{w,sp}}(\tau)$ 为风力发电 j 在时刻 t 的弃风功率。

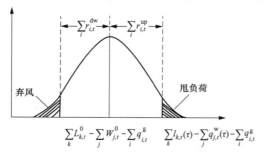

图 4-4　甩负荷和弃风示意图

2. 将机会约束转换成同等确定性约束

前面提到有三个机会约束，无法直接应用于求解。在此处，提出一种将机会约束转换成同等确定性约束的方法。

（1）甩负荷概率。下面介绍将甩负荷概率转换成确定性约束的方法。发生甩负荷的原因为，在某个样本下，可用发电功率无法满足负荷需求，如图 4-4 所示。

甩负荷概率约束可以表示为

$$\Pr\left\{\sum_{k=1}^{NL}l_{k,t}(\tau)-\sum_{j=1}^{NW}q_{j,t}^{\text{w}}(\tau)\leqslant\sum_{i=1}^{NG}q_{i,t}^{\text{g}}+\sum_{i=1}^{NG}r_{i,t}^{\text{up}}\right\}\geqslant 1-\varepsilon_{\text{LOLP}},\forall\,t\tag{4-46}$$

不同母线上的负荷可能并不是完全相互独立，而会有一定的相关性，不同母线上的风力发电也有可能具有一定的相关性。不同母线上的负荷和风力发电具有一定的相关性。用 R 表示负荷 $l_{k,t}(\tau)$ 和风力发电 $q_{j,t}^{\text{w}}(\tau)$ 之间的相关性，即

$$\boldsymbol{R}=\begin{bmatrix}\boldsymbol{\rho}_{ww}&\boldsymbol{\rho}_{wl}\\\boldsymbol{\rho}_{lw}&\boldsymbol{\rho}_{ll}\end{bmatrix}\tag{4-47}$$

为了将机会约束转换成确定性约束，需要知道 $\displaystyle\sum_{k=1}^{NL}l_{k,t}(\tau)-\sum_{j=1}^{NW}q_{j,t}^{\text{w}}(\tau)$ 的准确概率分布密

度函数。然而，这面临两个方面的困难：$l_{k,t}(\tau)$ 和 $q_{j,t}^{\mathrm{w}}(\tau)$ 服从截断正态分布；$l_{k,t}(\tau)$ 和 $q_{j,t}^{\mathrm{w}}(\tau)$ 具有一定的相关性。这就导致很难得到 $\sum\limits_{k=1}^{NL} l_{k,t}(\tau) - \sum\limits_{j=1}^{NW} q_{j,t}^{\mathrm{w}}(\tau)$ 的概率分布密度函数。为了得到 $\sum\limits_{k=1}^{NL} l_{k,t}(\tau) - \sum\limits_{j=1}^{NW} q_{j,t}^{\mathrm{w}}(\tau)$ 的概率密度函数，需要采用两个假设，假设 $l_{k,t}(\tau)$ 和 $q_{j,t}^{\mathrm{w}}(\tau)$ 满足正态分布；假设 $l_{k,t}(\tau)$ 和 $q_{j,t}^{\mathrm{w}}(\tau)$ 都是相互独立的，不存在相关性。然而做一系列的近似和纠正去获得最优的确定性规划。

采用上述两个假设后，可以得到 $\sum\limits_{k=1}^{NL} l_{k,t}(\tau) - \sum\limits_{j=1}^{NW} q_{j,t}^{\mathrm{w}}(\tau)$ 的概率密度函数，表示为

$$\sum_{k=1}^{NL} l_{k,t}(\tau) - \sum_{j=1}^{NW} q_{j,t}^{\mathrm{w}}(\tau) \sim N\left(L_{k,t}^0 - W_{j,t}^0, \sum_{k=1}^{NL} \sigma_{k,t}^{l2} + \sum_{j=1}^{NW} \sigma_{j,t}^{\mathrm{w}2}\right), \forall t \tag{4-48}$$

在得到 $\sum\limits_{k=1}^{NL} l_{k,t}(\tau) - \sum\limits_{j=1}^{NW} q_{j,t}^{\mathrm{w}}(\tau)$ 的概率密度函数之后，机会约束可以近似地转换成如下的同等确定性约束，即

$$\sum_{i=1}^{NG} q_{i,t}^{\mathrm{g}} + \sum_{i=1}^{NG} r_{i,t}^{\mathrm{up}} \geqslant L_{k,t}^0 - W_{j,t}^0 + z_t^l \cdot \lambda_{1-\varepsilon_{\mathrm{LOLP}}} \cdot \left(\sum_{k=1}^{NL} \sigma_{k,t}^{l2} + \sum_{j=1}^{NW} \sigma_{j,t}^{\mathrm{w}2}\right)^{1/2}, \forall t \tag{4-49}$$

可以看到，公式中新增了一个变量 z_t^l。该变量是用来表示两个假设带来的影响。然而，如何去获得最优的 z_t^l 是一个难题，z_t^l 对甩负荷的概率有着直接的影响。如何选择 z_t^l 会在后续内容中给出。

（2）弃风概率。当负荷比预测的功率低，而风力发电较高的时候，就需要调度向下旋转备用，以减少传统发电功率。然而，当向下旋转备用被全部调度完之后，可用的传统发电功率和风力发电功率之后仍然大于负荷需求，则需要采取弃风操作。

在一个给定的风力发电场景下，系统最小可用发电功率可表示为 $\beta_{\mathrm{w}} \cdot \sum\limits_{j=1}^{NW} q_{j,t}^{\mathrm{w}}(\tau) + \sum\limits_{i=1}^{NG} q_{i,t}^{\mathrm{g}} - \sum\limits_{i=1}^{NG} r_{i,t}^{\mathrm{dw}}$，其中 β_{w} 是风力发电最小利用率。于是，如果负荷需求小于最小可用发电功率，则需要采取弃风操作。弃风概率可以采用甩负荷概率类似的方法，将其转换成确定性约束，即

$$\sum_{i=1}^{NG} q_{i,t}^{\mathrm{g}} - \sum_{i=1}^{NG} r_{i,t}^{\mathrm{dw}} \leqslant L_{k,t}^0 - \beta_{\mathrm{w}} \cdot W_{j,t}^0 + z_t^{\mathrm{w}} \cdot \lambda_{\varepsilon_{\mathrm{LOWP}}} \cdot \left(\sum_{k=1}^{NL} \sigma_{k,t}^{l2} + \sum_{j=1}^{NW} (\beta_{\mathrm{w}} \cdot \sigma_{j,t}^{\mathrm{w}})^2\right)^{1/2}, \forall t$$
$$\tag{4-50}$$

同样，式（4-50）中同样存在一个新的变量 z_t^{w}。随着 z_t^{w} 的增加，式（4-50）的右边项会减小，导致左边项变下，于是需要增加向下旋转备用。根据图 4-4 所示，该图的左边阴影部分表示弃风概率。随着向下旋转备用的增加，左边阴影面积会减少，也就是弃风概率会减少。所以 z_t^{w} 对弃风概率有着直接的影响。

（3）线路过载概率。线路过载的机会约束由式（4-34）表示。线路过载可能有两个方向，所以式（4-34）可以由下述两个式子表示，即

$$\Pr\{p_{m,n}^t(\tau) \leqslant \bar{p}_{m,n}\} \geqslant 1 - \varepsilon_{\mathrm{TLOP}}, \forall (m,n) \in \Delta_{\mathrm{L}}, \forall t \tag{4-51}$$

$$\Pr\{-\bar{p}_{m,n} \leqslant p_{m,n}^t(\tau)\} \geqslant 1 - \varepsilon_{\mathrm{TLOP}}, \forall (m,n) \in \Delta_{\mathrm{L}}, \forall t \tag{4-52}$$

根据 $p^t_{m,n}(\tau)$ 的表达式（4-40），约束式（4-51）可表示为

$$\left[\begin{array}{l} \sum_{b\in B}\left(k^b_{m,n}\cdot\sum_{i\in\Xi_b}q^{\mathrm{g}}_{i,t}\right)+\sum_{b\in B}\left\{k^b_{m,n}\cdot\sum_{j\in\Omega_b}\left[q^{\mathrm{w}}_{j,t}(\tau)-q^{\mathrm{w,sp}}_{j,t}(\tau)\right]\right\}+ \\ \sum_{b\in B}\left[k^b_{m,n}\cdot\sum_{i\in\Xi_b}r^{\mathrm{up,real}}_{i,t}(\tau)\right]-\sum_{b\in B}\left[k^b_{m,n}\cdot\sum_{i\in\Xi_b}r^{\mathrm{dw,real}}_{i,t}(\tau)\right] \\ -\sum_{b\in B}\left\{k^b_{m,n}\cdot\sum_{k\in\Psi_b}\left[l_{k,t}(\tau)-l^{\mathrm{lsd}}_{k,t}(\tau)\right]\right\} \end{array}\right]\leqslant\bar{p}_{m,n} \tag{4-53}$$

根据一系列的公式推导，可以将机会约束式（4-51）转换成确定性约束，即

$$\bar{p}_{m,n}-\sum_{b\in B}\left(k^b_{m,n}\cdot\sum_{i\in\Xi_b}q^{\mathrm{g}}_{i,t}\right)-\sum_{b\in B}k^{b'}_{m,n}\cdot\sum_{i\in\Xi_b}r^{\mathrm{up}}_{i,t}+\sum_{b\in B}k^{b''}_{m,n}\cdot\sum_{i\in\Xi_b}r^{\mathrm{dw}}_{i,t}$$

$$\geqslant\sum_{b\in B}\left(k^b_{m,n}\cdot\bar{\omega}\sum_{j\in\Omega_b}W^0_{k,t}\right)-\sum_{b\in B}\left(k^b_{m,n}\cdot\sum_{k\in\Psi_b}L^0_{k,t}\right)+z^{t+}_{m,n}\cdot\lambda_{1-\varepsilon_{\mathrm{TLOP}}}$$

$$\cdot\left\{\sum_{b\in B}\left(\sum_{j\in\Omega_b}(k^b_{m,n}\cdot\bar{\omega}\cdot\sigma^{\mathrm{w}}_{j,t})^2\right)+\sum_{b\in B}\left[\sum_{k\in\Psi_b}(k^b_{m,n}\cdot\sigma^{\mathrm{l}}_{k,t})^2\right]\right\}^{1/2} \tag{4-54}$$

类似地，可以将机会约束式（4-52）转换成确定性约束，即

$$-\bar{p}_{m,n}-\sum_{b\in B}\left(k^b_{m,n}\cdot\sum_{i\in\Xi_b}q^{\mathrm{g}}_{i,t}\right)-\sum_{b\in B}k^{b''}_{m,n}\cdot\sum_{i\in\Xi_b}r^{\mathrm{up}}_{i,t}+\sum_{b\in B}k^{b'}_{m,n}\cdot\sum_{i\in\Xi_b}r^{\mathrm{dw}}_{i,t}$$

$$\leqslant\sum_{b\in B}\left(k^b_{m,n}\cdot\bar{\omega}\sum_{j\in\Omega_b}W^0_{j,t}\right)-\sum_{b\in B}\left(k^b_{m,n}\cdot\sum_{k\in\Psi_b}L^0_{k,t}\right)+z^{t-}_{m,n}\cdot\lambda_{\varepsilon_{\mathrm{TLOP}}}\cdot$$

$$\left\{\sum_{b\in B}\left[\sum_{j\in\Omega_b}(k^b_{m,n}\cdot\bar{\omega}\cdot\sigma^{\mathrm{w}}_{j,t})^2\right]+\sum_{b\in B}\left[\sum_{k\in\Psi_b}(k^b_{m,n}\cdot\sigma^{\mathrm{l}}_{k,t})^2\right]\right\}^{1/2} \tag{4-55}$$

根据式（4-54）可以得知，该不等式的右边项随着 $z^{t+}_{m,n}$ 的增加而增加，这就需要左边项也随着增加。为了增加左边项，有三种途径：减少 $\sum_{b\in B}\left(k^b_{m,n}\cdot\sum_{i\in\Xi_b}q^{\mathrm{g}}_{i,t}\right)$；增加系数 $k^b_{m,n}$ 为负数的向上旋转备用；增加 $k^b_{m,n}$ 为正数的向下旋转备用。

同样，根据式（4-55），该不等式的右边项随着 $z^{t-}_{m,n}$ 的增加而减少。为了减小左边项，可以有三种途径：增加 $\sum_{b\in B}\left(k^b_{m,n}\cdot\sum_{i\in\Xi_b}q^{\mathrm{g}}_{i,t}\right)$；增加系数 $k^b_{m,n}$ 为负数的向下旋转备用；增加 $k^b_{m,n}$ 为正数的向上旋转备用。

于是，三个机会约束，式（4-32）～式（4-34）可以转换成确定性约束，即式（4-49）、式（4-50）、式（4-54）和式（4-55），利用新的参数 z^{l}_t、z^{w}_t、$z^{t+}_{m,n}$ 和 $z^{t-}_{m,n}$。

3. 机会约束新的求解方法

在前面提到，三个机会约束受到 z^{l}_t、z^{w}_t、$z^{t+}_{m,n}$ 和 $z^{t-}_{m,n}$ 直接影响。在此将提出选择最优的 z^{l}_t、z^{w}_t、$z^{t+}_{m,n}$ 和 $z^{t-}_{m,n}$ 的方法。根据上面的分析，如果 z^{l}_t、z^{w}_t、$z^{t+}_{m,n}$ 和 $z^{t-}_{m,n}$ 增加，则相应的 LOLP、LOWP 和 TLOP 会减少。于是，一种可行方案是将 z^{l}_t、z^{w}_t、$z^{t+}_{m,n}$ 和 $z^{t-}_{m,n}$ 先设置成降低的值，然而求解第二阶段的式（4-45），得到相应日前的调度安排。在得到日前的调度策略之后，可以利用蒙特卡罗模拟去计算 LOLP、LOWP 和 TLOP。如果某些 LOLP、LOWP

和 TLOP 没有被满足，则需要增加相应的 z_t^l、z_t^w、$z_{m,n}^{t+}$ 和 $z_{m,n}^{t-}$。

为了简化说明，将 z_t^l、z_t^w、$z_{m,n}^{t+}$ 和 $z_{m,n}^{t-}$ 用向量表示，即 $z_d = \{ z_1^{d,l}$，…，$z_{NT}^{d,l}$，$z_1^{d,w}$，…，$z_{NT}^{d,w}$，$z_{m,n}^{d,1+}$，…，$z_{m,n}^{d,NT+}$，$z_{m,n}^{d,1-}$，…，$z_{m,n}^{d,NT-} \}$，其中 d 是迭代次数，z_d 表示第 d^{th} 的 z 值。为了获得最优的 z 值，采用如下步骤：

（1）根据负荷和风电的概率密度函数，产生一组数量为 N_E 的样本，用于计算第二阶段问题的期望目标值。

（2）产生一组数量为 N_v 的样本，用于计算 LOLP、LOWP 和 TLOP，当求解完式（4-45）之后，得到日前调度计划。

（3）设置 z 值的上限和下限，分别为 z_{lower} 和 z_{upper}，即

$$z_{lower} = \{ z_1^{l,lower}, \cdots, z_{NT}^{l,lower}, z_1^{w,lower}, \cdots, z_{NT}^{w,lower}, z_{m,n}^{1+,lower}, \cdots, z_{m,n}^{NT+,lower}, z_{m,n}^{1-,lower}, \cdots, z_{m,n}^{NT-,lower} \}$$

$$z_{upper} = \{ z_1^{l,upper}, \cdots, z_{NT}^{l,upper}, z_1^{w,upper}, \cdots, z_{NT}^{w,upper}, z_{m,n}^{1+,upper}, \cdots, z_{m,n}^{NT+,upper}, z_{m,n}^{1-,upper}, \cdots, z_{m,n}^{NT-,upper} \}$$

（4）初始化 z_1。

1）设 $z_1 = (z_{lower} + z_{upper})/2$；

2）将机会约束式（4-32）～式（4-34）替换成式（4-49）、式（4-50）、式（4-54）和式（4-55）；

3）求解式（4-45），然后计算 LOLP、LOWP 和 TLOP，用 $\varepsilon_{1,t}^l$、$\varepsilon_{1,t}^w$、$\varepsilon_{1,t}^{m,n}$ 进行表示。

（5）最优化 z 值。

1）令 $d = d + 1$；

2）根据 $\varepsilon_{d-1,t}^l$、$\varepsilon_{d-1,t}^w$、$\varepsilon_{d-1,t}^{m,n}$ 更新 z_d；

3）利用新的 z_d，求解问题式（4-45）；

4）利用步骤（5）中第 3）步得到的日前调度安排，计算 $\varepsilon_{d,t}^l$、$\varepsilon_{d,t}^w$、$\varepsilon_{d,t}^{m,n}$；

5）如果机会约束式（4-32）～式（4-34）没有被满足，且 $d <= N_{op}$，则进行步骤 6）；

6）如果仍然有不满足的机会约束且 $d > N_{op}$，则进行步骤（7）；

7）否则进行步骤（5）的第 1）步。

（6）成功求解式（4-45）。

（7）求解式（4-45）失败。在步骤（5）的第 2）步中，在每次迭代过程中，需要根据 LOLP、LOWP 和 TLOP 来更新 z_d。步骤（5）的作用是用来获得最优的 z 值。为了达到这个目标，以 $z_{d,t}^l$ 为例，给出如下更新策略：

1）如果 $\varepsilon_{d-1,t}^l > \varepsilon_{LOLP}(1+\sigma)$，则令 $z_t^{l,lower} = z_{d-1,t}^l$，$z_t^{l,upper} = z_t^{l,upper}$ 和 $z_{d,t}^l = (z_t^{l,lower} + z_t^{l,upper})/2$；

2）如果 $\varepsilon_{d-1,t}^l < \varepsilon_{LOLP}(1+\sigma)$，则令 $z_t^{l,upper} = z_{d-1,t}^l$，$z_t^{l,lower} = z_t^{l,lower}$ 和 $z_{d,t}^l = (z_t^{l,lower} + z_t^{l,upper})/2$；

3）否则 $z_{d,t}^l = z_{d-1,t}^l$。

四、基于随机对偶动态理论的电网动态规划方法

针对电网规划的不确定性问题，下文提出基于随机对偶动态规划理论（stochastic dual

dynamic programming，SDDP）的不确定性电网规划方法。SDDP 方法已经应用于各个研究领域，例如发电规划，水电—热电规划等。下文应用 SDDP 方法解决电网规划不确定性问题，主要包括如下几个方面的内容：

（1）建立两阶段电网规划随机数学模型，最小化线路建设成本和运行成本，考虑负荷和可再生能源的不确定性。

（2）全面考虑电网安全运行的 $N-k$ 校验。

（3）计及可再生能源的利用率问题。

（4）利用解耦方法，对原复杂问题进行解耦，大幅降低求解难度。

下面将详细介绍 SDDP 方法的应用过程。

该电网规划模型考虑负荷和可再生能源的不确定性，以最小化线路投资成本和期望运行成本之和为优化目标。该问题记为步骤 M，具体模型为

$$\min \sum_{t=1}^{NT} r^{t-1} \sum_{e \in E} x_e^t C_e + E\left[\sum_{t=1}^{NT} r^{t-1} \sum_{d=1}^{ND} \Delta d \sum_{g \in G_t} C_g\left(p_{g,d}^{t,0}(\xi) \right) \right] \quad (4\text{-}56)$$

$$\text{s. t.} \sum_{g \in G_{i,t}} p_{g,d}^{t,s}(\xi) + \sum_{e \in E_{\cdot i}} f_{e,d}^{t,s}(\xi) - \sum_{e \in E_{i\cdot}} f_{e,d}^{t,s}(\xi) + \sum_{w \in W_{i,t}} p_{w,d}^{t,s}(\xi) + q_{i,d}^{t,s}(\xi) \quad (4\text{-}57)$$
$$= D_{i,d}^t(\xi), \forall i, \forall d, \forall t, \forall s, \forall \xi$$

$$-B_e(\theta_{i_e,d}^{t,s}(\xi) - \theta_{j_e,d}^{t,s}(\xi)) \leqslant -f_{e,d}^{t,s}(\xi) - M_e(1 - x_e^t + \tilde{h}_e^s), \forall e, \forall d, \forall t, \forall s, \forall \xi \quad (4\text{-}58)$$

$$B_e(\theta_{i_e,d}^{t,s}(\xi) - \theta_{j_e,d}^{t,s}(\xi)) \leqslant f_{e,d}^{t,s}(\xi) + M_e(1 - x_e^t + \tilde{h}_e^s), \forall e, \forall d, \forall t, \forall s, \forall \xi \quad (4\text{-}59)$$

$$-\bar{f}_e^s x_e^t(1 - \tilde{h}_e^s) \leqslant f_{e,d}^{t,s}(\xi) \leqslant \bar{f}_e^s x_e^t(1 - \tilde{h}_e^s), \forall e, \forall d, \forall t, \forall s, \forall \xi \quad (4\text{-}60)$$

$$0 \leqslant p_{g,d}^{t,s}(\xi) \leqslant \bar{p}_g^t, \forall g, \forall d, \forall t, \forall s, \forall \xi \quad (4\text{-}61)$$

$$\sigma \bar{p}_{w,d}^t(\xi) \leqslant p_{w,d}^{t,s}(\xi) \leqslant p \bar{p}_{w,d}^t(\xi), \forall w, \forall d, \forall t, s \in S_0, \forall \xi \in \Lambda \quad (4\text{-}62)$$

$$0 \leqslant p_{w,d}^{t,s}(\xi) \leqslant \bar{p}_{w,d}^t(\xi), \forall w, \forall d, \forall t, \forall s \in S/S_0, \forall \xi \quad (4\text{-}63)$$

$$0 \leqslant q_{i,d}^{t,s}(\xi) \leqslant D_{i,d}^t(\xi), \forall i, \forall d, \forall t, \forall s, \forall \xi \quad (4\text{-}64)$$

$$\sum_{i \in B} q_{i,d}^{t,s}(\xi) \leqslant \varepsilon_{|s|} D_d^t(\xi), \forall s, \forall d, \forall t, \forall \xi \in \Lambda \quad (4\text{-}65)$$

$$x_e^t = 1, \forall e \in E_0, \forall t \quad (4\text{-}66)$$

$$x_e^{t-1} \leqslant x_e^t, x_e^t \in \{0,1\}, \forall e \in E/E_0, \forall t \quad (4\text{-}67)$$

式中：NT 为总的规划年限（由 t 表示）；ND 为每年总的时间个数；r 为折线率；d 为一年中第 d 个时间段；E 为线路集合（由 e 表示）；B 为电网节点集合（由 i 和 j 表示）；x_e^t 为 0-1 变量，1 表示线路 e 在第 t 年建设，0 表示不建设；C_e 为线路 e 的每年投资成本；Δd 为时间段的小时个数；G_t 为第 t 年的发电机集合（由 g 表示）；$C_g(\cdot)$ 为发电机 g 的发电成本函数；$E[\cdot]$ 为计算期望值；$p_{g,d}^{t,0}$ 为发电机 g 在第 t 年第 d 个时段的发电功率；$G_{i,t}$ 为第 t 年接在节点 i 的发电机集合（由 g 表示）；$p_{g,d}^{t,s}$ 为发电机 g 在第 t 年第 d 个时段事故 s 下的发电功率；$f_{e,d}^{t,s}$ 为线路 e 在第 t 年第 d 个时段事故 s 下传输功率；$p_{w,d}^{t,s}$ 为可再生能源 w 在第 t 年第 d 个时段事故 s 下的发电功率；$q_{i,d}^{t,s}$ 为第 t 年第 d 个时段事故 s 下的节点 i 的甩负荷量；$E_{\cdot i}$ 为末端为节点 i 的线路集合；$E_{i\cdot}$ 为始端为节点 i 的

线路集合；$D_{i,d}^t$ 为第 t 年第 d 个时段，接在节点 i 的负荷；B_e 为线路 e 的电抗；$\theta_{i,e,d}^{t,s}(\xi)$ 为第 t 年第 d 个时段事故 s 下线路 e 的节点 i 的相角；$\tilde{h}_e^s$ 为 -1 变量，1 表示线路 e 是在事故 s 中，0 表示不在事故 s 中；x_e^t 为 0-1 变量，1 表示线路 e 在第 t 年建设，0 表示不建设；$\bar{f}_e^s$ 为线路 e 在事故 s 下最大传输容量；$\bar{p}_g^t$ 为发电机 g 在第 t 年的最大发电容量；σ 为可再生能源的最小利用率；$\bar{p}_{w,d}^t$ 为可再生能源 w 在第 t 年第 d 个时段的最大发电容量；$|s|$ 为事故 s 下的退出运行的线路个数；$\varepsilon_{|s|}$ 为事故 s 下的退出运行的线路个数为 k 的情形下，切负荷的最大比例。

不难发现，该步骤 M 问题中，考虑了负荷和可再生能源的不确定性，所以在目标函数中，运行成本是以期望成本的形式出现。与确定性的电网规划问题 TEPM 相比，约束基本相同。区别在于，每一个约束需要满足每一个样本。

对于确定性 TEPM 问题，步骤 M 问题更加复杂，求解过程也相对复杂。

图 4-5 为采用 SDDP 应用于两阶段问题的求解过程，具体分成四个部分：初始化、主问题、子问题可行性校验以及 SDDP。

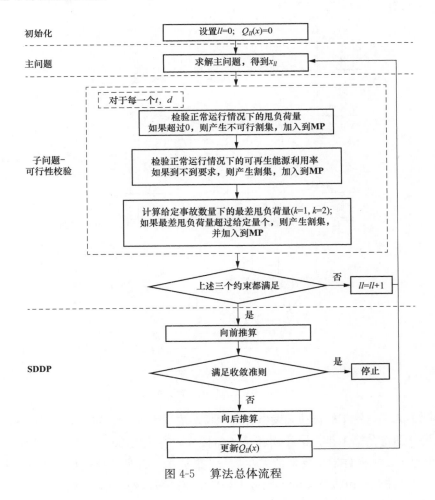

图 4-5　算法总体流程

该算法利用解耦的方法，将原问题分成主问题和若干子问题。此外，全面考虑甩负荷量、可再生能源利用效率以及 $N-k$ 校验。通过这样的方法，将原来无法直接求解的问题分解成若干容易求解的问题。

五、算例分析

1. 一种快速自动产生候选线路集的方法

本书中，$N-1$ 和 $N-2$ 检验作为安全校验。所有的算例分析都是用 YALMIP 进行编程，利用 CPLEX 12.1.4 进行求解，为了验证所提候选集产生方法的有效性以 24 节点系统的测试算例作简单介绍并进行一定的修改，分别在节点 13、17 号和 22 号节点添加三个风电场，修改后的测试系统如图 4-6 所示。

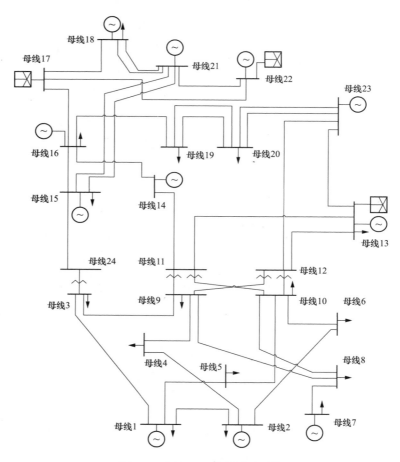

图 4-6　IEEE 24 节点测试系统

规划年限为 6 年，每年的负荷和发电容量增长率均设为 10%。接在节点 13、17 号和 22 号的三个风电场分别将在第 1 年、第 2 年和第 4 年接入，容量为 200、200、250MW。在正常运行和 $N-1$ 事故下，不允许发生甩负荷。在 $N-2$ 事故下，甩负荷比例低于 1%。风电利用率不低于 0.8。甩负荷和风电未利用的惩罚成本为发电平均成本的 5 倍。M 取为 3，ξ 设为 0.1。

首先，考虑安全约束下的候选集选取和最终规划方案。在表 4-1 中给出了所提算法在不同阶段所选取的候选线路。

表 4-1　　　　　　　　　　　　IEEE 24 节点考虑安全约束下的候选集

阶段	新的候选线路	数量
步骤 1	(7, 8) (14, 16), (16, 17), (8, 9), (11, 14), (3, 24), (14, 16)	7
步骤 2	(2, 6) (2, 4), (4, 9), (1, 5), (5, 10), (1, 3), (15, 24)	7
步骤 3	(3, 7), (7, 17), (7, 18), (3, 8), (8, 17), (8, 18), (14, 15), (14, 19), (16, 18), (14, 17), (17, 19), (3, 9), (9, 17), (9, 18), (11, 24), (11, 15), (11, 17), (3, 10), (3, 5), (14, 24), (12, 24), (2, 3), (2, 17), (2, 18), (3, 6), (6, 17), (6, 18), (3, 4) (4, 17), (4, 18), (1, 17), (1, 18), (5, 17), (5, 18), (10, 17) (10, 18), (15, 17)	37
步骤 4	(4, 7), (4, 8), (6, 9)	3
总共		54

2. 考虑机会约束的不确定性多目标机组组合问题

为了验证所提算法的有效性，IEEE118 节点系统上进行考虑机会约束的不确定性机组组合问题测试。主要从如下几个方面进行算例分析：

（1）仿真不同 LOLP 限制下的结果，分析 LOLP 和向上旋转备用的关系；

（2）仿真不同 LOWP 限制下的结果，分析 LOWP 和向下旋转备用的关系；

（3）仿真不同相关性矩阵下的结果，分析相关性对于调度计划的影响。

为了计算第二阶段的期望运行费用，采用 200 个样本。为了计算某个调度方案下的 LOLP、LOWP 和 TLOP，采用 1000 个样本。机会约束的允许误差设为 $\sigma=0.1$。时间间隔设为 1h，在日前调度中共有 24 个时段。

为了分析风力发电的重要性，在原有 118 节点系统上增加了 14 个风力发电机组。风力发电总体渗透率达到 20%。该系统的仿真结果见表 4-2。可以看出，经过了 7 次迭代后，达到了最优的 z 值。在第 19 个时间段，从节点 83 到节点 82 存在功率越限，具体结果见表 4-2。

表 4-2　　　　　　　　　　　　　　　IEEE118 节点结果

迭代次数	$z_{d,8}^{l}$	$z_{d,8}^{w}$	$z_{82,83}^{d,19-}$	LOLP	LOWP	TLOP	向上备用	向下备用	总费用（$\$$）	计算时间（s）
1	0	0	0	0.117	0.092	0.11	2.38%	1.78%	1.0916×10^{6}	61.1
2	3	4	6	0	0	0	10.36%	8.61%	1.2767×10^{6}	61.4
3	1.5	2	3	0	0.018	0.005	6.36%	5.42%	1.1371×10^{6}	61.7
4	0.75	1	1.5	0.034	0.086	0.055	3.01%	2.08%	1.0963×10^{6}	61.7
5	1.125	1.5	2.25	0.002	0.041	0.025	4.93%	3.27%	1.1112×10^{6}	62.1
6	0.9375	1.25	2.6250	0.012	0.069	0.018	4.25%	2.17%	1.1043×10^{6}	62.2
7	0.9375	1.375	2.4375	0.012	0.051	0.012	4.24%	2.52%	1.1044×10^{6}	62.4

3. 基于随机对偶动态理论的不确定性电网规划方法

为了验证所提算法的有效性，该算法在 IEEE 24 节点系统验证，系统已经进行了介绍，

在此不再赘述。SDDP算法过程中用到的参数为：向后推算过程中的样本个数为200，向前推算过程中的样本个数为50。负荷和可再生能源满足正态分布，并且标准差为期望值的20%。

在表4-3中，给出了考虑安全约束情况下的电网确定性规划和不确定性规划的结果。两种方法同样给出了相同的规划方案，即建设5条线路。相比于不考虑安全约束，多建设了2条线路。在此IEEE 24节点测试系统中，在给定的可再生能源和负荷概率分布密度情形下，不确定性没有造成很大的影响，然而在下一个算例中，将可以看到，不确定性对电网规划的影响。

表 4-3   **考虑安全约束情况下 IEEE 24 节点系统的规划结果**

年份	SDDP 方法给出的新增线路	确定性方法给出的新增线路
1	(14，15)，(1，5)，(4，8)，(6，9)	(14，15)，(1，5)，(4，8)，(6，9)
2	N/A	N/A
3	N/A	N/A
4	N/A	N/A
5	(16，17)	(16，17)
6	N/A	N/A
线路总数	5	5

第二节　适应间歇式电源接入的电网规划方法及评价指标

一、不确定性因素数学建模

1. 常规电源的不确定性

对于规划期内可能出现的电源节点 i，假设其成为新增电源节点的概率为 P 且该点的发电装机容量服从离散概率分布。例如，当确定节点 i 为一新增电源节点时，预计该点装机容量可能为 P_{Gik}，出现每一种可能的装机容量的概率分别为 a_{ik}。这样，离散型随机变量的分布为

$$Pr(X = P_{Gik}) = a_{ik}$$
$$0 < a_{ik} < 1$$
$$\sum_{k=1}^{M} a_{ik} = 1 \tag{4-68}$$

本书中每个发电机组的未来年的期望值装机容量已知，设为 P_{Gi}，设机组最大装机容量分别为 $0.95P_{Gi}$、$0.975P_{Gi}$、$1.0P_{Gi}$、$1.025P_{Gi}$、$1.05P_{Gi}$，相应的取值概率分别为 0.05、0.1、0.7、0.1、0.05，在计算时，据此概率分布抽样得到相应的装机容量。

2. 负荷的不确定性

准确进行长期负荷预测的难度很大，这给未来年的负荷预测结果带来了很大的不确定

性。本书使用基于正态分布的概率模型来表示负荷增长的不确定性。对于现有负荷节点 i，假设该点原有负荷为 P_{Di0}，在规划期间，该点负荷的变化量 ΔP_{Di} 为随机变量，服从正态分布 $\Delta P_{Di} \sim N(\mu_i, \sigma_i^2)$，其中 μ_i 为期望值，则该点负荷 $P_{Di} = P_{Di0} + \Delta P_{Di}$。对于规划期间内新增的负荷节点 i，$P_{Di0} = 0$，$P_{Di} = \Delta P_{Di}$。此处，每个负荷点的 μ_i 取值为该负荷的确定性负荷预测值。σ_i 的取值依据为负荷大于 $1.2\mu_i$ 或者小于 $0.8\mu_i$ 的概率小于 0.05，即负荷波动数值大于 1.2 倍的期望值的概率不超过 0.025。在计算时，根据此概率分布进行抽样得到相应的负荷状态。

3. 线路故障的不确定性

已有输电线路的老化、退役给未来年电网的安全运行带来了很大的不确定性，运行中的输电网络时刻面临着可能出现的线路故障等不确定因素的影响。采用 0-1 分布模型来表示线路检修、故障的不确定性，其中 0 表示线路为检修或故障的状态，1 表示线路为正常运行状态。根据输电线路的强迫停运率（forced outage rate，FOR）进行抽样得到相应的线路运行状态。

4. 光伏出力的不确定性

太阳能光伏发电系统是根据光生伏特效应原理，利用太阳能电池将太阳光能直接转化为电能。太阳能光伏发电系统的运行受辐射强度影响大。在一定时间段内，太阳能辐射强度的概率密度函数为

$$f(r) = \frac{\tau(\alpha + \beta)}{\tau(\alpha)\tau(\beta)} \times \left(\frac{r}{r_{max}}\right)^{\alpha - 1} \times \left(1 - \frac{r}{r_{max}}\right)^{\beta - 1} \tag{4-69}$$

式中：r 为这一时间段内的实际辐射强度，W/m^2；r_{max} 为这一时间段内的最大辐射强度，W/m^2；α、β 为 Beta 分布的形状参数；τ 为 Gamma 函数。

5. 大规模风电出力的不确定性

此处根据风速分布与风力发电机风速功率曲线推导出风力发电机功率分布的解析表达式 $F_{pwtg}(P)$。同时通过风力发电机有功功率序列可以推导出有功功率的经验分布 $F_E(P)$。定义参数 ε 来表征 $F_{pwtg}(P)$ 与 $F_E(P)$ 的接近程度，通过 ε 的大小来说明风速分布的估计准确度。通过有功功率的经验分布得到风电出力的概率密度函数，进而计算风电出力期望值。

风电出力概率密度函数为

$$\begin{cases} P_r ob\{P_{wtg} = P_r\} = F(v_{co}) - F(v_{cr}) = \left[\exp\left[-\left(\frac{v_{cr}}{b}\right)^\alpha\right] - \exp\left[-\left(\frac{v_{co}}{b}\right)^\alpha\right]\right] \cdot \delta(P_{wtg} - P_r) \\ P_r ob\{P_{wtg} = 0\} = 1.0 - F(v_{co}) + F(v_{ci}) = \left[1 - \exp\left[-\left(\frac{v_{ci}}{b}\right)^\alpha\right] + \exp\left[-\left(\frac{v_{co}}{b}\right)^\alpha\right]\right] \cdot \delta(P_{wtg}) \\ P_r ob\{P_{wtg} = x\} = F(v_2) - F(v_1) = \left(\frac{a}{k_1 b}\right)\left(\frac{P_{wtg} - k_2}{k_1 b}\right)^{\alpha - 1} \cdot \exp\left[-\left(\frac{P_{wtg} - k_2}{k_1 b}\right)a\right] \end{cases}$$

$$\tag{4-70}$$

式中：P_r 为风力发电机额定功率；P_{wtg} 风力发电机有功功率随机变量；v_{co} 为切出风速；v_{ci} 为切入风速；$F(v)$ 为轮毂高度处风速的分布函数；v_{cr} 为额定风速；α 为一个与地形地貌和气象相关的参数，其大致范围是 $0.1 \sim 0.4$；a 为形状系数；b 为尺度参数；$\delta(\cdot)$ 为冲

击函数。$k_1 = P_r / (V_{cr} - V_{ci})$、$k_2 = -V_{ci}P_r / (V_{cr} - V_{ci})$；此处将风电仍旧看作常规电源，根据其有功功率的概率分布在 $[0, P_r]$ 的区间中取不同水平值，然后将这些水平值分别代入确定性的电网规划模型中进行计算。

现以甘肃某 300MW 风电场为实例进行不确定性建模，其风机布局如图 4-7 所示。该风电场以当地风速服从威布尔（Weibull）分布为例，其分布参数 c 和 k 分别为 2.8 和 5.14，采用双馈异步风机，型号为 SL3000/113，单机容量 5MW，叶轮直径 113m，轮毂高度 90m，切入风速 4m/s，切出风速 25m/s，额定风速 13.5m/s。

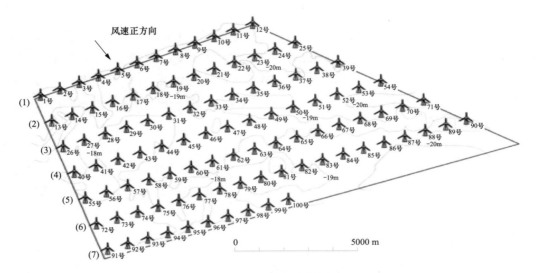

图 4-7　风电场实例图

根据实际风机有功功率特性可以计算得出风机有功功率累积概率分布曲线。

根据风电有功功率特性采样，得到 5 个不同的风电有功功率水平值及其发生概率，如表 4-4 所示。根据此概率分布进行抽样即可得到相应的发电有功功率状态。

表 4-4　　　　　　　　　　　　　　风电有功功率水平值及概率

风电有功功率水平值	$0.05P_r$	$0.2P_r$	$0.4P_r$	$0.65P_r$	$0.9P_r$
出现概率	0.3	0.4	0.17	0.085	0.045

二、适应间歇式电源接入的电网规划模型

1. 基于机会约束规划的电网灵活规划模型

本书引入了随机机会约束规划的相关理论和方法，并结合不确定规划理论对考虑随机不确定因素的电网灵活规划方法进行研究。本书建立了基于随机机会约束规划的输电网灵活规划模型，采用线路越限概率值指标作为评价随机不确定因素环境下规划方案优劣的指标，采用贪婪随机自适应搜索算法求解所建立的灵活规划模型，得到规划模型的最优解。

针对水平年输电系统规划问题，以线路的投资和建造成本最小化为目标，允许所形成的

规划方案在某些比较极端的基态情况下不满足线路过负荷约束，但必须小于某一置信水平，在此前提下构造了基于机会约束规划的输电系统规划的数学模型，即

$$\min v = \sum_{(i,j)\in\Omega} c_{ij} n_{ij} \tag{4-71}$$

$$\text{s. t.} \begin{cases} \boldsymbol{Sf}_1 + \boldsymbol{g}_1 + \boldsymbol{g}_{\text{v1}} = \boldsymbol{l} \tag{4-72} \\[2mm] f_{ij1} - \gamma_{ij}(n_{ij}^0 + n_{ij})(\theta_i - \theta_j) = 0 \tag{4-73} \\[2mm] \boldsymbol{P}_{\text{r}}\big[\,|f_{ij1}| \leqslant (n_{ij}^0 + n_{ij})k_{ij}\,\bar{f}_{ij}\,\big] \geqslant \alpha \tag{4-74} \\[2mm] 0 \leqslant \boldsymbol{g}_1 \leqslant \bar{\boldsymbol{g}} \tag{4-75} \\[2mm] 0 \leqslant \boldsymbol{g}_{\text{v1}} \leqslant \bar{\boldsymbol{g}}_{\text{v}} \tag{4-76} \\[2mm] 0 \leqslant \boldsymbol{r}_1 \leqslant \boldsymbol{l} \tag{4-77} \\[2mm] \text{网络 } N-1 \text{ 约束} \\[2mm] n_{ij} \text{ 为整数}, 0 \leqslant n_{ij} \leqslant \bar{n}_{ij}, \theta_i, \text{无界} \end{cases}$$

式中：v 为投资成本；c_{ij}、n_{ij}^0、n_{ij}、$\bar{n}_{ij}$、γ_{ij}、$\bar{f}_{ij}$、k_{ij} 分别为支路 $i-j$ 间增加单条线路的投资成本、支路 $i-j$ 间原有线路的条数、支路 $i-j$ 间实际增加线路的条数、支路 $i-j$ 间最多可增加线路的条数、支路 $i-j$ 间单条线路的导纳、支路 $i-j$ 间单条线路的有功传输极限和支路 $i-j$ 间单条线路的有功传输负载率；$\boldsymbol{l}$ 为预测得到的负荷有功随机列向量；$\bar{\boldsymbol{g}}$ 为发电机有功功率上限列向量；$\bar{\boldsymbol{g}}_{\text{v}}$ 为间歇性电源（包括风电电源和光伏电源）有功功率上限列向量；$\boldsymbol{f}_1$、f_{ij1}、$\boldsymbol{g}_1$、$\boldsymbol{g}_{\text{v1}}$、$\boldsymbol{r}_1$、$\theta_i$ 分别为正常情况下的支路有功功率列向量、支路 $i-j$ 间的有功功率、发电机有功功率列向量、间歇性电源（包括风电电源和光伏电源）有功功率列向量、最小切负荷列向量和节点 i 的相角。$\boldsymbol{S}$、$\boldsymbol{g}_1$、$\boldsymbol{g}_{\text{v1}}$ 和 $\boldsymbol{l}$ 均为不确定因素。

$$\boldsymbol{sf}_{1p} + \boldsymbol{g}_{1p} + \boldsymbol{g}_{\text{v1}p} = \boldsymbol{l}_p \tag{4-78}$$

$$f_{ij1p} - \gamma_{ij}(n_{ij}^0 + n_{ij})(\theta_{ip} - \theta_{jp}) = 0 \tag{4-79}$$

$$\boldsymbol{P}_{\text{r}}\big[\,|f_{ij1p}| \leqslant (n_{ij}^0 + n_{ij})k_{ij}\,\bar{f}_{ij}\,\big] \geqslant \alpha \tag{4-80}$$

$$0 \leqslant \boldsymbol{g}_{1p} \leqslant \bar{\boldsymbol{g}} \tag{4-81}$$

$$0 \leqslant \boldsymbol{g}_{\text{v1}p} \leqslant \bar{\boldsymbol{g}}_{\text{v}} \tag{4-82}$$

2. 考虑可用传输能力期望值的电网灵活规划模型

本模型考虑的两个目标函数分别是输电网投资费用和可用传输能力期望值，用于系统互联强度的评估及不同输电系统结构优劣的比较。电网对未来外界环境具有尽可能高的技术适应性，在已有负荷基础上具有尽可能高的可用传输能力，这就要求规划方案整体呈现的平均可用传输能力尽可能大。本章以可用传输能力期望值作为目标函数，并将网络可用传输能力大于给定阈值的概率作为模型的柔性约束，建立了考虑可用传输能力期望值的电网灵活规划模型，即

$$\text{s. t.} \begin{cases} \min v_1 = \sum_{(i,j)\in\Omega} c_{ij} n_{ij} \tag{4-83} \\[3mm] \max v_2 = E(e^T d) \tag{4-84} \\[3mm] \boldsymbol{Sf}_1 + \boldsymbol{g}_1 + \boldsymbol{g}_{\text{v1}} + \boldsymbol{r}_1 = \boldsymbol{l} \tag{4-85} \end{cases}$$

$$\text{s. t.}\begin{cases} f_{ij1} - \gamma_{ij}(n_{ij}^0 + n_{ij})(\boldsymbol{\theta}_{i1} - \boldsymbol{\theta}_{j1}) = 0 & (4\text{-}86) \\[6pt] \Pr[\,|f_{ij1}| \leqslant (n_{ij}^0 + n_{ij})k_{ij}\,\bar{f}_{ij}\,] \geqslant \alpha & (4\text{-}87) \\[6pt] 0 \leqslant \boldsymbol{g}_1 \leqslant \boldsymbol{g}_{\max} & (4\text{-}88) \\[6pt] 0 \leqslant \boldsymbol{g}_{v1} \leqslant \boldsymbol{g}_{v\max} & (4\text{-}89) \\[6pt] 0 \leqslant \boldsymbol{r}_1 \leqslant \boldsymbol{l} & (4\text{-}90) \\[6pt] \boldsymbol{S}\boldsymbol{f}_2 + \boldsymbol{g}_2 + \boldsymbol{g}_{v2} + \boldsymbol{r}_2 = \boldsymbol{l} + \boldsymbol{d} & (4\text{-}91) \\[6pt] f_{ij2} - \gamma_{ij}(n_{ij}^0 + n_{ij})(\boldsymbol{\theta}_{i2} - \boldsymbol{\theta}_{j2}) = 0 & (4\text{-}92) \\[6pt] |f_{ij2}| \leqslant (n_{ij}^0 + n_{ij})\,\bar{f}_{ij} & (4\text{-}93) \\[6pt] 0 \leqslant \boldsymbol{g}_2 \leqslant \boldsymbol{g}_{\max} & (4\text{-}94) \\[6pt] 0 \leqslant \boldsymbol{g}_{v2} \leqslant \boldsymbol{g}_{v\max} & (4\text{-}95) \\[6pt] 0 \leqslant \boldsymbol{r}_2 \leqslant \boldsymbol{l} + \boldsymbol{d} & (4\text{-}96) \\[6pt] E(\boldsymbol{e}^T\boldsymbol{d}) \geqslant h & (4\text{-}97) \\[6pt] 0 \leqslant n_{ij} \leqslant \bar{n}_{ij}, \boldsymbol{d} \geqslant 0 & (4\text{-}98) \\[6pt] n_{ij}\ \text{为整数},\theta_{i1}、\theta_{i2}\ \text{无界} \\[6pt] \text{网络}\ N-1\ \text{约束} \end{cases}$$

式中：c_{ij}、n_{ij}^0、n_{ij}、$\bar{n}_{ij}$、γ_{ij}、$\bar{f}_{ij}$ 分别为支路 $i-j$ 间增加单条线路的投资成本、支路 $i-j$ 间原有线路的条数、支路 $i-j$ 间实际增加线路的条数、支路 $i-j$ 间最多可增加线路的条数、支路 $i-j$ 间单条线路的导纳、支路 $i-j$ 间单条线路的有功传输极限；υ_1 为线路投资中成本；υ_2 为可用传输容量期望值；k_{ij} 为支路 $i-j$ 间单条线路的有功传输负载率；$\boldsymbol{l}$ 为预测得到的负荷有功列向量；$\boldsymbol{g}_{\max}$ 为发电机有功功率上限列向量；$\boldsymbol{g}_{v\max}$ 为间歇性电源（包括风电电源和光伏电源）有功功率上限列向量；$\boldsymbol{f}_1$、f_{ij1}、$\boldsymbol{g}_1$、$\boldsymbol{g}_{v1}$、$\boldsymbol{r}_1$、θ_{i1} 分别为正常情况下的支路有功功率列向量、支路 $i-j$ 间的有功功率、发电机有功功率列向量、间歇性电源（包括风电电源和光伏电源）有功功率列向量、最小切负荷列向量、节点 i 的相角；$\boldsymbol{f}_2$、f_{ij2}、$\boldsymbol{g}_2$、$\boldsymbol{g}_{v2}$、$\boldsymbol{r}_2$、θ_{i2} 分别为考虑网络可用传输能力期望值情况下的支路有功功率列向量、支路 $i-j$ 间的有功功率、发电机有功功率列向量、间歇性电源（包括风电电源和光伏电源）有功功率列向量、最小切负荷列向量、节点 i 的相角；$\boldsymbol{S}$ 为节点支路关联矩阵；$\boldsymbol{d}$ 为考虑网络可用传输能力期望值时的各个负荷节点增加的有功功率列向量；h 为考虑网络可用传输能力期望值情况下系统可用传输能力期望值。

模型中，式（4-83）为目标函数，表示投资成本最小；式（4-84）也为目标函数，表示可用传输能力期望值最大；式（4-85）～式（4-90）为系统线路过负荷概率约束集合；式（4-91）～式（4-98），以及"n_{ij} 为整数，θ_{i1}、θ_{i2} 无界"为系统可用传输能力期望值约束集合。式（4-85）为基尔霍夫第一定律约束；式（4-86）为基尔霍夫第二定律约束；式（4-87）为线路限值约束，此约束为基于机会约束的形式，其中 α 为设定的线路越限概率数值；式（4-88）为发电机有功功率限值约束；式（4-89）为间歇性能源（包括风电电源和光伏电源）有功功率限值约束；式（4-90）为最小切负荷量约束；式（4-91）为可用传输能力期望值约束；式（4-98）为可架线路走廊的架线数目约束；线路故障 $N-1$ 约束，包含了故障情况下的式（4-85）～式（4-97）。

3. 考虑最小切负荷费用悲观值的电网灵活规划模型

本模型考虑的两个目标函数分别是输电网投资费用和线路过载造成最小切负荷费用，用以量化规划方案对于不确定因素组成的外界环境影响的适应能力和鲁棒性。对于任何一套规划方案，自然要求投资和切负荷量越少越好。考虑网络最小切负荷费用悲观值的电网规划模型为

$$\min v_1 = \sum_{(i,j) \in \Omega} c_{ij} n_{ij} \tag{4-99}$$

$$\min v_2 = \underline{MLSC}(\alpha) \tag{4-100}$$

$$\text{s. t.} \begin{cases} \Pr(|f_{ij}| \leqslant (n_{ij}^0 + n_{ij})k_{ij} \, \overline{f_{ij}}) \geqslant \beta & (4\text{-}101) \\ \underline{MLSC}(\alpha) = \inf\{\underline{MLSC} \mid \Pr\{MLSC \leqslant \underline{MLSC}\} \geqslant \alpha\} & (4\text{-}102) \\ \underline{MLSC}(\alpha) < MLSC_t & (4\text{-}103) \\ |f_{ij}| \leqslant (n_{ij}^0 + n_{ij})k_{ij} \, \overline{f_{ij}} & (4\text{-}104) \\ Sf + g + g_v + r = l & (4\text{-}105) \\ f_{ij} - \gamma_{ij}(n_{ij}^0 + n_{ij})(\theta_i - \theta_j) = 0 & (4\text{-}106) \\ 0 \leqslant g \leqslant g_{\max} & (4\text{-}107) \\ 0 \leqslant g_v \leqslant g_{v\max} & (4\text{-}108) \\ 0 \leqslant n_{ij} \leqslant \overline{n_{ij}}, d \geqslant 0, 0 \leqslant r \leqslant l & (4\text{-}109) \\ \text{网络 } N-1 \text{ 约束} \end{cases}$$

式中：c_{ij} 为支路 $i-j$ 间增加单条线路的投资成本；n_{ij} 为支路 $i-j$ 间实际增加线路的条数；n_{ij}^0 为支路 $i-j$ 间原有线路的条数；$\underline{MLSC}(\alpha)$ 为系统最小切负荷费用的 α 悲观值；v_1 为线路投资中成本；v_2 为可用传输容量期望值；k_{ij} 为支路 $i-j$ 间单条线路的有功传输负载率；f_{ij} 为支路 $i-j$ 间的有功功率；$\overline{f_{ij}}$ 为支路 $i-j$ 间单条线路的有功传输极限；S 为节点支路关联矩阵；g 为发电机有功功率列向量；g_v 为间歇性电源（包括风电电源和光伏电源）有功功率列向量；r 为最小切负荷列向量；l 为负荷有功功率列向量预测值；$g_{\max}$ 为发电机有功功率上限列向量；$g_{v\max}$ 为发电机有功功率上限列向量。

其中，式（4-99）为投资成本最小目标；式（4-100）为最小切负荷费用悲观值最小目标；式（4-101）是不确定性信息下系统过载概率约束；式（4-102）和式（4-103）为最小切负荷费用约束；式（4-104）～式（4-109）是不确定因素随机模拟时每次模拟取确定性数值时的约束；线路故障 $N-1$ 约束包含了故障情况下的式（4-101）～式（4-109）。

4. 考虑网络综合评价指标的输电网灵活规划模型

在多指标评价中，合理地分配权重是量化评估的关键，权重对评价结果的影响很大，权重的设定不仅影响到某一评价指标的评价结果，而且还影响到其他指标的评价结果。确定指标权重的方法主要分为主观赋权法和客观赋权法。主观赋权法主要包括专家咨询法、层次分析法；客观赋权法主要包括主成分分析法和熵权法。主观赋权法主要依赖于专家或有经验人

士的判断，再采用不同的方法对指标赋权。本书采用主观赋权法与客观赋权法相结合的组合赋权法，将多种赋权方法各自所得到的权重系数综合集成。

（1）熵值法。"熵"的概念最初属于热力学的范畴，把单个消息 x_i 出现的不确定性的大小称为该消息的自信息，用 $I(x_i) = -\ln p(x_i)$ 来表示。其中，$p(x_i)$ 是这个消息出现的概率。信息熵可表示为

$$H(X) = -\sum_{i=1}^{n} p(x_i) \ln p(x_i) \tag{4-110}$$

式中：n 是信源消息的个数。熵值 $H(X)$ 实际上是随机事件的不确定性或信息量的一种度量。熵值越大，不确定性越大，信息量就越少。当所有 $p(x_i)$ 为等概率时，信息熵值最大为 $\ln n$。

由于评价指标的特征值矩阵包含一定量的信息，熵值法可以作为确定指标权重的手段。其基本思想是，某项指标特征值的变异程度越大，信息熵就越小，说明该指标传递给决策者的信息量越多，相应的，该指标权重越大。反之，若某指标值的变异程度越小，信息熵就越大，说明该指标传递给决策者的信息量越少，相应权重就越少。

（2）变异系数法。变异系数法根据某项指标在所有评价对象上指标特征值的变异程度大小对其进行赋权。如果某项指标的特征值变异程度越大，说明评价对象要达到该项指标的平均水平难度越大，其对评价对象的分辨能力越强，即包含"分辨信息"越多。一般某项指标包含的信息量越多，该项指标所起的作用就越大，应赋予其更大的权重。

指标变异程度的大小可用极差、平均差或标准差来反映，这些称为绝对变异程度，相应的有极差系数、平均差系数和标准差系数等。此处用标准差系数作为变异系数。

由于评价指标的特征值矩阵包含一定量的信息，熵值法可以作为确定指标权重的手段。其基本思想是某项指标特征值的变异程度越大，信息熵就越小，说明该指标传递给决策者的信息量越多，相应该指标权重越大。反之，若某指标值的变异程度越小，信息熵就越大，说明该指标传递给决策者的信息量越少，相应权重就越少。

（3）层次分析法。建立递阶层次结构是层次分析法中最重要的一步，在深入分析所要研究的问题之后，将问题中所包含的因素划分为不同层次，包括最高层、中间层和最低层。其中最高层是目标层，表示决策者所要达到的目标；中间层是准则层，表示衡量是否达到目标的判别准则；最低层是指标层，表示判断的指标。将同一层次的因素作为比较和评价的准则，对下一层次的某些因素起支配作用，同时它又是从属于上一层次的因素。对于复杂的决策问题，其目标可能不止一个，这时可将目标层扩展成两层，第一层为总目标，第二层为并列的分目标；其准则也可能不止一层，也可划分为准则层和子准则层，如此类推。

（4）组合赋权方法。以上三种赋权的方法从不同角度来衡量指标的权重。由于三种方法的指导思想不同，所得到的结果往往有出入，所以需要一种组合赋权的方法对上述三种方法进行组合，兼顾不同方法的不同作用，使得所得权重更加符合客观实际。

实践中常常应用的组合赋权方法可归结为"加法"集成法以及"乘法"集成法。

规划后的方案，存在着网络应对未来不确定性因素变化的能力较弱的问题，如有时较

小的负荷波动，就可能会造成部分线路传输容量的越限，或者部分线路轻载而导致输电设备未被充分利用。而仅考虑不确定因素的不确定性模型，由于未考虑确定性典型方式下电网安全运行的影响，很可能得出的方案在典型运行方式下安全性不高。因此，本书综合考虑不确定性因素和确定性因素下系统运行指标，建立考虑网络综合指标的电网灵活规划模型为

$$\min \ v = \sum_{(i,j)\in\Omega} c_{ij}n_{ij} + \lambda_1 E[e^{T}d] + \lambda_2 \underline{MLSC}(\alpha) \tag{4-111}$$

$$\text{s. t.}\begin{cases} \Pr(\,|\,f_{ij}\,| \leqslant (n_{ij}^{0}+n_{ij})k_{ij}\,\bar{f}_{ij}\,) \geqslant \beta & (4\text{-}112) \\[2mm] \underline{MLSC}(\alpha) = \inf\{\underline{MLSC}\,|\,\Pr\{MLSC \leqslant \underline{MLSC}\} \geqslant \alpha\} & (4\text{-}113) \\[2mm] E(e^{T}d) \geqslant h, \ \underline{MLSC}(\alpha) < MLSC_{t} & (4\text{-}114) \\[2mm] |\,f_{ij}\,| \leqslant (n_{ij}^{0}+n_{ij})k_{ij}\,\bar{f}_{ij} & (4\text{-}115) \\[2mm] \boldsymbol{Sf} + \boldsymbol{g} + \boldsymbol{g}_{v} + \boldsymbol{r} = \boldsymbol{l} & (4\text{-}116) \\[2mm] f_{ij} - \gamma_{ij}(n_{ij}^{0}+n_{ij})(\boldsymbol{\theta}_{i}-\boldsymbol{\theta}_{j}) = 0 & (4\text{-}117) \\[2mm] 0 \leqslant \boldsymbol{g} \leqslant \boldsymbol{g}_{\max} & (4\text{-}118) \\[2mm] 0 \leqslant \boldsymbol{g}_{v} \leqslant \boldsymbol{g}_{v\max} & (4\text{-}119) \\[2mm] 0 \leqslant n_{ij} \leqslant \overline{n_{ij}}, \quad \boldsymbol{d} \geqslant 0, 0 \leqslant \boldsymbol{r} \leqslant \boldsymbol{l} & (4\text{-}120) \\[2mm] \text{网络 } N-1 \text{ 约束} \end{cases}$$

式中：v 为网络综合指标；c_{ij} 为支路 $i-j$ 间增加单条线路的投资成本；n_{ij} 为支路 $i-j$ 间实际增加线路的条数；λ_1、λ_2 为表征不确定性环境下概率可用传输能力期望值、最小切负荷费用悲观值的相对权重；$E(e^{T}d)$ 为不确定性信息下概率可用传输能力；n_{ij}^{0} 为支路 $i-j$ 间原有线路的条数；k_{ij} 为支路 $i-j$ 间单条线路的有功传输负载率；$\underline{MLSC}(\alpha)$ 为系统最小切负荷费用的 α 悲观值；f_{ij} 为支路 $i-j$ 间的有功功率；$\bar{f}_{ij}$ 为支路 $i-j$ 间单条线路的有功传输极限；$\boldsymbol{S}$ 为节点支路关联矩阵；γ_{ij} 为支路 $i-j$ 间单条线路的导纳；θ_i 为节点 i 的相角；θ_j 为节点 j 的相角；$\boldsymbol{g}$ 为发电机有功功率列向量；$\boldsymbol{g}_{v}$ 为间歇性电源（包括风电电源和光伏电源）有功功率列向量；$\boldsymbol{d}$ 为考虑网络可用传输能力期望值时的各个负荷节点增加的有功功率列向量；h 为考虑网络可用传输能力期望值情况下系统可用传输能力期望值；$\boldsymbol{r}$ 为最小切负荷列向量；$\boldsymbol{l}$ 为负荷有功列向量预测值；$\boldsymbol{g}_{\max}$ 为发电机有功功率上限列向量；$\boldsymbol{g}_{v\max}$ 为间歇性电源（包括风电电源和光伏电源）有功功率上限列向量。

式（4-111）为综合考虑规划方案评价指标的目标函数；式（4-112）～式（4-114）是不确定性信息下系统过载概率约束、系统概率可用传输能力约束和最小切负荷费用约束；式（4-115）～式（4-120）是间歇性电源、负荷取预测值及随机模拟时每次模拟取确定性数值时的约束。线路故障 $N-1$ 约束包含了故障情况下的式（4-112）～式（4-119）。

5. 贪婪随机自适应搜索算法

（1）算法描述。在模型求解方法的研究中，主要包括数学优化方法和现代启发式方法。本书采用贪婪随机自适应搜索算法（greedy randomized adaptive search procedure，GRASP）。

该方法是一种求解组合优化问题的启发式随机迭代方法，同其他现代启发式算法相比，该算法具有解算速度快、不易陷入局部最优等优点，比较适合求解大规模系统的电网灵活规划模型。贪婪随机自适应搜索算法是基于抽样迭代搜索的现代智能优化算法。该算法主要包括构造和局部搜索两个阶段。算法实现的总流程如图 4-8 所示。

通过 GRASP 算法实现的总流程可以看出，该算法的总体思路是首先构造若干个初始可行解，然后在这些初始解处进行局部搜索，最后选择所有局部最优解中最优的解作为所求优化问题的全局最优解。

构造阶段的实现过程中，需要在算法每次迭代时随机添加一个变量，直到得到一个可行解。选择添加变量的方法如下：首先，构造一个贪婪函数用来评价所添加变量对优化目标函数的影响程度；然后，对每个可添加变量，使用贪婪函数进行评价并根据评价结果对所有可添加变量排序，选择一定个数的最优添加变量作为候选添加变量形成候选添加变量列表 CL；最后，从候选添加变量列表中随机选取一个变量作为添加变量。上述步骤中最后一步的随机选择操作可以确保每次构造过程得到的初始可行解不同。构造阶段的结束标准是得到的初始解能够满足优化问题的所有约束条件。构造阶段的程序流程如图 4-9 所示。

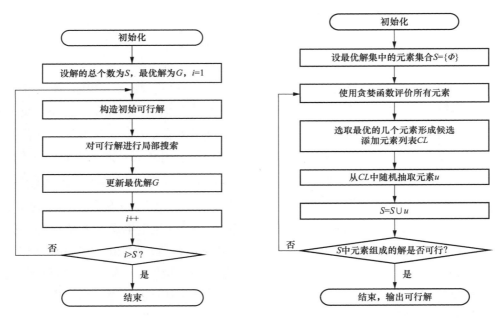

图 4-8　GRASP 算法数学运算总流程　　　图 4-9　GRASP 算法数学运算构造阶段程序流程

通过构造阶段得出的初始可行解一般无法保证在其临域内的局部最优性，这是由于构造阶段的终止原则仅仅是满足约束条件的可行性。因此，需要在此基础上进一步进行局部搜索以得到初始可行解在其临域内的局部最优。假定构造阶段所得初始可行解为 t，其临域中可行解的集合为 $N(t)$，那么局部最优解即为 $N(t)$ 中目标函数值最优的解。局部搜索阶段的程序流程如图 4-10 所示。

从局部搜索阶段的流程可以看出，局部搜索阶段的计算时间随变量个数的增加呈指数级增长，因此，好的初始可行解和合理的临域的定义范围对提高局部搜索阶段的搜索速度极为重要。

（2）求解流程。使用 GRASP 算法求解本书的输电网灵活规划模型式时，主要包括构造阶段和局部搜索阶段两个阶段。模型的具体求解流程描述如下：

1）输入原始数据，包括规划网络参数、风电设备故障率等可靠性参数、求解算法所需求解规划方案个数 N 和蒙特卡罗模拟法的抽样次数 n 等。

2）建立以线路投资成本为目标的基于机会约束规划的电网灵活规划模型、基于可用传输能力期望

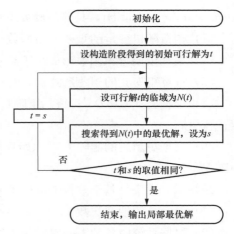

图 4-10　GRASP 算法数学运算
局部搜索阶段程序流程

值的电网灵活规划模型、基于最小切负荷费用悲观值的电网灵活规划模型和考虑网络综合评价指标的输电网灵活规划模型。

3）根据系统中各种不确定因素的不确定分布，利用蒙特卡罗模拟方法对系统的状态进行第 i 次抽样，并确定第 i 次抽样得到的系统状态。

4）基于 GRASP 算法求解灵活规划模型，通过潮流计算、可靠性计算、模型约束构造初始可行解，即需要产生一个同时满足系统 N 安全性和 $N-1$ 安全性的初始可行电网灵活规划方案。

5）在构造阶段所得初始可行解的临域内对 N 个初始规划方案按成本排序，选前 m 个规划方案，基于线路交换操作进行局部搜索，得到初始可行解临域内的最优可行解。

6）计算所提灵活规划方案的评价指标，判断其是否满足灵活规划方案的各项要求。如果不满足，重复步骤 3）～5）；如满足，则输出输电系统灵活规划最优方案，结束流程。

三、适应间歇式电源接入的电网规划评价指标体系

1. 线路越限概率

在输电网灵活规划方法的研究中，一般通过线路越限概率值指标来评价概率不确定性信息下系统的性能和规划方案适应未来不确定环境的能力。本书定义的线路越限概率为线路越限次数 i 占总的线路抽样次数 n 的比值。线路越限概率值越小，规划网架就越强壮；线路越限概率值越大，规划网架就越脆弱。具体计算是基于蒙特卡罗模拟法实现的。同时为了通过减小方差技术来保证蒙特卡罗法的计算精度和速度，本书采用拉丁超立方抽样与重要抽样方法相结合的方法进行蒙特卡罗模拟。

重要抽样法通过减小样本空间方差的方式来加速蒙特卡罗模拟收敛，而拉丁超立方抽样是通过对样本空间进行均匀采样提高蒙特卡罗模拟的收敛性，本书将二者结合，从两个不同的方面加速蒙特卡罗模拟的收敛，称之为拉丁超立方重要抽样法（Latin hypercube importance sampling，LHIS），具体步骤如下：

（1）构造随机变量的重要分布函数。

（2）根据重要分布函数形成拉丁超立方样本矩阵 X，并得到矩阵 X 的顺序矩阵 L。

（3）计算矩阵 L 的相关系数 ρ_L，对其进行平方根法（Cholesky）分解得到下三角矩阵 D。

（4）根据公式 $G=D^{-1}L$ 得到矩阵 G，根据 G 中各行元素在该行中的排列对矩阵 L 的元素进行更新。

（5）根据更新后的矩阵 L 对原始样本矩阵 X 进行各行元素位置重排列得到最终的样本矩阵 X。

线路越限概率是基于蒙特卡罗模拟法进行计算的，具体计算流程如下：

（1）设定总的抽样次数 n，$i=1$，$j=0$。

（2）根据系统中各种不确定性因素的不确定分布，对系统的状态进行第 i 次抽样，并对第 i 次抽样得到的确定性系统状态进行确定性条件下的最小切负荷的计算，若最小切负荷量不为 0，则 $j++$。

（3）$i++$。若 i 小于 n，转流程（2）；否则，转流程（4）。

（4）输出系统过负荷概率值 $a=j/n$，结束。

2. 可用传输能力期望值指标

可用传输能力（available transmission capaciry，ATC）是在已有输电协议基础上，在实际输电网络中可以用于进一步商业活动的富余输电能力。数学上，ATC 可以表示为

$$ATC = TTC^{①} - TRM^{②} - ETC^{③} - CBM^{④} \qquad (4\text{-}121)$$

此定义说明，电力市场环境下，电网可用输电能力的问题不再是原来意义下简单的区域功率交换能力，而是基于已有的输电合同，在保证系统安全可靠运行的条件下，区域间或点与点间可能增加输送的最大功率。它是在现有的输电合同基础之上，实际输电网络保留输电能力的尺度。

未来时刻风速的变化、风电机组的机端补偿容量的配置和风电穿透功率的变化都将对包含风电场的电力系统最大输电能力产生显著影响。因此，如何处理网络不确定因素的影响，高效、精确地计算 ATC，既是 ATC 计算中的关键问题，也是目前 ATC 研究中亟待解决的难点。基于直流潮流模型，建立可用传输能力的线性规划模型，即

$$\max ATC = e^T d \qquad (4\text{-}122)$$

$$\text{s. t.} \begin{cases} Sf + g = l + d & (4\text{-}123) \\ f_{ij} - \gamma_{ij} n_{ij}(\theta_i - \theta_j) = 0 & (4\text{-}124) \\ |f_{ij}| \leqslant n_{ij} \bar{f}_{ij} & (4\text{-}125) \\ 0 \leqslant g \leqslant \bar{g} & (4\text{-}126) \end{cases}$$

---

❶ TTC 为线路最大传输容量，total transimission capacity 的缩写。

❷ TRM 为输电可靠性裕度，transmission reliability margin 的缩写。

❸ ETC 为现存输电协议，existing transmission commitments 的缩写。

❹ CBM 为容量效益裕度，capacity benefit margin 的缩写。

$$0 \leqslant \boldsymbol{g}_{\mathrm{v}} \leqslant \bar{\boldsymbol{g}}_{\mathrm{v}} \tag{4-127}$$

$$\boldsymbol{d} \geqslant 0 \tag{4-128}$$

式中：$\boldsymbol{l}$、$\boldsymbol{f}$、$\boldsymbol{g}$、$\boldsymbol{g}_{\mathrm{v}}$、$\boldsymbol{d}$、$\theta$、$\bar{\boldsymbol{g}}$，$\bar{\boldsymbol{g}}_{\mathrm{v}}$，$\boldsymbol{e}$ 分别为负荷列向量、线路潮流列向量、发电有功功率列向量、间歇性电源列向量、负荷增长列向量、节点相角列向量、发电有功功率上限列向量、间歇性电源有功功率上限列向量和各个负荷节点增加的有功功率列向量；$\boldsymbol{S}$ 为节点支路关联矩阵；n_{ij}、γ_{ij}、$\bar{f}_{ij}$ 分别为线路 ij 间的线路条数、导纳数值、线路限值。通过求解此模型，即可求得网络的可用传输能力。

计及电力系统中的随机不确定性因素，定义可用传输能力期望值为：基于电力系统所具有的随机特征，通过模拟间歇性能源有功功率、发输电设备的随机开断及负荷变化确定系统可能出现的运行方式，然后使用适当的优化算法求解这些运行方式下系统的 ATC，最后分析综合各运行状态下的 ATC 值得到系统 ATC 值的期望值。本书使用蒙特卡罗模拟方法和线性规划方法相结合的方法来计算概率 ATC 的数值。计算的过程中，各不确定性因素采用前面内容所描述的数学模型。

3. 最小切负荷费用悲观值指标

最小切负荷费用（minimum load shedding cost，MLSC）是指电网运行中由于网架结构不合理或者电网故障时出现支路过负荷而造成的切负荷赔偿费用。最小切负荷费用计算的核心问题是切负荷节点和数量的选择。它取决于两个因素：①节点切负荷对于消除系统过负荷支路的有效度，即节点切除负荷对于消除系统过负荷的总体效应；②节点的单位切负荷费用。基于直流潮流模型，最小切负荷费用计算的线性规划模型为

$$\min MLSC = \sum_{j \in N_D} C_j P_{\mathrm{C}j} \tag{4-129}$$

$$\mathrm{s.\,t.} \begin{cases} P_{\mathrm{L}} = \sum_{f \in N} S_{\mathrm{L}f}(P_{\mathrm{G}} + P_{\mathrm{C}} - P_{\mathrm{D}}), L \in N_{\mathrm{B}} & (4\text{-}130) \\[2mm] P_{\mathrm{G}j}^{\min} \leqslant P_{\mathrm{G}j} \leqslant P_{\mathrm{G}j}^{\max}, j \in N_{\mathrm{G}} & (4\text{-}131) \\[2mm] 0 \leqslant P_{\mathrm{C}j} \leqslant P_{\mathrm{D}j}, j \in N_{\mathrm{D}} & (4\text{-}132) \\[2mm] P_{\mathrm{L}}^{\min} \leqslant P_{\mathrm{L}} \leqslant P_{\mathrm{L}}^{\max}, L \in N_{\mathrm{B}} & (4\text{-}133) \end{cases}$$

式中：$MLSC$ 为系统最小切负荷费用，是随机变量；C_j 为节点 j 的单位缺电赔偿费用；$P_{\mathrm{C}j}$ 为节点 j 的切负荷量；P_{L} 为支路功率；P_{G} 为总发电机有功功率；P_{C} 为总切负荷量；P_{D} 为总负荷；$S_{\mathrm{L}f}$ 为节点 f 对支路 L 的功率灵敏系数；L 为支路；N_{B} 为支路集；$P_{\mathrm{G}j}^{\max}$，$P_{\mathrm{G}j}^{\min}$ 为发电机（包括间歇性电源）有功功率上下限；$P_{\mathrm{G}j}$ 为节点 j 的发电机（包括间歇性电源）有功功率；N_{G} 为发电机（包括间歇性电源）节点集；$P_{\mathrm{D}j}$ 为节点 j 的负荷；N_{D} 为负荷节点集；$P_{\mathrm{L}}^{\max}$、$P_{\mathrm{L}}^{\min}$ 为支路潮流上、下限。

当计及电力系统中的随机不确定性因素时，定义最小切负荷费用悲观值为

$$\underline{MLSC}(\alpha) = \inf\{\underline{MLSC} \mid \Pr\{MLSC \leqslant \underline{MLSC}\} \geqslant \alpha\} \tag{4-134}$$

基于电力系统所具有的随机特征，通过模拟发输电设备的随机开断及负荷变化确定系统可能出现的运行方式，然后使用适当的优化算法求解这些运行方式下系统的 $MLSC$，最后分

析综合各运行状态下的 $MLSC$ 值，经过快速排序算法即可得到系统 $MLSC$ 的 α 悲观值，即 $\underline{MLSC}(\alpha)=\inf\{\underline{MLSC}|\Pr\{MLSC\leqslant\underline{MLSC}\}\geqslant\alpha\}$，$\alpha$ 是预先设定的置信区间。

4. 间歇性可再生能源弃能指标

本书建立了两阶段弃能评估模型：第一阶段，根据给定的负荷数据及可再生能源发电数据，建立最小切负荷模型，求取系统所能接纳的最大负荷；第二阶段，建立最小化可再生能源弃能模型。两阶段模型的目的是在满足最大负荷需求情况下，尽可能少的减小可再生能源弃能。

第一阶段规划模型为

约束条件
$$\min \quad e^T r \tag{4-135}$$

$$\text{s.t.} \begin{cases} B\boldsymbol{\theta} = P_G + P_{REN} - P_D + r & (4\text{-}136) \\ P_g^{\min} \leqslant P_g \leqslant P_g^{\max} & (4\text{-}137) \\ P_{REN}^{\min} \leqslant P_{REN} \leqslant P_{REN}^{\max} & (4\text{-}138) \\ 0 \leqslant r \leqslant P_D & (4\text{-}139) \\ P_L = B_L A\boldsymbol{\theta} & (4\text{-}140) \\ |P_L| \leqslant P_L^{\max} & (4\text{-}141) \end{cases}$$

式中：e^T 为单位行向量；r 为节点切负荷量向量；$\boldsymbol{\theta}$ 为节点相角列向量；P_L 为支路功率列向量；P_G 为常规发电机有功功率列向量；$P_g^{\max}$，$P_g^{\min}$ 为 P_g 的上、下限；P_{REN} 为间歇性能源（包括风电电源和光伏电源）有功功率列向量；$P_{REN}^{\max}$，$P_{REN}^{\min}$ 为 P_{REN} 的上、下限；P_D 为负荷向量；$P_L^{\max}$ 为支路潮流上限。

第二阶段规划模型为

约束条件
$$\min \quad e^T r_{REN} \tag{4-142}$$

$$\text{s.t.} \quad B\boldsymbol{\theta} = P_G + P_{REN} - P_D + r \tag{4-143}$$

$$P_g^{\min} \leqslant P_g \leqslant P_g^{\max} \tag{4-144}$$

$$P_{REN}^{\min} \leqslant P_{REN} \leqslant P_{REN}^{\max} \tag{4-145}$$

$$P_{REN}^{\min} \leqslant r_{REN} \leqslant P_{REN}^{\max} \tag{4-146}$$

$$r_{REN} + P_{REN} \leqslant P_{REN}^{\max} \tag{4-147}$$

$$P_L = B_L A\boldsymbol{\theta} \tag{4-148}$$

$$|P_L| \leqslant P_L^{\max} \tag{4-149}$$

式中：e^T 为单位行向量；r_{REN} 为可再生能源（包括风电电源和光伏电源）弃能向量；$\boldsymbol{\theta}$ 为节点相角列向量；P_L 为支路功率列向量；P_G 为常规发电机有功功率列向量；$P_g^{\max}$、$P_g^{\min}$ 为 P_g 的上、下限；P_{REN} 为间歇性能源（包括风电电源和光伏电源）有功功率列向量；$P_{REN}^{\max}$、$P_{REN}^{\min}$ 为 P_{REN} 的上、下限；P_D 为负荷向量；$P_L^{\max}$ 为支路潮流上限；r 为第一阶段求取的最小切负荷向量。

在对第一阶段模型计算时，不仅可以获得最小切负荷量，同时还可以获得各控制变量的值，如果 $P_{REN}<P_{REN}^{\max}$，则需要进行第二阶段模型的求解；如果 $P_{REN}=P_{REN}^{\max}$，说明系统可以接纳全部的可再生能源发电，则不需要进行第二阶段模型的求解。

5. 电网的可靠性和经济性评价指标

输电网的改扩建都将对系统的经济性带来显著影响，电力系统规划的最终目标是根据资源约束，在最经济的条件下满足系统负荷供电的要求，而可靠性指标是一个评价规划方案优劣的有效判据。电网规划可纳入可靠性和经济性平衡的优化问题，具体如式（4-150）～式（4-152）所示。

优化问题

$$\min C_{\text{network}} \tag{4-150}$$

约束条件

$$R_{\text{load}} \leqslant R_{\text{load,max}} \tag{4-151}$$

$$R_{\text{load}} = R_{\text{network}} \tag{4-152}$$

式中：R_{load}、R_{newwork} 分别为负荷、电网的可靠性指标；$R_{\text{load,max}}$ 为负荷的可靠性指标上限；C_{network} 为电网的总成本。

为了保证系统规划方案的合理性及优化改善措施的配合，在电力系统规划过程中，将可靠性作为电网规划的优化变量，均衡优化电网的可靠性，实现了电网规划的可靠性和经济性最优。

输电网的规划方案同样会对发电系统经济性造成影响，例如传输容量的提升能够缓解区域局部阻塞现象减少弃风弃光等。为此，当具体分析输电系统经济性时，需要考虑来自发电系统变化所造成的影响（此部分不在本书中讨论），且同时应该考虑输电系统规划对发电系统经济性的贡献。采用如下的思路对此进行估算：

（1）根据其他书的研究成果，确定在不同电源、电网配置下的电源的利用小时数，同时根据有功功率计划计算调频费用；根据潮流计算结果计算网损；根据可靠性分析结果，计算可靠性价值。

（2）根据机组容量与利用小时数，计算电网购电费用。

上述过程解释了经济性分析的数据来源，同时有助于对规划方案的经济性贡献全面了解。总之，电网规划综合评估对规划方案进行安全性、可靠性、经济性分析与评估，并对多个方案进行综合对比得出推荐方案。

四、算例分析及评价

1. 算例概述

采用 46 节点系统网架，其中负荷数据为年最高负荷水平，将节点 17 和节点 28 分别接入额定容量为 100 万 kW 的风电场，在节点 34 接入额定容量为 100 万 kW 的光伏电站。风电场风速服从双参数威布尔分布，且威布尔分布的形状参数和尺度参数分别为 2.166 和 5.567，且两个风电场风速之间具有一定的相关性；光伏电站容量为 100 万 kW，有功功率服从参数分别为 0.9 和 0.85 的 Beta 分布。

2. 传统的确定性电网规划

运用 GRASP 算法求解基于机会约束规划的电网不确定性规划模型，得到初始方案。在所有初始方案中，再挑选出投资费用最小的方案作为最优规划方案。

图4-11给出了规划方案形成的电网网架结构。46节点系统确定性电网规划方案共利用支路走廊15条，新建线路21回，对应的线路总投资费用为18800.5万元。

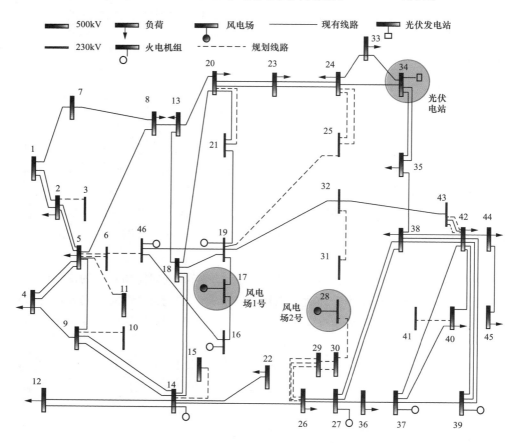

图4-11　46节点系统的确定性电网规划方案

3. 基于机会约束规划的电网不确定性规划

以46节点系统为算例，验证所提基于机会约束规划方法的可行性。其中假设所有线路走廊均有3条可扩建线路。运用GRASP算法求解基于机会约束规划的电网不确定性规划模型，得到初始方案。

在所有初始方案中，选取系统支路过载概率小于5%的方案作为一个子集，在该子集中再挑选出不确定环境下投资费用最小的方案作为最优规划方案，图4-12给出了规划方案形成的电网网架结构。图4-12所示的规划方案共利用支路走廊16条，新建线路21回，计算线路投资成本为19652.2万元、线路越限概率为4.7%。

4. 考虑可用传输能力期望值的电网不确定性规划

以46节点系统为算例，验证所提考虑可用传输能力期望值的电网不确定性规划方法的可行性。其中假设所有线路走廊均有3条可扩建线路。结合式（4-85）～式（4-98）以及两个约束"n_{ij}为整数，θ_{i1}、θ_{i2}无界""网络 $N-1$ 约束"，运用GRASP算法求解考虑可用传输能力期望值的电网不确定性规划模型，得到 20 个方案。

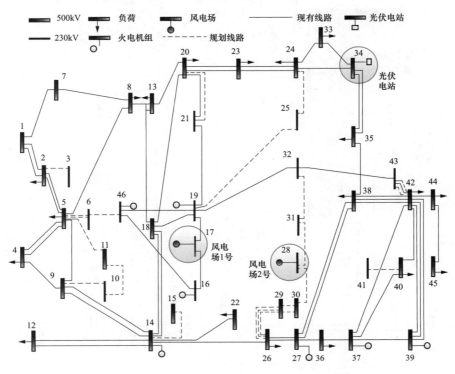

图 4-12　基于机会约束规划的 46 节点规划方案

在所有方案中，选取系统支路过载概率小于 5% 的方案作为一个子集，在该子集中再挑选出投资费用和可用传输能力期望值综合最优的方案作为最优规划方案。图 4-13 给出了规划方案形成的电网网架结构。由图 4-13 可知，考虑可用传输能力期望值的 46 节点规划方案共利用支路走廊 16 条，合计新建线路 21 回，计算线路投资成本为 20060 万元，线路越限概率为 2.8%，可用传输能力期望值为 2086MW。

5. 考虑最小切负荷费用悲观值的电网不确定性规划

以 46 节点系统为算例，验证所提考虑最小切负荷费用悲观值的电网不确定性规划方法的可行性。其中假设所有线路走廊均有 3 条可扩建线路。图 4-14 给出了规划方案形成的电网网架结构。

基于图 4-14 所示的规划方案可知，考虑最小切负荷费用悲观值的 46 节点系统不确定性规划方案共利用支路走廊 19 条，合计新建线路 21 回，计算线路投资成本为 19772.9 万元、线路越限概率为 3.3%、最小切负荷费用悲观值为 21 万元。

6. 考虑网络综合评价指标的电网不确定性规划

以 46 节点系统为算例，验证所提考虑网络综合评价指标的电网不确定性规划方法的可行性。其中假设所有线路走廊均有 3 条可扩建线路。图 4-15 给出了规划方案形成的 46 节点系统网架结构。

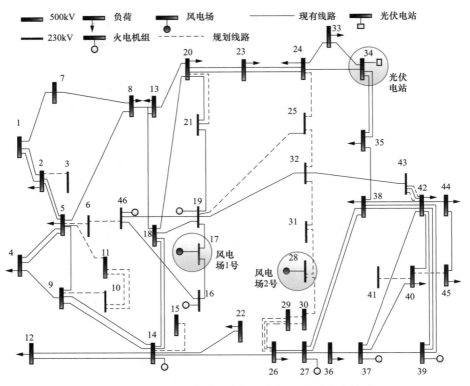

图 4-13　考虑可用传输能力期望值的 46 节点规划方案

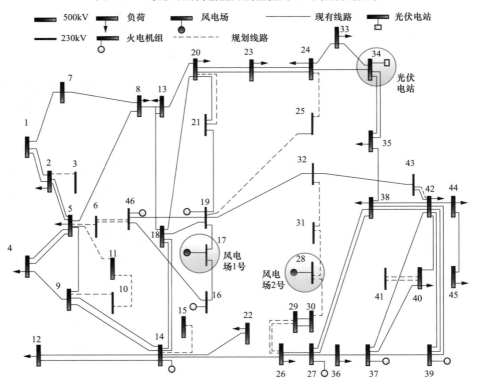

图 4-14　考虑最小切负荷费用悲观值的 46 节点规划方案

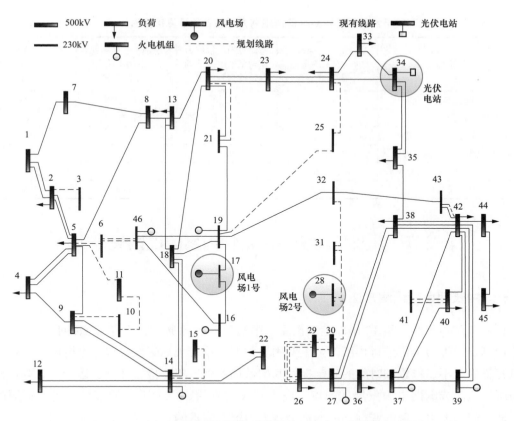

图 4-15 考虑网络综合评价指标的 46 节点规划方案

基于图 4-15 的规划方案，考虑网络综合指标的 46 节点系统规划方案共利用支路走廊 16 条，合计新建线路 24 回，计算线路投资成本为 20044.6 元，线路越限概率为 2.5%，可用传输能力期望值为 1845MW 和最小切负荷费用悲观值为 348 万元。

7. 规划方案的评价

大规模间歇性能源接入电网给电网规划带来了大量的不确定因素，结合已经验证的四个考虑不确定因素的电网静态规划模型，即：基于机会约束规划的电网不确定性规划模型、考虑可用传输能力期望值的电网不确定性规划模型、考虑最小切负荷悲观值的电网不确定性规划模型、考虑综合指标的电网不确定性规划模型。对 46 节点算例的四种规划模型所求方案，基于组合赋权法进行对比评价，对比指标主要包括网络的线路总投资成本、线路越限概率、网络可用传输能力期望值、最小切负荷费用悲观值、可再生能源弃能指标值。指标的比较结果如表 4-5 所示。

以上四种规划模型得出的规划方案从不同侧面呈现出对不确定环境的适应性。所有方案均保证在高峰负荷下系统满足系统约束，并且当考虑来自负荷、发电机、线路、可再生能源的不确定因素时，系统出现支路越限事件的概率在 0.05 以内。每个方案有自身的侧重点。从综合指标的角度考虑，考虑综合指标的规划模型得到的规划方案最优。

评估指标	基于机会约束规划的电网不确定性规划方案	考虑可用传输能力期望值的电网不确定性规划方案	考虑最小切负荷悲观值的电网不确定性规划方案	考虑综合指标的电网不确定性规划方案
线路投资成本（万元）	19652.2	20060	19772.9	20044.6
线路越限概率	4.7%	2.8%	3.3%	2.5%
可用传输能力期望值（MW）	1839	2086	1751	1845
最小切负荷费用悲观值（万元）	615	234	21	348
可再生能源弃能指标（MW）	215.6	216.3	218.1	210.2
综合评价指标	0.75	0.64	0.66	0.61

第三节　计及负荷侧不确定性因素的电网规划方法

一、中长期负荷预测方法

长期负荷预测通常指 10 年以上的预测，中期负荷预测通常指 5 年左右的预测，中长期负荷预测是以年为单位进行预测的，主要用于为电力系统规划建设，包括电网的增容扩建及装机容量的大小、位置和时间的确定提供基础数据，确定年度检修计划、运行方式等，同时还为所处地区或电网电力发展的速度、电力建设的规模、电力工业的布局、能源资源的平衡、地区间的电力余额的调剂、电网资金及人力资源需求的平衡提供有效的依据。

国内外中长期负荷预测方法在上文中已经详细给出，本节将对考虑负荷侧不确定性因素的电网规划给出具体的实现步骤。

二、分布式电源、储能、负荷响应的有功功率特性

1. 间歇性分布式电源准稳态模型

风机输出功率特性与切入风速 v_{in}、切出风速 v_{out} 有关。当风速高于 v_{in} 时，风机启动；当风速高于额定风速 v_{rs} 时，风机输出恒定功率 P_{WTd}；当风速高于切出风速 v_{out} 时，为了保护风机，风机停机。

$$\begin{cases} P_{WT} = 0, \quad v < v_{in}, v > v_{out} \\ P_{WT} = P(v_i) + \dfrac{P(v_{i+1}) - P(v_i)}{v_{i+1} - v_i}(v - v_i), \quad v_{in} \leqslant v_i \leqslant v \leqslant v_{i+1} \leqslant v_{rs} \\ P_{WT} = P_{WTd}, \quad v_{rs} < v < v_{out} \end{cases} \quad (4\text{-}153)$$

式中：$P(v_i)$、$P(v_{i+1})$、P_{WT} 分别对应风速为 v_i、v_{i+1}、v 时风力发电机输出功率。

光伏电池的准稳态仿真模型的主要计算参数为光伏倾斜面上的光照量、室外环境温度，输出为光伏阵列的功率时间序列。考虑温度影响的 PV 输出功率为

$$P_{PV} = f_{PV} Y_{PV} \left(\frac{I_T}{I_S} \right) [1 + \alpha_p (T_{cell} - T_{cell,STC})] \quad (4\text{-}154)$$

2. 电池储能系统通用模型

负荷侧通用电池储能系统模型可以通过改变模型参数来描述各类电池储能系统工作时的外特性，采用的电池模型是一个与恒定电阻相串联的可控电压源，如图 4-16 所示，该模型将电池荷电状态（state of charge，SOC）作为状态参数。

电池端电压 U_{batt} 可以通过一个与 SOC 相关的非线性方程（4-157）得来近似描述。

$$U_{batt} = E_0 - \frac{K \cdot Q}{Q - i \cdot t}$$
$$+ A \cdot \exp(-B \cdot i \cdot t) - R \cdot i \quad (4\text{-}155)$$

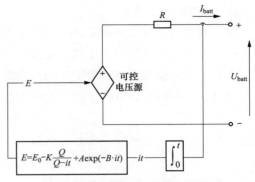

图 4-16 非线性通用蓄电池模型

E_0—电池额定电压；K—极化电压，V；Q—电池容量，Ah；R—电池内阻，Ω；i—电池放电电流，A；U_{batt}—电池端电压，V；A—指数幅值，V；B—时间常数，Ah^{-1}

$$SOC = 1 - \int_0^t i(t)\mathrm{d}t / Q \quad (4\text{-}156)$$

这里假设电池以一个恒定的额定电流 i 进行充放电，简化式（4-156）中的积分环节，电池的充电功率进而可以用式（4-157）来描述，即

$$P = E_0 \cdot i - K \cdot i / SOC + A \cdot i \cdot \exp(-B \cdot it) - R \cdot i^2 \quad (4\text{-}157)$$

式（4-158）中的参数可以通过供应商提供的电池放电特性曲线获得。参数确定后可通过该模型可以对不同类型的储能电池的充电特性及其电池 SOC 变化进行精确仿真（见图 4-17），适用于负荷侧储能系统参数不确定环境下的储能特性综合分析。

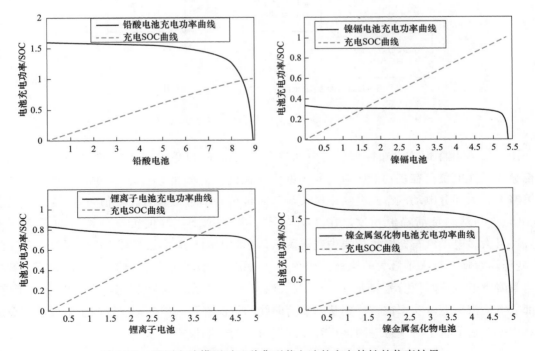

图 4-17 通用电池模型对四种典型蓄电池的充电特性的仿真结果

3. 可响应负荷模型

（1）负荷侧温控负荷模型。本书给出了负荷侧温控模型的基本工作原理和仿真模型。提出了一种保留电热泵热力学变化主要特征，适用于工程分析的简化一阶微分方程，该简化模型作为后续大规模电热泵需求响应仿真的主要模型。

当电热泵关断时，电热泵调节的室内温度为

$$\theta_{room}^{t+\Delta t} = \theta_{out}^{t+\Delta t} - (\theta_{out}^{t+\Delta t} - \theta_{room}^{t})e^{-\frac{\Delta t}{RC}} \tag{4-158}$$

当电热泵开启时，电热泵调节的室内温度为

$$\theta_{room}^{t+\Delta t} = \theta_{out}^{t+\Delta t} + QR - (\theta_{out}^{t+\Delta t} + QR - \theta_{room}^{t})e^{-\frac{\Delta t}{RC}} \tag{4-159}$$

式中：θ_{room} 为电热泵调节的室内温度，℃；R 为等值热电阻，℃/W；Q 为等值热比率，W；θ_{out} 为室外温度，℃；t 为仿真时刻；Δt 为仿真步长。

（2）电动汽车时空分布模型。电动汽车时空分布模型的系统框架如图 4-18 所示，实现流程如图 4-19 所示，该模型可充分计及出行时空的不确定性，一个典型电动汽车出行时间分布如图 4-20 所示。对于所研究规划区域，日常交通出行规律已形成固定的模式。根据交通调查，每一辆电动汽车可分配一个初始位置（功能区定位）。随后可利用源流矩阵来追踪电动汽车在一天内的移动。

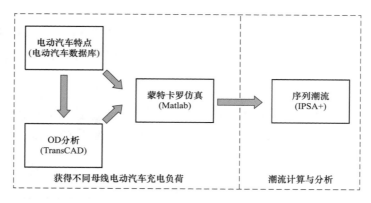

图 4-18　电动汽车时空分布模型系统框架图

图 4-21 给出了时空分布模型所得电动汽车充电负荷（ECL）曲线。图中不同样式的阴影部分表示充电负荷在各功能区域的所占的增长比例。如图 4-21（a）所示，在无控充电控制策略下，大部分电动汽车充电功率增长与基态负荷峰值近似重合，峰值负荷从 17 点转移至 18 点，与基态负荷峰值相比，在 25% 与 50% 渗透率下，峰值负荷分别增加了 36% 和 74%，且大多电动汽车充电负荷集中在居民区，如此大的负荷增长给城市电力系统电压、线路/变压器容量等带来了极大的挑战。如图 4-21（b）所示，在 25% 与 50% 渗透率下，智能充电策略下的负荷峰值分别增加了 23% 与 47%，与无控充电策略相比，有大幅度的下降。大部分电动汽车充电功率被转移到基态负荷曲线的"低谷"区域，不仅提高了电网基础设施的利用率，还节省了对现有电网进行升级改造所需的巨额投资。

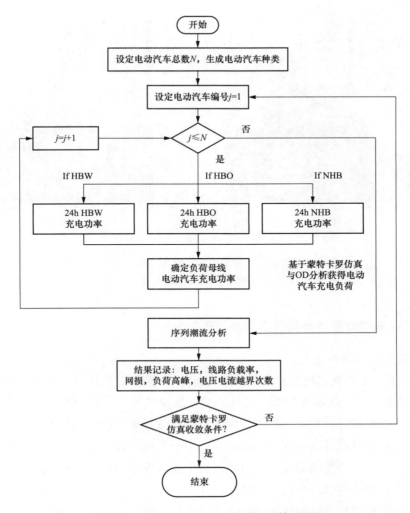

图 4-19　电动汽车时空分布模型整体流程图

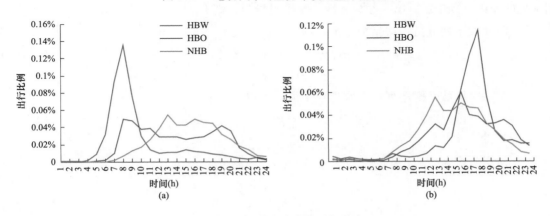

图 4-20　电动汽车出行时间分布

（a）出行开始时间；（b）行程结束时间

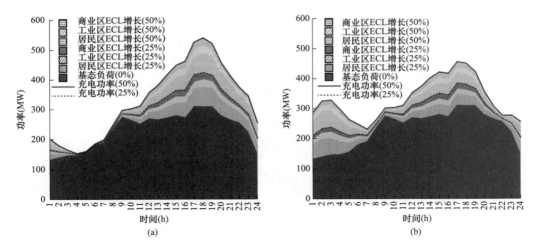

图 4-21　两种充电策略下不同区域充电负荷增长示意图

(a) 无控充电；(b) 智能充电

三、计及分布式电源及负荷响应的负荷预测方法

1. 中长期负荷预测方法

在过去 30 多年里，我国电力负荷的增长年均增长率超过了 10%。电力弹性系数达到了 1 左右。但是随着中国经济从投资型、高耗能型发展模式转变为消费型、低耗能模式，电力弹性系数会进一步降低。针对中国经济发展水平、充分考虑到中国经济处于重要转型期的特点，中长期电力负荷预测具有较大的不确定性，本书采用弹性系数回归法、产业产值用电法及优选组合法。并根据负荷侧响应、分布式可再生能源发展预测及电动汽车发展对前者的预测负荷进行修正，最终得到系统的预测负荷。

（1）二次指数平滑法。设时间序列为 y_1，y_2，…，y_n，取平滑系数为 $\beta(0 \leqslant \beta \leqslant 1)$。采用常见的布朗（Brown）单一参数线性二次平滑指数，则有

1）对元素序列进行一次指数平滑，即

$$y'_t = \beta y_t + (1-\beta) y'_{t-1}, 2 \leqslant t \leqslant n \tag{4-160}$$
$$y'_1 = y_1$$

2）对一次指数平滑序列作二次指数平滑，可得

$$y''_t = \beta y'_t + (1-\beta) y''_{t-1}, 2 \leqslant t \leqslant n \tag{4-161}$$
$$y''_1 = y'_i$$

3）预测公式为

$$y_{n+i} = a_n y_i + b_n i \tag{4-162}$$
$$a_n = 2y'_n - y''_n \tag{4-163}$$
$$b_n = \frac{\beta}{1-\beta}(y'_n - y''_n) \tag{4-164}$$

式中：$i \geqslant 1$，为自 n 以后的时间序列。

（2）GDP 弹性系数法。GDP 弹性系数是全社会用电量对于国内经济指标 GDP 的弹性系数，称为电力弹性系数。电力弹性系数反映一定时期内电力需求与国内经济的增长速度之间的关系。电力弹性系数大于 1，表明电量需求的增长速度高于国内经济的增长速度；反之，则表明全社会用电增长速度低于国内经济的增长速度。一般而言，对于发展中国家，在经济快速发展、工业化时期，电力弹性系数会大于 1，当国内经济发展达到一定水平后，电力弹性系数会变小，一般会低于 1。

设 E_t 分别为 t 年时国内电量，则电量增长速度为

$$\alpha_1 = \frac{E_t - E_{t-1}}{E_{t-1}} \tag{4-165}$$

GDP 增长速度为

$$\gamma_1 = \frac{GDP_t - GDP_{t-1}}{GDP_{t-1}} \tag{4-166}$$

电力弹性系数为

$$\phi_t = \frac{\gamma_t}{\alpha_t} \tag{4-167}$$

当已知历史时段的电力弹性系数 ϕ_1，ϕ_2，$\cdots$，ϕ_n，并已知未来 i 年 GDP 的年增长率为 γ_t（$n \leqslant t \leqslant n+i$），则可首先得到未来 i 年的累计 GDP 增长率，利用式（4-160）～式（4-164）可以计算出第 i 年的预测电量。

（3）GDP 单耗法。单位 GDP 综合电耗反映了单位国内生产总值所消耗的电量，是一个综合的能耗指标。在一定时期内，单位 GDP 综合电耗的变化有一定的规律性。

设单位 GDP 综合电耗为

$$\bar{\omega}_1 = \frac{E_t}{GDP_t} \tag{4-168}$$

当已知历史上各年的单位 GDP 综合电耗 $\bar{\omega}_1$，$\bar{\omega}_2$，$\cdots$，$\bar{\omega}_n$ 时，利用式（4-165）～式（4-168）可以得到未来年份的 GDP 综合电耗。如果未来 i 年的国内生产总值预测值已知，则未来 i 年的全社会用电为

$$E_t = GDP_i \bar{\omega}_i \tag{4-169}$$

（4）优选组合法。优选组合法是对多个预测方法得到的结果根据历史预测精度进行加权处理得到的预测结果。加权权重可以是来自于专家意见，也可以是根据各个的历史预测精度。

设 ξ_1 和 ξ_2 分别是 GDP 弹性系数法和 GDP 单耗法的权重，$E_{\phi,i}$ 为用 GDP 弹性系数法预测的未来 i 年电量，$E_{\omega,i}$ 为用 GDP 单耗法预测的未来 i 年电量，则优选组合法得到的预测电量为

$$E_{\xi,t} = E_{\phi,i}\xi_1 + E_{\bar{\omega},i}\xi_2 \tag{4-170}$$

2. 计及分布式电源及负荷响应的区域负荷预测方法

分布式电源、负荷响应、储能等对基础负荷起到削减作用，而电动汽车充电则会增加基

础负荷。设 P_c 为不考虑负荷响应的基础负荷总量，P_{dsm} 为负荷响应值，P_{ev} 为电动汽车充电负荷，P_{e+} 为储能放电功率，P_{e-} 为储能装置充电功率，P_{wind} 为分布式风电有功功率，P_{pv} 为分布式光伏有功功率，则区域的总负荷为 P_L 为

$$P_L = P_c + P_{ev} + P_{e-} - P_{e+} - P_{wind} - P_{pv} - P_{dsm} \tag{4-171}$$

四、适应负荷侧不确定性因素的电网规划方法

负荷侧不确定性因素对输电网、配电网以及变电站选址定容规划具有很大的影响。电网规划是一个混合整数，非线性复杂优化问题。目前电网规划首先需要对变电站选址定容进行规划，然后在此基础上对电网线路进行规划。变电站选址和线路规划都是多目标混合整数优化问题。变电站位置与容量确定之后，考虑负荷侧不确定性因素的电网规划可以用上文中的规划方法进行计算。

下文提出了一种新型的、考虑不确定因素的变电站规划方法，为考虑不确定性因素的电网规划方法的重要部分。

1. 考虑负荷侧不确定性因素的变电站规划方法

（1）建立变电站规划的最小费用模型。本书所建立的变电站扩建规划的目标函数与约束函数为

$$C_{total} = C_{down-line} + C_{stat} \tag{4-172}$$

式中：C_{total} 为总成本；$C_{down-line}$ 为下级电网成本；C_{stat} 为有关高压变电站成本。这里假设下级电网成本与负荷到给其供电的变电站的距离成比例，并忽略了上级电网的成本。下级电网成本定义为

$$C_{down-line} = \sum_{i=1}^{N_l} \sum_{j=1}^{N_s} g_l(i) X(i,j) D(i,j) S_L(i) \tag{4-173}$$

式中：$g_l(i)$ 是对于负荷 i 单位长度（km）传输单位功率（MVA）的成本；$X(i,j)$ 是决策变量（0，1），代表着负荷 i 是否由变电站 j 供电；$D(i,j)$ 是负荷 i 点和负荷 j 点之间的距离；$S_L(i)$ 是负荷，MVA；N_l 是负荷个数；N_s 是变电站个数。高压变电站成本定义为

$$C_{stat} = C_{stat-fix} + C_{stat-var} \tag{4-174}$$

$$C_{stat-fix} = \sum_{j=1}^{N_{s_s}} g_s^f(j) X_s(j) \tag{4-175}$$

$$C_{stat-var} = \sum_{i=1}^{N_s} \left\{ g_s^v(j) \left[\sum_{i=1}^{N_l} X(i,j) S_L(i) - C_{exis}(j) \right] \right\} \tag{4-176}$$

式中：$C_{stat-fix}$ 和 $C_{stat-var}$ 分别为变电站的固定成本和候选变电站 j 每兆伏安的可变成本；$S_L(i)$ 为负荷，MVA；$g_s^f(j)$ 是单个变电站的固定成本；$g_s^v(j)$ 是单个变电站的可变成本。如果变电站为新建的话，C_{exis} 是 0，已存的容量为 0，相反，如果变电站已经建立的话，就不存在固定成本。

约束条件包括：

1）D 是变电站到供应负荷的最大距离，如果距离过大会使得电压下降到 5％以下，即

$$X(i,j)D(i,j) \leqslant \bar{D}, i = 1,2,\cdots N_l, j = 1,2,\cdots N_s \tag{4-177}$$

2）有关变电站容量的约束，即

$$\sum_{i=1}^{N_l} X(i,j)S_{\mathrm{L}}(i) \leqslant \overline{S_j}, \forall j = 1,\cdots,N_s \tag{4-178}$$

3）每个负荷都有且仅有一个变电站供应，即

$$\sum_{i=1}^{N_s} X(i,j) = 1, \forall j = 1,\cdots,N_l \tag{4-179}$$

4）所有负荷不能只由一个变电站供应，即

$$\sum_{i=1}^{N_l} X(i,j) \leqslant X_s(j)N_l, \forall j = 1,\cdots,N_s \tag{4-180}$$

其中，决策变量 $X(i,j)$ 是有关负荷的；$X_s(j)$ 是有关变电站的；两者都是二进制变量 0 或 1。

（2）负荷不确定性有功功率方法。考虑到电力系统需求侧中的一些不确定性因素，此处采用三角模糊数对负荷量值进行描述，如图 4-22 所示。

模糊负荷的隶属度函数为

$$\mu(t) = \begin{cases} 0, & t < L \\ \dfrac{t-(m-L)}{L}, & L \leqslant t \leqslant m \\ \dfrac{(R+m)-t}{R}, & m \leqslant t \leqslant R \\ 0, & t \geqslant R \end{cases} \tag{4-181}$$

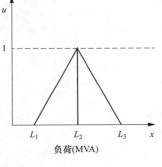

图 4-22　负荷点的三角
模糊负荷模型

式中：m 为负荷点的预测结果值；L 表示结果可能存在的负向偏差；R 表示结果可能存在的正向偏差；模糊负荷的中心值为 $\mu(t)=1.0$ 的 m。隶属度函数越接近 1，负荷值越接近中心值。

本书所采用的模糊负荷预测法步骤为：

1）在已知历史数据的前提条件下，通过将拟合值与实际值之间的绝对差的最小值作为目标函数，然后再通过遗传规划或其他方法得到能反映负荷变化的预测模型。

2）根据预测模型计算得出确定性负荷预测值，显而易见的是，负荷值最有可能集中出现在该负荷预测值的附近，于是将这一点作为模糊负荷预测的中心值。

3）由中心值来确定模糊负荷预测值的上、下边界。如果给定了 n 组历史数据，用遗传规划法或其他方法对这些数据进行拟合，假如所求得的模型表达式 $\hat{y_i}$ 是精确的，则拟合误差服从正态分布，即 $\varepsilon_i \sim N(0, \sigma^2)$，其残差平方和为

$$Q_{\mathrm{e}} = \sum_i (y_i - \hat{y_i})^2 = \sum_i \varepsilon_i^2 \tag{4-182}$$

设 $\upsilon_i = \varepsilon_i/\sigma$，这时 υ_i 服从标准正态分布，即 $\upsilon_i \sim N(0, 1)$，故

$$Q_e = \sigma^2 \sum_i \upsilon_i^2 \qquad (4\text{-}183)$$

于是由概率论的相关定理可知，服从标准正态分布的变量的平方和服从 X 分布，所以

$$\frac{Q_e}{\sigma^2} = \sum_i \upsilon_i^2 \sim X^2(n) \qquad (4\text{-}184)$$

因为 X 分布的期望值为样本数 n，即 $E\left(\dfrac{Q_e}{n}\right)=n$，故得 $\hat{\sigma}=\sqrt{\dfrac{Q_e}{n}}$。

（3）算例分析。现对已知坐标的变电站与负荷节点进行选址规划，变电站信息与负荷点信息见图 4-23。

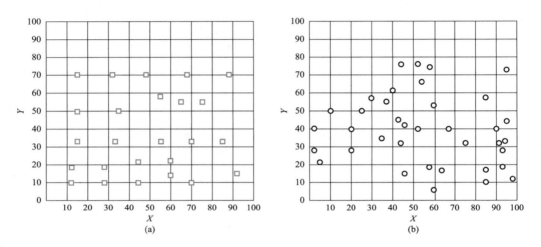

图 4-23　变电站坐标与负荷点坐标

（a）变电站坐标图；（b）负荷点坐标图

【算例 1】 确定性分析，负荷大小为 30MVA，最大距离不超过 50km。选址结果如图 4-24 所示，表 4-6 为成本信息。

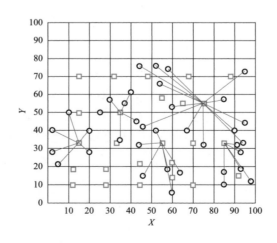

图 4-24　算例 1 选址结果图

表 4-6		算例 1 各级成本与总成本投资		（元）
可变成本	固定成本	下级电网成本	总成本	
$9.75×10^8$	$8.50×10^7$	$5.18×10^7$	$1.11×10^9$	

现考虑负荷的不确定性对已知坐标的变电站与负荷节点进行选址规划，采用三角模糊数来表示各负荷点的模糊特性，根据中、长期负荷预测的误差情况，L、R 分别取预测值的 $±10\%$，负荷数比较时的权重按不同要求进行取值，进行比较分析，要求同负荷确定下的约束条件。

【算例 2】 负荷不确定，模糊处理后为（27，30，33)MVA；目标决策权重值 $w_1=4$，$w_2=2$，$w_3=1$；模糊处理后的负荷大小为 28.71MVA；最大距离不超过 50km。表 4-7 为成本信息，图 4-25 为选址结果。

表 4-7		算例 2 各级成本与总成本投资		（元）
可变成本	固定成本	下级电网成本	总成本	
$8.56×10^8$	$1.19×10^8$	$4.00×10^7$	$1.01×10^9$	

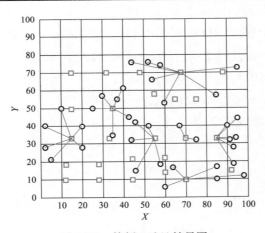

图 4-25　算例 2 选址结果图

【算例 3】 负荷不确定，模糊处理后为（27，30，33)MVA，目标决策权重值 $w_1=1$，$w_2=2$，$w_3=4$；模糊处理后的负荷大小为 31.28MVA；最大距离不超过 50km。

经过计算后，成本信息如表 4-8 所示，选址结果如图 4-26 所示。

表 4-8		算例 3 各级成本与总成本投资		（元）
可变成本	固定成本	下级电网成本	总成本	
$1.09×10^9$	$1.19×10^8$	$5.63×10^7$	$1.27×10^9$	

结论总结：

1）比较算例 1 与算例 2（或算例 3），考虑负荷的不确定性并对其进行模糊处理，所得到的结果中，下级成本和变电站成本均受到影响，一方面是由于负荷大小的改变，另一方面是由于变电站的选址方案发生了变化。

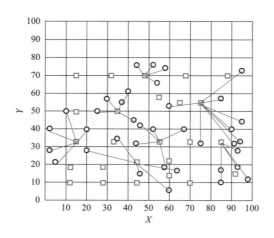

图 4-26　算例 3 选址结果图

2）比较算例 2 与算例 3，权重值选取的不同，最终的规划方案差别较大：算例 2 中决策者倾向于较小的负荷，希望尽可能降低投资成本，算例 3 中决策者倾向于较大的负荷，希望尽可能降低方案投资的风险，保证能在峰值较大的情况下正常工作。

2. 基于维诺（Voronoi）图的变电站选址与定容

变电站规划是一个大规模、非线性、多目标、多约束的组合优化问题。变电站的位置、容量和供电范围将直接决定区域电网的整体布局、网架结构和供电能力。

（1）变电站规划模型的构建。变电站的优化目标由三部分组成：变电站年投资费用、变电站低压侧线路投资费用和变电站低压侧线路网损年费用。

变电站优化站址的目标函数可描述为

$$\min C = Station + Feeder + CQ \tag{4-185}$$

$$\text{s. t.} \begin{cases} \sum\limits_{j \in J_i} P_j \leqslant S_i \gamma_i \cos\varphi, i = 1, 2, \cdots, N & (4\text{-}186) \\[2mm] \forall j \in J_i \quad J_1 \bigcup J_2 \bigcup \cdots \bigcup J_N = J, l_{ik} \leqslant R_i & (4\text{-}187) \\[2mm] Station = \sum\limits_{i=1}^{n} \left[f(S_i) \dfrac{r_0 (1+r_0)^{m_s}}{(1+r_0)^{m_s} - 1} + u(S_i) \right] & (4\text{-}188) \\[4mm] Feeder = \alpha \left[\dfrac{r_0 (1+r_0)^{m_1}}{(1+r_0)^{m_1} - 1} \right] \sum\limits_{i=1}^{N} \sum\limits_{k=1}^{N_i} l_{ik} & (4\text{-}189) \\[4mm] CQ = \beta \sum\limits_{i=1}^{N} \sum\limits_{k \in J_i} P_{ik}^2 l_{ik} & (4\text{-}190) \end{cases}$$

式中：S_i 为第 i 个变电站的容量；γ_i 为第 i 个变电站的负载率；$\cos\varphi$ 为功率因数；N 为已有和新建变电站总数；J_i 为第 i 个变电站所供负荷的集合；J 为全体负荷点的集合；R_i 为第 i 个变电站供电半径的限制；$Station$ 为折算到每年的变电站年投资及运行费用；$Feeder$ 为折算到每年的变电站低压侧馈线的投资费用；CQ 为估算的变电站低压侧线路年网损费用；n 为新建变电站数量；l_{ik} 为第 i 个变电站新增第 k 条馈线的长度。

（2）加权 Voronoi 图的变电站规划策略。基于加权 Voronoi 图的变电站规划策略为，首先根据目标年负荷总量、已有变电站容量以及候选变电站容量类型确定新建变电站的最大个数 $n_{\max}$ 和最小个数 $n_{\min}$，并设立循环变量 $n(n=n_{\max}-n_{\min})$ 利用整数规划的优化技术得到新建站的 n 种容量组合；在确定了新建站的个数及容量组合之后，根据是否含有已有站，分别给出利用常规 Voronoi 图法及综合考虑规划区域地形特点、区域面积和负荷分布情况的坐标几何方法产生新建站初始站址；结合加权 Voronoi 图和交替定位分配算法确定新建站站址及供电范围；最后找出 n 对应的年费用最小的计算结果为最终规划方案。

1）确定初始站址。根据 Voronoi 图的空圆特性、已有站及负荷分布情况产生新建变电站初始站址的方法具体步骤如下。

步骤 1：将已有变电站站址作为控制点 $P=\{P_1,\ P_2,\ \cdots,\ P_K\}$，产生常规 Voronoi 图。

步骤 2：求出结点集 Q 中各结点 q_i 对应的最大空心圆 R_i $\{i=1,\ 2,\ \cdots,\ r\}$。

步骤 3：计算节点 q_i 与节点 q_j 间的距离 d_{ij}。

步骤 4：根据规划目标年负荷分布情况及负荷密度确定阈值常数 ε（ε 为两个新建变电站站间距离的最小允许值）。

步骤 5：若 $d_{ij}<\varepsilon$，则与节点 q_i 与节点 q_j 对应的最大空心圆半径比较，从节点集 Q 中删去较小的最大空心圆半径所对应的节点 q_x。至此，节点集 Q 中保留了所有 $d_{ij}<\varepsilon$ 对应的节点。

步骤 6：对现有节点集 Q 中的各节点对应的最大空心圆半径从大到小排序。

步骤 7：如果新建站个数为 n，则取前 n 个最大空心圆所对应的节点作为新建变电站初始站址。

在没有已有站的情况下，可采用坐标几何方法确定新建站的初始站址，具体方法为：以负荷中心为圆心，以负荷中心到区域边界距离的 1/2 为半径作圆；将这个圆 n 等分，得到的等分点就是 n 个新建变电站的初始站址。

在中心区域可以建设变电站的情况下，可以考虑将圆 $n-1$ 等分，同时在负荷中心处新建变电站，如图 4-27 所示。

●新建变电站

2）确定站址及供电范围。根据已确定的各变电站的额定容量 $e(i)$ 及整个规划区域的平均负荷密度 p_m 计算各变电站的平均供电半径 $r_1(i)$，即

$$r_1(i)=\sqrt{\frac{e(i)\gamma\cos\varphi}{p_m\pi}},i\leqslant n \qquad (4\text{-}191)$$

式中：$\cos\varphi$ 为变电站功率因数；γ 为变电站在满足主变压器 $N-1$ 原则下的最高负载率，在取高负荷率的情况下，两台主变压器的变压器负载率为 0.65；三台主变压器时，变压器负载率取 0.87。以变电站站址为顶点，构造权重为 1 的 Voronoi 图，由此确定各变电站所带负荷，并计算供电半径 $r_2(i)$，$l(i)$ 为供电区半径，即

图 4-27　低负荷密度新建站布点图

$$r_2(i)=\sqrt{\frac{l(i)}{p_m\pi}},i\leqslant n \qquad (4\text{-}192)$$

根据式（4-191）和式（4-192）确定初始权重，即

$$\omega_0(i) = \frac{r_2(i)}{r_1(i)} = \sqrt{\frac{l(i)}{e(i)\gamma\cos\varphi}}, i \leqslant n \tag{4-193}$$

在交替定位的过程中，初始权重无法满足变电站实际负载率要求，经常会有某些变电站负载率过高或过低，反映出各变电站的供电范围并不十分合理，为此需要对权重进行调整，具体方法如下。

步骤1：以变电站站址为顶点，根据各变电站的权重构造加权 Voronoi 图，由此确定各变电站的供电范围，计算各变电站当前的实际负载率（t 为当前迭代次数，i 表示第 i 个变电站）。

步骤2：根据实际负载率的高低进行权重的自适应调节，其调节原则如表4-9所示。

表 4-9 权重自适应调节原则

权重	$\gamma_i^t > a$	$\gamma_i^t < b$
$\gamma_i^{t-1} > a$ $\gamma_i^{t-1} < b$	增大权重	减小权重
ω_i^{t+1}	$\omega_i^t + \Delta$	$\omega_i^t - \Delta$

注　a 和 b 分别为变电站实际负载率的上限值和下限值；Δ 为权重调整量，自适应调整；ω_i^t 为第 i 个变电站第 t 次迭代后的权重。

当实际负载率的变化不满足条件时，权重保持不变。权重增大，对应变电站的供电区域变小，反之，对应的供电区域变大。

步骤3：跳转至步骤1，根据 ω_i^{t+1} 重新确定各变电站的供电范围，直至各变电站所带负荷全部满足负载率要求。

采用 WVD 算法对加权 Voronoi 图的变电站进行选址，设定待规划区域需 N 台变电站，其中已有变电站 N_1 台，新建变电站 N_2 台，基于加权 Voronoi 图变电站选址——WVD 算法如下：

步骤1：建立 N_2 台变电站初始站址。

步骤2：计算各变电站的初始权重 ω_0 $(i)(i=1, 2, \cdots, N)$。

步骤3：获取以各变电站站址为控制点集的最佳供电范围，即：

步骤3.1：根据初始权重，构造以各变电站站址为控制点的加权 Voronoi 图，并计算各变电站的实际负载率，同时设循环变量 $loop=1$。

步骤3.2：根据权重自适应调节原则微调各变电站的权重。

步骤3.3：令 $loop=loop+1$，并判断 $loop$ 是否满足终止条件，若满足条件，跳转至步骤4，否则执行步骤3.4。

步骤3.4：根据微调后的权重，重新构造以各变电站站址为控制点的加权 Voronoi 图，计算各变电站的实际负载率，跳转步骤3.2。

步骤4：以负荷矩最小为准则对新建站站址进行优化，如式（4-194）所示。

$$x_i^{t+1} = \frac{\sum\limits_{j \in J_i} P_j x_j}{\sum\limits_{j \in J_i} P_j}, y_i^{t+1} = \frac{\sum\limits_{j \in J_i} P_j y_j}{\sum\limits_{j \in J_i} P_j} \qquad (4\text{-}194)$$

式中：x_i^{t+1} 和 y_i^{t+1} 是变电站 i 的第 $t+1$ 次迭代后的横纵坐标；x_j 和 y_j 是第 j 个负荷点的横纵坐标；P_j 是第 j 个负荷点的负荷值；J_i 是第 i 个变电站供电区域内的负荷点集合。

步骤 5：计算负荷矩变化率，若各新建站的负荷矩变化率均小于阈值，或迭代次数等于最大迭代次数，则结束迭代；否则返回步骤 2。

五、甘肃电网应用

1. 应用背景

兰州地区电网是西北电网的主要枢纽之一，其电网区域范围东起榆中，西至海石湾，南到甘南，北至天祝，网内刘家峡、盐锅峡、八盘峡、大峡四座电站建成投产。兰州市域内有连城、西固和兰州二热三座火电站，装机容量为 98.4 万 kW。市区范围内以中压配网供电为主，现有 330kV 网架结构相对薄弱。为实现兰州地区经济发展远景目标，满足市区内大型项目的需要，预计未来兰州地区的电力需求将以每年 5% 的速度增长。因此，应加强兰州地区境内水、火电扩容、改造和电网结构建设，增加输配供电能力，保证市区供电安全可靠。

2. 应用描述

为了更好地服务于兰州地区社会经济发展，进一步强化电网建设，依据兰州地区建设规划，应在现有网架的基础上，增设 330kV 变电站，提高地区供电能力，为兰州地区经济发展提供坚强有力的保障。考虑高压线路进线以及地理位置等因素，在变电站规划前确定 8 处待选站址。

3. 应用结果

本规划提出的变电站规划方法根据规划年负荷预测结果以及现有 330kV 变电站数据，从 8 处待选站址中选出 5 处用于 330kV 变电站建设，新建变电站位置及其参数如表 4-10 所示。其中，在兰州地区北部规划了三座 330kV 变电站，分别位于中川、元山和红湾三地。这三座变电站可将太科光伏电站发出的清洁能源引入兰州地区，同时保证该地区工业重负荷的供电；在兰州东南部规划了两座 330kV 变电站，分别位于兰州北和伏龙两地。这两座变电站规划在兰州东南部负荷相对集中的区域，考虑到未来负荷增长后现有变电站难以承载过重的负荷，这两座变电站可以起到降低现有变电站负载率、提高供电可靠性的作用。

表 4-10　　　　　　　　　　　　　新建变电站参数

编号	所在地	规划容量（MW）
1	伏龙	78.5
2	红湾	78.5
3	兰州北	78.5
4	元山	91.5
5	中川	91.5

第五章

考虑不确定性因素的电网规划软件系统

第一节 平台总体架构

一、平台的需求与定位

本书在第二章～第四章的理论与技术研究的基础上，同时调研了中国电力科学研究院有限公司现有软件系统 PSD 以及其他相关商业软件，设计软件系统功能框架与界面要求，设计与中国电力科学研究院有限公司现有软件及数据库共享数据的接口功能，编程实现系统功能与界面，开发了考虑不确定性因素的电网规划软件平台（power system planning platform considering uncertainty，PSPP-U），为电网公司规划部门、电力设计院、高等院校等机构设计，为其制定、研究、分析电力系统规划方案等工作提供所需的数据和技术支持的软件平台。

考虑不确定因素的电网规划综合决策与支持软件系统平台的功能结构图如图 5-1 所示。

考虑不确定因素的电网规划综合决策与支持软件系统是基于国家电网仿真中心和电网仿真计算数据中心开发的，其应用功能包括不确定性因素的评估、规划方法与算法、方案后评估等三大功能模块。电网仿真计算数据中心管理的数据包括：电网计算相关的设备模型参数（发电机、变压器、线路、串补、SVC、直流系统等）、控制系统模型参数、拓扑信息等与计算分析相关的数据，实测报告、铭牌手册、图形数据、设计报告等与数据来源相关的文档资料。

电网仿真计算数据中心包括基础数据管理平台和数据应用平台两个平台。基础数据管理平台用于收集、管理和校核规划、现状和历史电网的设备模型参数、文档资料等基础信息；数据应用平台用于管理运行方式数据、协同调试运行方式和提供电网计算数据，目前数据中心已完成与 BPA 和 PSASP 程序的接口。

考虑不确定因素的电网规划综合决策与支持软件系统充分应用现有功能，如基本设备的维护、信息查询、基本报表、数据检查、用户管理、运行方式安排、计算数据导出、方式信息统计等，保留间歇式能源、储能等所需额外信息的录入和维护的开发接口。

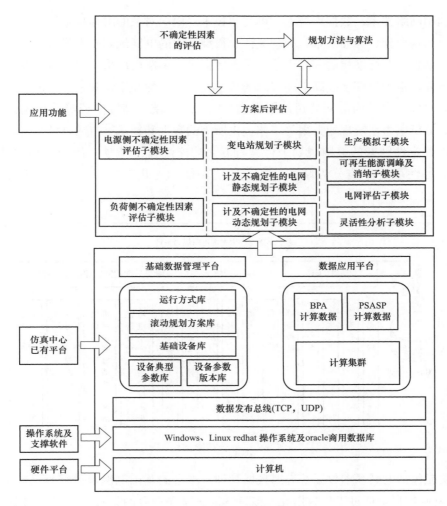

图 5-1　规划平台功能结构图

二、平台总体架构

电网规划的核心工作是考虑各种因素制定可行方案，并在此基础上对规划方案进行各种校验和论证。目前广泛使用的电力系统分析计算软件有电力系统分析综合程序软件包（PSASP）、PSD-BPA、PSS/E 等，但是这些软件都是根据电力系统调度运行部门的使用习惯进行编制的，适用于针对基本确定的网架结构和电源负荷组成的电网进行各种分析。规划部门在进行电网规划的时候具有需要验证的方案多、电网结构变化频繁、除电网安全可靠运行本身还需要考虑各种政治经济因素影响的特点，目前使用的软件在这些方面的支持有待完善，尤其在规划方案的快速搭建、校验、管理以及规划方案的智能综合分析评估等方面还比较落后。规划分析工具的落后导致规划人员工作繁重、不能充分考虑各种因素制定可行方案、规划方案验证过程不透明、规划方案的汇报展示不直观等问题。

本书针对电力系统规划部门工作特点，为电网规划分析提供智能化的高效图形化分析平台。充分利用网络技术、数据库技术、可视化技术、面向对象的编程技术等新兴计算机软件技术，形成结构合理、界面友好、处理灵活、模型全面的电网规划软件平台。将规划人员从目前繁琐、枯燥、非标准化的、易出错的手工数据录入中解放出来，将注意力专注于电网规划方案的研究，很大程度上提高电网规划的科学性、可靠性和工作效率。考虑不确定性因素的电网规划软件平台是为电网公司规划部门、电力设计院、高等院校等机构设计，为其制定、研究、分析电力系统规划方案等工作提供所需的数据和技术支持的软件平台。

考虑不确定性因素的电网规划平台具有五大功能流程、17 项一级功能和 68 项二级功能。按功能特性可进一步分为基本功能、通用功能和专用功能。平台功能构架如图 5-2 所示。

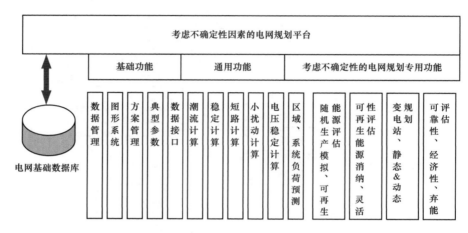

图 5-2　平台功能架构

基础功能包括电网基本数据及规划数据管理，平台的基础电网数据继承已有 PSASP 或 PSD-BPA 基础数据，通过工程数据导入接口，快速建立现有网架数据和典型参数库，供规划设计人员和规划调研人员在其研究中使用。通用功能是电力系统分析的基本功能，为 PSD-BPA 的基本分析功能，包括潮流计算、稳定分析、电压稳定分析、短路电流计算等。这些通用功能可用来对规划方案做进一步深入分析及校核。专用功能是针对间歇式电源并网规划及全过程分析开发的分析功能，是平台的核心功能。

基础功能有：①电力系统规划数据管理；②电力系统规划设计，包括快速便捷的电网搭建方法和自动数据生成；③提供无级缩放、分层显示的图形系统；④提供电力系统规划方案分析、比较功能；⑤提供典型元件库和厂站模版；⑥提供优化规划方法接口。

通用功能方面，平台开发了可与现有常用电力系统分析工具接口，有：①潮流计算分析程序；②短路电流计算分析程序；③小干扰计算分析程序；④电压稳定计算分析程序。

专用功能有：①区域负荷预测；②系统负荷预测；③随机生产模拟；④可再生能源评估；⑤可再生能源消纳评估；⑥系统灵活性评估；⑦变电站选址规划；⑧电网静态规划；⑨电网动态规划；⑩电网规划经济新性评估；⑪电网规划可靠性评估；⑫电网规划弃能评估。

下面对平台专用功能进行介绍。

三、平台总体架构

考虑不确定性因素的电网规划软件平台功能模块包括上述 12 个功能模块。各模块之间的流程逻辑关系可用图 5-3 表示，图中箭头所示方向表示前面模块的输出作为后续模块的输入。

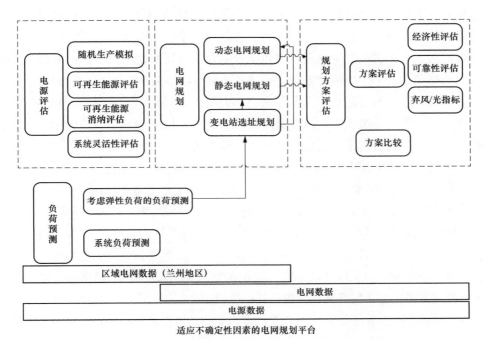

图 5-3　功能模块的流程关系

电源评估包括随机生产模拟、可再生能源评估、可再生能源消纳评估和系统灵活性评估四部分。可再生能源评估是对单个风电场、光伏电站接入系统的评估，包括对系统可靠性的影响，可再生能源场站的有功功率指标和容量置信度等；随机生产模拟是电力系统随机生产模拟是考虑间歇式电源电力系统规划和运行的重要分析工具之一。它的主要功能是对电源规划方案进行可靠性、充裕度、电力电量平衡及经济性等分析，为制订合理的电源规划方案或电力系统生产计划提供依据。如果电源规划太少会降低电力系统的可靠性，而太多会造成投资浪费。在这两种情况下，需要对电源规划进行调整，进一步优化。考虑到间歇式电源的不确定性，开发了间歇式电源有功功率多状态模型以及基于解析法的随机生产模拟方法。多状态模型能够充分描述风电有功功率的随机性，可以反映较长时间尺度下风电替代常规机组发电的特性。随机生产模拟算法是在传统的两状态方法的基础上开发出的含多状态模型的解析法；可再生能源消纳评估考虑可再生能源有功功率的波动性及常规机组的启停技术特性对系统消纳可再生能源能力进行评估；电力系统灵活性在满足系统安全约束的条件下对系统短期灵活性及灵活电源容量进行评估。

负荷预测包括区域负荷预测及系统负荷预测。区域负荷预测主要用于考虑分布式电源、负荷侧响应、电动汽车充放电控制策略等因素的区域负荷预测，为分析分布式电源、电动汽车充放电等对配电网系统的影响以及变电站选址规划提供负荷特性和数据支撑。系统负荷预测采用典型中长期负荷预测方法提供规划水平年的预测负荷，为电网动态及静态规划提供数据基础。

电网规划根据实际工程应用中规划目标和目的不同提供了变电站选址、电网静态规划和电网动态规划三个模块。变电站选址根据规划水平年区域预测负荷和现有变电站的容量及扩容能力规划新的变电站，而且在满足供电可靠性的基础上使变电站及配网投资最小。电网动态规划根据规划水平年的电源规划及预测负荷在满足系统可靠性、安全性的基础上使规划期间的投资及运行费用最小。电网动态规划需考虑电网建设在规划期间的建设时序及投资及运行费用的动态价值。静态规划在不需要考虑规划期间的建设时序及投资的时间价值。考虑到规划的目标及工程人员决策人员的风险喜欢不同，开发了以成本最小、最大传输能力、最小切负荷悲观值、随机机会约束以及以上几种方法组合为规划目标的规划方法。

评估模块包括电网规划经济性、可靠性及弃能评估。可靠性安全性评估与充裕度评估紧密相关。为满足大规模网络可靠性计算的需要，可靠性评估采用了基于环网－辐网解耦、状态筛选以及后果评估的快速评估算法。该算法首先基于电网拓扑结构，将电网分为环网和辐射网，并对网络结构进行简化；其次，从状态筛选角度，对辐射网进行 $N-1$、$N-2$ 快速排序、状态筛选、状态空间分割的可靠性评估；经济性评估综合考虑规划建设成本、新能源发电运行风险成本、清洁能源碳排放收益和可靠性价值，结合资产全寿命周期管理方法实现了对间歇性电源并网与电网规划方案的经济性评估。该模块提供净现值、投资回收期、可靠性成本损失、传输线路网损成本等多个经济性指标，为用户提供多角度的经济性分析结果，对电源及电网规划提供重要的辅助决策支持信息。弃能评估是对规划方案在满足系统安全性和可靠性的要求下由于电网容量约束引起的弃风、弃光指标的计算。由于可再生能源有功功率具有间歇性和可变性，其平均有功功率与装机容量差别很大，在电网规划设计时，不能按照常规电源的规划设计原则来满足可再生能源场站的装机最大出力，以免造成巨大的浪费。本书所提出的静态和动态规划方法中对投资、运行以及弃能的费用进行了综合考虑，使总成本最小。因此，有必要对规划方案的弃能量进行评估比较，为规划决策人员提供有力的支撑。

第二节 平 台 开 发

一、平台开发总体原则

平台开发的总体目的是设计开发面向工程应用的、可以考虑各种不确定性因素的电网规划与决策支持软件平台；要求界面友好、功能全面、灵活方便；软件系统具有与中国电科院现有系统和数据库共享基础数据的能力。

在设计开发考虑不确定性因素的电网规划平台时，需要面对大量的数据内容、种类繁多的数据类型、纷繁复杂的规划算法的诸多难题。因此，在总体设计阶段，确定了如下设计原则：①平台的扩展性、移植性；②功能算法开发与平台其他功能的解耦；③分布式高效率开发；④算法（或代码）的重用性。

平台的扩展性要求平台在框架设计上必须考虑平台具有无缝接纳未来新的功能和计算模块；平台的移植性则指所开发的平台具有在不同环境下运行的能力。

平台开发的规划算法及功能很多，由不同单位和人员开发，因此算法开发必须与平台其他功能的开发进行解耦。

算法或代码如果在不同平台模块中都有应用，所开发的算法或者代码必须能够重复应用，避免重复开发，增强算法的通用性和鲁棒性。

二、平台开发架构

1. 松耦合架构

平台的功能模块繁多，数据流复杂，为了便于软件及维护，且便于将各个独立功能模块方便的嵌入平台，建立了统一的电力系统规划平台并将各研究书作为子模块向平台集成，平台为各模块提供数据，通过平台接口完成模块功能调用，最终将计算结果返回平台进行结果展示。各子模块可以独立完成上述闭环，模块间无深度交叉，而且考虑在研究阶段有利于各模块的分散开发，因此采用解耦化架构设计，有利于多个开发人员和单位独立完成模块，提升协同工作效率。

平台的功能模块繁多，数据流复杂，为了便于软件及维护，且便于将各个独立功能模块方便的嵌入平台，整体结构采用解耦化总体设计，如图5-4所示。平台主界面与用户交互，实现各个功能模块的调用：为模块提供输入数据、执行功能模块、回收执行结果和相关信息、图形化显示相关输入和输出数据。解耦化设计结构，便于各个模块的分散开发，有利于多个开发人员和单位独立完成模块，模块之间没有必然依赖性。

2. 高效的数据管理系统

平台功能模块繁多，数据流复杂，需建立统一、高效的数据管理系统，能够快速生成电网计算数据，动态构建电网拓扑结构。能定制化电网数据的导入和导出格式、基础数据库、规划数据库、典型参数库和厂站模板库、计算结果展现等。平台基础电网数据应继承现有PSASP或PSD-BPA基础数据，能快速构建现有网架和参数库。平台能依据仿真节点数量，动态扩展后台并行计算及分布式计算能力。

3. 先进的图形系统

平台界面设计采用了最新人机软件设计理念，使平台具有操作方便、友好等特点。主界面上的各种操作基于地理接线图完成，支持触摸屏操作。电力系统规划平台对图形方面的要求首先是电网地理接线图和电网信息的展现，其次是厂站单线图及元件信息的展示。平台图形系统应能支持电网全部元件及参数以图形化的方式创建、编辑、维护，并可支持触摸屏操作、多级缩放和分层显示。图形系统可以显示和动态更新标签信息和规划方案对应的网架信息。

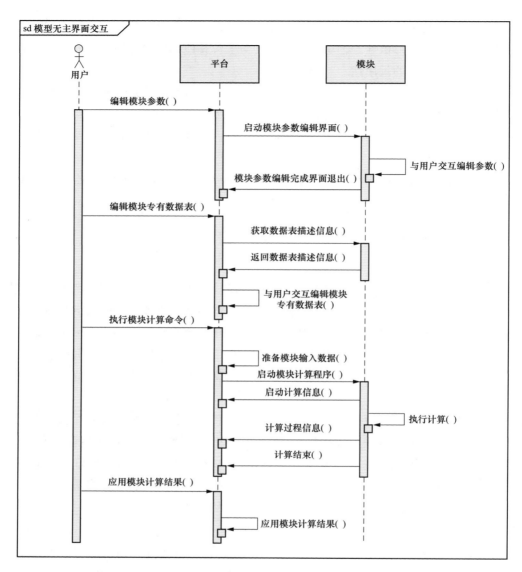

图 5-4　平台解耦设计结构示意图

平台实现数据的导入和导出、基础数据管理、功能模块调用、计算结果分析和展示等功能。不同线路颜色代表不同电压等级。新规划的线路也可以用不同颜色展示以方便规划人员快速掌握规划方案结果。平台支持对某个区域的电网进行放大或者缩小主界面上的各种操作基于地理接线图完成。

4．开放的接口

随着电网发展，电力系统规划新书新方法不断涌现，因此平台必须易于扩展，保持接口开放，方便后续研究成果扩展平台。同时，平台应能与常用电力系统分析工具进行资源共享，如 PSASP、PSD-BPA 等，充分利用现有成果。

电力系统规划仿真平台是为电网公司规划部门、电力设计院、高等院校等机构设计，为其制定、研究、分析电力系统规划方案等工作提供所需的数据和技术支持的软件平台，应用前景广阔。

5. 开发流程

由于采用了算法开发与平台其他功能的解耦，各种未完成的算法模块都可以在平台下分布式开发。具体的，各个算法的研究及开发仅需遵循事先约定的通信协议，就可以共享成熟的算法库和电网信息库，且仅需关注算法开发而无需关注人机界面。进一步地，由于采用了算法任务库的设计，分布式开发完成的新型规划算法都可以经源代码或 EXE 形式非常方便的融入充实电网规划软件，并在项目完成时最终得到一个完整的考虑不确定性因素的电网规划软件。

三、平台功能设计

在需求分析基础上，同时充分考虑仿真平台建设需求，对平台进行功能设计，包括系统整体设计、数据管理、图形系统、接口系统四大模块。

1. 系统整体设计

平台的核心功能包括统一的数据管理、统一的电网图形展示，同时平台应能方便地完成应用模块的集成和管理，需提供统一的接口。数据管理功能包含对基础数据、规划数据、公用参数、典型参数、模板、规划方案等的管理；图形展示功能包括基于地理接线图的规划网架及电网信息展示和基于单线图的厂站及元件信息展示；平台接口包括基础功能接口、通用功能接口和专用功能接口。系统整体设计如图 5-5 所示。

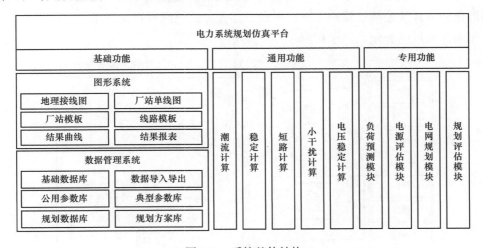

图 5-5　系统整体结构

2. 数据管理功能设计

数据管理功能分为基础数据管理和应用数据管理。基础数据管理负责收集、管理和校核规划、现状和历史电网的设备模型参数、文档资料等，应用数据管理负责运行方式数据和电网规划数据管理，见图 5-6。数据的导入和导出接口是数据管理系统的基础，可以完成对 PSASP 51 标准格式数据和 PSD-BPA 工程数据的转换和共享，快速建立电网数据。规划数据支持从本地文本文件或本地数据库导入。变动不大的数据如公用参数、典型参数可以预先导入本地数据库并通过平台进行管理。平台方案管理功能负责规划方案管理,并保持与图形系统一致。数据管理系统可以方便地生成规划曲线数据和报表,方便结果校核。

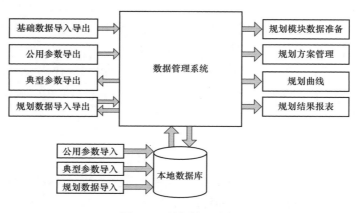

图 5-6　数据管理功能

3. 图形系统设计

图形平台系统包括平台通用图形系统、电网图形系统、电网基本元件库等,见图 5-7。平台通用图形系统完成平台功能的调用,实现平台内部及平台与外部的事件响应;电网图形系统主要基于电力系统地理接线图和电力系统单线图,可以实现电网网架的分级查看和电网信息展示,还可以实现厂站结构编辑和查看。电网基本元件库可用于规划电网设计,允许用户以图形化的方式快速搭建规划电网。平台采用先进的电网可视化技术,支持各种图形特效定制,使用起来灵活方便,易于扩展。

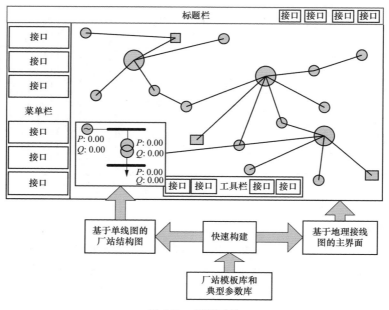

图 5-7　图形系统

4. 接口系统设计

平台基础功能接口完成电网基础数据及规划数据管理，通过数据导入接口，可快速建立现有网架和参数库。平台数据可以保存到实时库文件，平台图形可以保存为 SVG 文件，便于规划阶段性工作的记录。平台通用功能接口完成电力系统仿真通用功能接入，如潮流计算、短路电流计算、稳定分析计算等，通用功能的接入可用于对规划方案做深入分析及校核。平台专用功能通过插件接入，在插件中完成模块接入，这种接入方式功能稳定，升级维护方便，集成方法简单易操作，是本平台的一大特色，如图 5-8 所示。

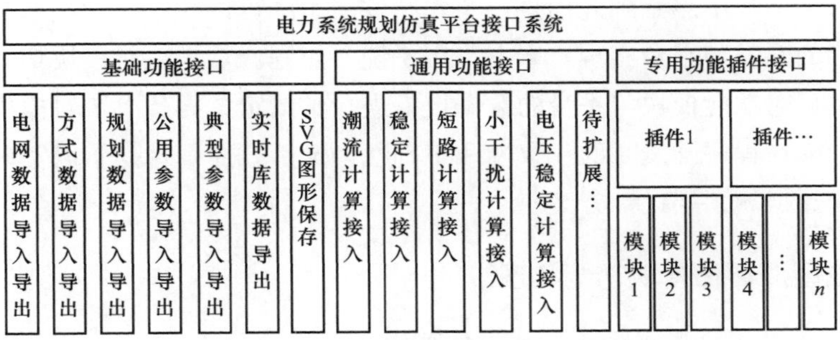

电力系统规划仿真平台接口系统
基础功能接口
通用功能接口
专用功能插件接口
电网数据导入导出
方式数据导入导出
规划数据导入导出
公用参数导入导出
典型参数导入导出
实时库数据导出
SVG图形保存
潮流计算接入
稳定计算接入
短路计算接入
小干扰计算接入
电压稳定计算接入
待扩展…
插件1
插件…
模块1
模块2
模块3
模块4
…
模块n

图 5-8　接口系统

第三节　平台及专用功能实现介绍

一、用户管理与平台主界面的实现

用户管理包括添加、删除用户。用户平台使用权限、登录、密码修改等。图 5-9 为平台用户登录界面，用户需要输入用户名和密码才能登录。

国家电网
STATE GRID
admin
登录
退出
考虑不确定性因素的电网规划平台

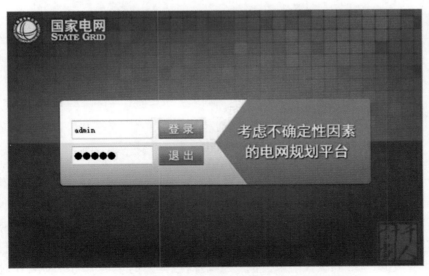

图 5-9　考虑不确定性因素的规划平台用户主界面设计

平台主界面分为 GIS& 工作区、功能区、模块功能操作区、电网数据管理区和工作进度显示区。GIS& 工作区是展示电网地理位置接线图，可以进行图面操作，入增加、删除线路，变电站等。为了便于图面操作和增加展示效果，为 GIS& 工作区留下了尽可能大的空间。其他几个功能区采取了"点击—展开—点击—缩进"的设计。功能区包括数据准备、负荷预测、电源评估、电网规划和规划评估 5 大类。点击一项，则该类的功能展开共用户选择。模块功能区展示所选功能的选项，因此所展示的选项随选择的功能而变化。电网数据管理区提供对电网数据管理的快捷键以及调用通用功能。工作进度展示区目前操作状况以及历史操作动作。如果用户不想看到此信息，工作精度展示区可以缩小，隐藏起来。

对专用功能的开发与平台实现，本书采用了统一流程。首先，对模块功能进行准确的描述与定位，其次，对功能模块与平台的数据接口进行了约定，再其次，对模块功能的数据流进行了描述，保障在程序开发时的一致性和正确性，最后，在平台是予以实现。下面给出部分模块的功能和数据流顶层设计方案。

二、可再生能源评估模块功能实现

图 5-10 为电源侧不确定性因素评估顶层数据设计。

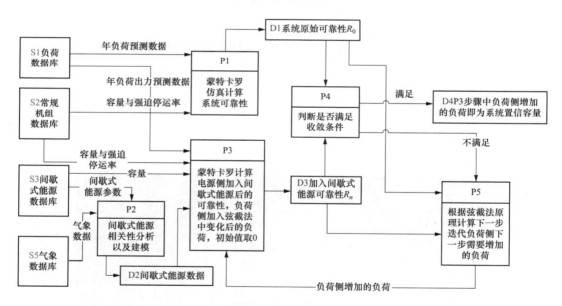

图 5-10　电源侧不确定性因素评估顶层数据流程图

如图 5-10 所示，S1 负荷数据库的年负荷预测数据、S2 常规机组数据库的各机组容量和强迫停运率作为 P1 的输入数据，进行蒙特卡罗仿真计算系统可靠性（P1），存储计算出的系统原始可靠性 R_0（D1）；S3 间歇式能源数据库的间歇式能源参数和 S5 气象数据数据库的气象数据作为 P2 的输入数据，进行间歇式能源相关性分析以及建模（P2），存储分析后的 D2 间歇式能源数据；D2 间歇式能源数据、S1 负荷数据库的年负荷功率预测数据、S2 常规机组数据库的各机组容量和强迫停运率、S3 间歇式能源数据库的间歇式能源容量作为 P3 的输入数据，通过蒙特卡罗仿真计算电源侧加入间歇式能源，负荷侧加入弦截法中变化后的负荷（初始值为 0）系统的可靠性（P3），存储计算出的加入间歇式能源的可靠性 R_n（D3）；D1 系统原始可靠性 R_0、D3 加入间歇式新能源的可靠性 R_n 作为 P4 的输入数据，判断是否满足收敛条件（P4），如果满足，则输出 P3 中负荷侧增加的负荷，即为间歇式能源的置信容量，如果不满足，则根据弦截法原理计算下一步迭代负荷侧需要增加的负荷（P5），将 P5 计算出的负荷侧增加的负荷作为 P3 的一个输入数据，进行 P3 的运算，来获得加入间歇式能源的可靠性 R_n（D3），不断迭代、循环，直至满足 P4 的收敛条件，输出并存储负荷侧增加的负荷，即间歇式能源的置信容量（D3）。

电源侧不确定性因素的评估子模块的输入、输出界面分别如图 5-11 和图 5-12 所示。

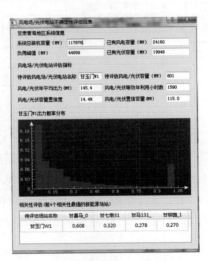

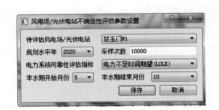

图 5-11 可再生能源评估模块的输入界面　　图 5-12 可再生能源评估模块的输出界面

三、区域负荷预测模块功能

区域负荷预测子模块可根据负荷侧间歇式能源、负荷以及储能等的相关数据，获得不确定性环境下分布式电源、电动汽车、负荷响应等对负荷的影响，从而获得考虑负荷侧不确定性因素的区域预测负荷。

区域负荷预测子模块主要涉及电动汽车、空调等柔性负荷。

1. 电动汽车部分

如图 5-13 所示，S1 负荷数据库的电动汽车的数量、充电功率、响应度等作为 P1 的输入数据，进行蒙特卡罗仿真（电动汽车，P1），存储输出的汽车充电负荷（D1）；D1 汽车充电负荷作为 P2 的输入数据，进行可调整充电负荷计算（P2），存储输出的可调整电动汽车负荷（D2）。

2. 空调等柔性负荷

如图 5-14 所示，S1 负荷数据库的空调的数量、类型、室外温度等作为 P3 的输入数据，进行蒙特卡罗仿真（空调，P3），存储输出的空调等效热阻、热容、热功率、空调功率、温度范围（D3）；D3所有数据、S9用户选择数据库的用户设定温度作为P4的输入数据，进行可调整负荷计算（P4），存储输出的可调整空调负荷（D4）。

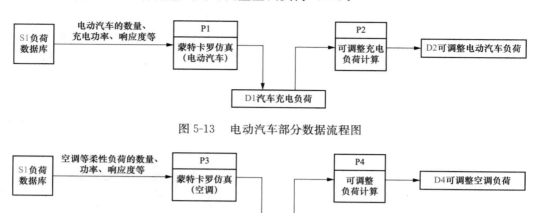

图 5-13　电动汽车部分数据流程图

图 5-14　空调等柔性负荷数据流程图

3. 含分布式电源部分

如图 5-15 所示，S1 间歇式能源数据库的分布式能源的容量、数量、光照、风速数据等作为 P5 的输入数据，进行概率模型计算（P5），存储输出的分布式能源有功功率曲线波动带（D4）；D4 所有数据、S9 用户选择数据库的用户设定温度作为 P4 的输入数据，进行可调整负荷计算（P4），存储输出的可调整空调负荷（D4）。

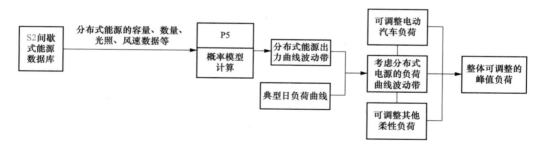

图 5-15　含分布式电源部分数据流程图

4. 平台实现

区域负荷预测的输入、输出界面如图 5-16 和图 5-17 所示。

四、变电站规划模块

变电站规划子模块可根据规划区域负荷空间分布信息，峰值负荷信息，结合变电站及下游电网投资成本数据，对区域变电站的空间布点及容量信息进行合理配置。

变电站规划子模块顶层数据流程图如图 5-18 所示。将 S10 变电站数据库的下一级变电站的最大年负荷值、地理位置和规划变电站的候选电站、现有电站的容量、地理位置等参数作为 P1 的输入数据，构建变电站规划模型（P1），存储输出的变电站规划模型（D1）；将建立的变电站规划模型（D1）作为 P2 的输入数据，进行优化求解（P2），输出运算的规划变电站地理位置（D2）、规划变电站容量（D3）。

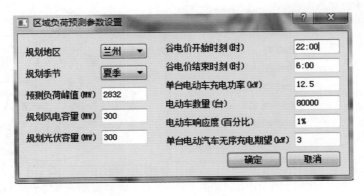

图 5-16　区域负荷预测模块输入界面

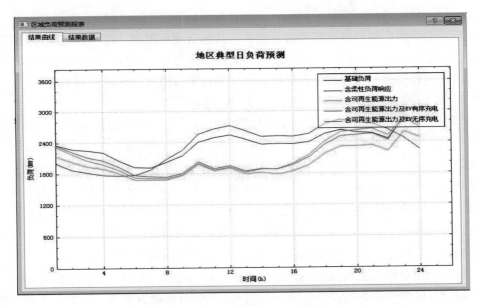

图 5-17　区域负荷预测模块输出界面

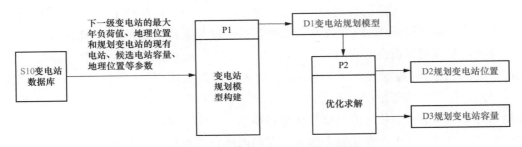

图 5-18　变电站规划子模块顶层数据流程图

负荷变电站规划的输入、输出界面如图 5-19 和图 5-20 所示。

图 5-19　变电站规划子模块的输入界面　　　　图 5-20　变电站规划子模块的输出界面

五、计及不确定性的电网静态规划模块

计及不确定性的电网静态规划子模块建立包括机会约束模型、可用输电能力期望值、最小切负荷悲观值、线路过载概率的电网规划方案评价指标，并根据电网规划方案评价指标建立多目标电网规划模型，得到满足各指标的适应不确定性因素的电网规划方案。

计及不确定性的电网静态子模块顶层数据流程图如图 5-21 所示。

将 S2 常规机组数据库的现有和规划年机组装机容量等、S3 间歇式能源数据库的规划年风电、光伏有功功率数据作为 P1 的输入数据，进行蒙特卡罗模拟（P1），获得常规机组新建节点实际模拟最大功率、间歇式能源节点实际模拟有功功率；常规机组新建节点实际模拟最大有功功率、间歇式能源节点实际模拟有功功率、S2 常规机组数据库的现有电源节点装机容量等、S7 网架数据库的现有、规划年所有网架数据、S1 负荷数据库的现有、规划年所有负荷数据分别作为 P2、P3、P4、P5 的输入数据，分别建立基于机会约束规划的不确定性的电网规划模型（P2）、建立考虑可用传输能力期望值的不确定性的电网规划模型（P3）、建立考虑最小切负荷费用悲观值的不确定性的电网规划模型（P4）、建立考虑网络综合评价指标的不确定性的电网规划模型（P5），分别获得机会约束规划模型、考虑可用传输能力期望值规划模型、考虑最小切负荷费用悲观值规划模型、考虑网络综合评价指标模型；机会约束规划模型、考虑可用传输能力期望值规划模型、考虑最小切负荷费用悲观值规划模型、考虑网络综合评价指标模型作为 P6 的输入数据，进行贪婪随机自适应算法求解（P6），存储获得的三种规划方案（机会约束规划模型，D1）、三种规划方案（考虑可用传输能力期望值规划模型，D2）、三种规划方案（考虑最小切负荷费用悲观值规划模型，D3）、三种规划方案（考虑网络综合评价指标规划模型，D4）；D1 三种规划方案（机会约束规划模型）、D2 三种规划方案（考虑可用传输能力期望值规划模型）、D3 三种规划方案（考虑最小切负荷费用悲观值规划模型）、D4 三种规划方案（考虑网络综合评价指标规划模型）作为 P7 的输入数据，进行五种评估指标计算（P7），存储获得的规划方案及五种评估指标（机会约束规划

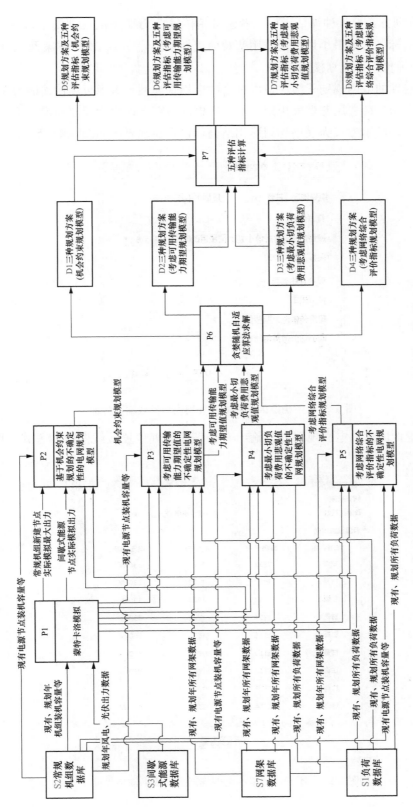

图 5-21 计及不确定性的电网静态子模块顶层数据流程图

模型，D5）、规划方案及五种评估指标（考虑可用传输能力期望值规划模型，D6）、规划方案及五种评估指标（考虑最小切负荷费用悲观值规划模型，D7）、规划方案及五种评估指标（考虑网络综合评价指标规划模型，D8）。

计及不确定性的电网规划子模块输出机会约束规划模型、考虑可用传输能力期望值规划模型、考虑最小切负荷费用悲观值规划模型、考虑网络综合评价指标规划模型下的规划方案及具体评估指标，展示方式为表格与图形相结合，输入显示界面如图 5-22 所示。

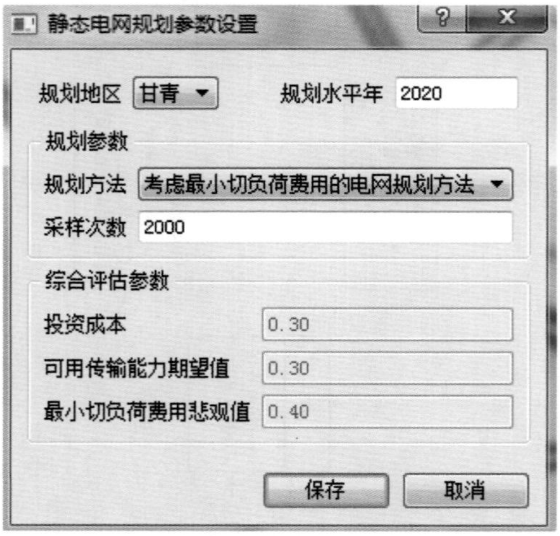

图 5-22　不确定因素的电网规划模块参数输入界面

考虑不确定性因素的电网规划方案输出有报表和地理位置接线图两种方式，图 5-23 为报表方式。

图 5-23　不确定因素的电网规划报表成果输出界面

六、计及不确定性的电网动态规划模块

计及不确定性的电网动态规划子模块包括建立两阶段电网规划随机数学模型，最小化线路建设成本和运行成本，考虑负荷和可再生能源的不确定性；全面考虑电网安全运行的 $N-k$ 校验；计及可再生能源的利用率问题；利用解耦方法，对原复杂问题进行解耦，大幅降低求解难度。最终得到适应不确定性因素的电网动态规划方案。

计及不确定性的电网动态规划子模块顶层数据流程图如图 5-24 所示。

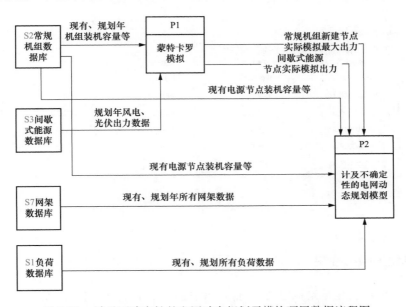

图 5-24　计及不确定性的电网动态规划子模块顶层数据流程图

将 S2 常规机组数据库的现有和规划年机组装机容量等、S3 间歇式能源数据库的规划年风电、光伏有功功率数据作为 P1 的输入数据，进行蒙特卡罗模拟（P1），获得常规机组新建节点实际模拟最大有功功率、间歇式能源节点实际模拟有功功率；常规机组新建节点实际模拟最大有功功率、间歇式能源节点实际模拟有功功率、S2 常规机组数据库的现有电源节点装机容量等、S7 网架数据库的现有和规划年所有网架数据、S1 负荷数据库的现有和规划年所有负荷数据分别作为 P2 的输入数据。

动态电网规划参数设置界面和动态电网规划模块结果报表界面如图 5-25 和图 5-26 所示，如点击保存规划方案按钮则会弹出对话框输入方案名称。

图 5-25　动态电网规划参数设置界面

图 5-26　动态电网规划结果报表界面

七、随机生产模拟模块

生产模拟子模块功能是模拟电力系统生产调度，预测各发电机组的发电量、燃料耗量以及排污量，计算机组利用时间和运行成本，计算电力系统可靠性指标，为制定合理的电源规划方案或电力系统生产计划提供依据，为评估新能源的置信容量等参数提供依据。

生产模拟子模块包含随机生产模拟和日出力计划两部分内容。

1. 随机生产模拟部分（按月做随机生产模拟）

如图 5-27 所示，S2 常规机组数据库的额定容量、有功功率上下限、经济性系数等作为 P1 的输入数据，进行常规机组预处理（P1），存储处理后常规机组数据（D1）；S3 间歇式能源数据库的风电场的额定容量和有功功率曲线作为 P2 的输入数据，进行风电预处理（P2），存储处理后风电多状态模型（D2）；S3 间歇式能源数据库的光伏的额定容量和有功功率曲线作为 P3 的输入数据，进行光伏预处理（P3），获得光伏净负荷数据；S6 其他电源数据库的区域互联系统的线路实际传输容量序列等作为 P4 的输入数据，进行 HVDC 预处理（P4），获得互联的线路净负荷数据；S1 负荷数据库的年负荷预测数据作为 P5 的输入数据，进行负荷预处理（P5），获得处理后的负荷数据；D1 处理后的常规机组数据作为 P6 的输入数据，存储计算出的确定检修机组（D3）；光伏净负荷数据、互联的线路净负荷数据、处理后的负荷数据作为 P7 的输入数据，形成等效持续负荷曲线（P7），存储等效持续负荷曲线（D4）；D1 处理后的常规机组数据、D2 风电多状态模型、D4 等效持续负荷曲线作为 P8 的输入数据，获得每月风险度值、改进的等效持续负荷曲线；每月风险度值、改进的等效持续负荷曲线、D3 确定机组检修作为 P9 的输入数据，进行定检修计划（P9），输出确定的机组检修日期（D5）；D5 确定的机组检修日期作为 P10 的输入数据，进行考虑检修的随机生产模拟（P10），存储输出数据部分的（1）~（4）、（6）项数据以及等效持续负荷曲线（D6）；D6 作为 P11 的输入数据，进行置信容量评估（P11），输出置信容量（D7）。

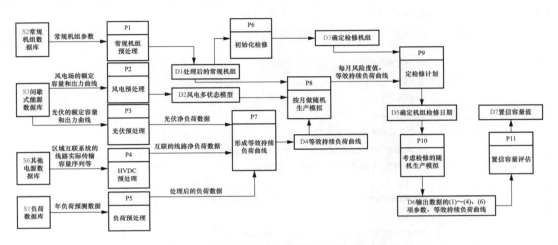

图 5-27 随机生产模拟部分顶层数据流程图

2. 日出力计划部分（按日做随机生产模拟）

如图 5-28 所示，S2 常规机组数据库的额定容量、有功功率上下限、经济性系数等作为 P1 的输入数据，进行常规机组预处理（P1），获得处理后的常规机组数据；S3 间歇式能源数据库的风电场的额定容量和有功功率曲线作为 P2 的输入数据，进行风电预处理（P2），获得风电多状态模型；S3 间歇式能源数据库的光伏的额定容量和有功功率曲线作为 P3 的输入

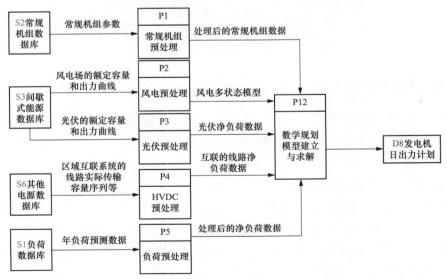

图 5-28 按日做随机生产模拟顶层数据流程图

入数据，进行光伏预处理（P3），获得光伏净负荷数据；S6 其他电源数据库的区域互联系统的线路实际传输容量序列等作为 P4 的输入数据，进行 HVDC 预处理（P4），获得互联的线路净负荷数据；S1 负荷数据库的年负荷预测数据作为 P5 的输入数据，进行负荷预处理（P5），获得处理后的负荷数据；处理后的常规机组数据、风电多状态模型、光伏净负荷数据、互联的线路净负荷数据、处理后的净负荷数据作为 P12 的输入数据，建立数学规划模型并求解（P12），存储输出的发电机日出力计划（D8）。

随机生产模拟模块的输入、输出界面如图 5-29 和图 5-30 所示。

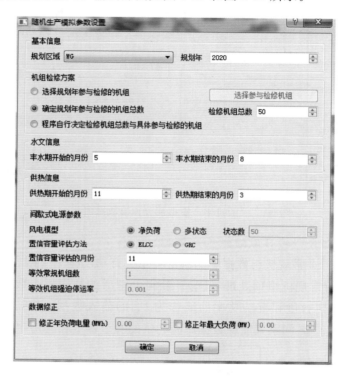

图 5-29　随机生产模拟模块参数输入界面

八、灵活性分析子模块

电力系统灵活性评估子模块根据规划后网架参数以及确定的运行状态，对研究区域的电力系统灵活性情况进行评估，并可根据用户需求实现不同运行状态下的电力系统资源调度以及优化运行方案。

灵活性分析子模块数据流程图如图 5-31 所示。

如图 5-31 所示，S3 间歇式能源数据库的间歇式电源装机容量、S6 其他电源数据库的区域互联系统和储能系统等、S2 常规机组数据库的额定容量和有功功率上下限等、S7 网架数据库的线路、电源和负荷节点数据、S9 用户选择数据的灵活性时间尺度作为 P1 的输入数据，进行灵活性指标运算（P1），存储运算后的固有灵活性值（D1）；S6 其他电源数据库的区域互联系统和储能系统等、S2 常规机组数据库的额定容量和有功功率上下限等、S7 网架数据库的线路、电源和负荷节点数据、S8 经济性数据库的电价数据、S9 用户选择数据的灵活性时间尺度和需求值作为 P2 的输入数据，进行灵活性资源调度运算（P2），存储运算后

图 5-30　随机生产模拟模块参数输出界面

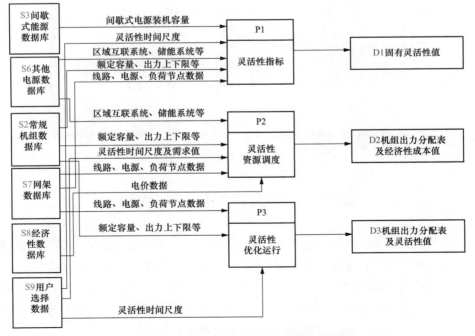

图 5-31　灵活性分析子模块数据流程图

的机组有功功率分配表和经济性成本值（D2）；S2 常规机组数据库的额定容量和有功功率上下限等、S7 网架数据库的线路、电源和负荷节点数据、S9 用户选择数据的灵活性时间尺度作为 P3 的输入数据，进行灵活性优化运行运算（P3），存储运算后的机组有功功率分配表和灵活性值（D3）。D1、D2、D3 为灵活性分析子模块的灵活性指标、灵活性资源调度、灵活性优化运行三个功能的输出。

灵活性分析子模块的输入、输出界面如图 5-32 和图 5-33 所示，展示方式以表格与图形相结合。

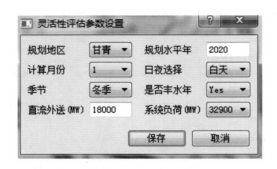

图 5-32　灵活性分析子模块输入界面

图 5-33　灵活性分析子模块输出界面

第四节　平台应用框架与流程

图 5-34 为平台应用框架与应用流程。由于中长期电网规划面临的不确定性因素较多，如 GDP 全国以及区域增长速度，经济增长的不均匀性，电源装机容量，建设地点等，在电网规划中往往使用场景分析方法，每一个场景代表未来规划年可能的现实。代表未来的场景可以是多个的，也可以是一个。场景建设在不在本书研究范围内。在已知的场景中选择一个场景，用本书开发的平台功能进行分析和对未来电网进行规划。

首先，对所选场景进行系统负荷预测，然后根据预测负荷，对电源进行评估分析，以保证电源系统的合理性。电源评估包括随机生产模拟分析、大规模集中式可再生能源评估、可再生能源消纳分析和系统灵活性评估。如果评估的结果是场景的电源规划不合理，则需把结果反馈至场景设置，对场景进行修改、完善。

其次，对特别关心的区域进行负荷预测。区域负荷预测必须考虑分布式电源、电动汽车的渗透率、负荷侧响应等有功功率情况。在此基础上，利用本书开发的负荷变电站规划模块进行对现有变电站的加强以及新变电站的容量及位置规划。规划结果包括新建变电站在规划年的供给负荷。

再次，根据规划人员的规划目的及风险承受能力，选择本书开发的一个或多个规划方法，如随机对偶动态规划方法、考虑最小切负荷悲观值的静态规划方法进行分析，得到一个或多个规划方案。

最后，对所获得的考虑不确定性因素的电网规划方案评估。评估内容包括可靠性、经济性和可再生能源弃能指标。并且，可以对多个规划方案进行比较分析，从中选出以较优的方案。如果规划方案不能满足规划要求，则需要返回到规划阶段改变规划参数或者边界条件，获得新的规划方案。由于规划模块运行时间短，速度快，可以快速得到新的方案。

对所选方案可以利用平台的通用功能进行稳定分析、电压稳定计算、小干扰稳定分析、短路电流分析等。对方案进行进一步校核。如果所选方案不能通过校核，则需要返回至电网规划阶段，重新获得规划方案。

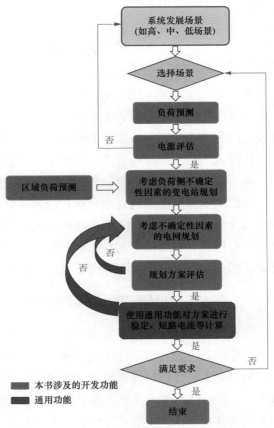

图 5-34　平台应用框架与应用流程

如果所选方案通过了稳定分析、短路电流分析等校核，则可以选择另一个场景重复以上流程进行分析。如果所有的方案分析已经完成，则规划流程结束。

由于本书所开发的规划平台重复考虑实际规划流程与需求，平台设计友好，操作方便，规划算法鲁棒性强，速度快。完成一个完整的规划流程（包括产生三个规划方案）只需要4～5h。这样传统规划需要一周的时间利用本平台一天之内就能够完成，可以极大地提高规划效率，考虑更多的规划方案，从而使规划结果更优。

成 果 总 结 及 展 望

第一节 成 果 总 结

本书通过先理论分析、后技术开发、最后应用验证的研究方法取得了一系列成果，解决了电力系统中不确定性因素带来的分析难和规划难的问题，从规划分析的角度解决了规模化开发风能和太阳能等间歇式能源的随机性、间歇性给电网带来的安全稳定问题。本书研究成果的广泛应用将大幅度提升我国电网接纳间歇式能源的能力。

本书研究成果主要用于电源侧和负荷侧不确定性因素的评估及电力系统灵活性评估等，充分考虑间歇性电源的随机性特点，合理评价间歇式能源开发可获得的经济性、环境保护和社会综合效益，正确评估电网适应间歇式能源接入采取措施的代价，为电网的安全运行分析和决策提供强有力的技术工具。该内容的研究成果的市场用户主要是电力系统规划设计和运行调度部门、高校电气及新能源院系、科研院所等。

一、适应电网规划不确定性因素的分析方法及指标体系

针对间歇式能源置信容量的评估方法的研究，重点考虑了现有研究中相对空白的间歇式能源功率相关性的建模，将考虑不确定因素和相关性的间歇式能源功率模型应用于基于蒙特卡罗模拟的系统置信容量评估中。针对广域区间下不同间歇式能源发电间的相关性，提出了基于 Copula-ARMA 的多元风速、光辐射强度序列模型能够兼顾风电场、光伏电站功率的自相关性和互相关性，克服了传统相关系数分析方法在理论上的一些缺陷，提高了多个间歇式能源联合功率的模拟精度。从电能质量和社会经济效益两个角度进行了深入研究，建立了量化分布式电源接入后对电网产生影响的评估指标体系。采用时序蒙特卡罗模拟法评估含间歇式能源的系统可靠性，评估结果可为含大规模间歇式能源的联合发电系统的规划与发展提供直接可靠的依据。

针对分布式风力发电、分布式光伏发电的特性，分析了分布式发电的综合特性。研究了针对分布式可再生能源的综合评估指标和容量置信度评估方法，从可靠性水平上来衡量新增分布式电源对电力系统充裕度的贡献。

从单台电动汽车充电需求模型和大规模电动汽车充电需求分析两方面研究了电动汽车负荷模型。研究了大规模电动汽车充电对区域负荷的影响及评价指标，对不加以引导或控制、

分时电价以及有序充电策略等三种情景下大规模电动汽车充电行为进行建模分析。研究结果表明：考虑多种充电模式的电动汽车有序充电，可以有效减小研究区域的负荷曲线峰谷差。

本书提出并定义了电力系统灵活性的概念，并从灵活性资源优化调度、系统优化运行方式、电动汽车换电站充放电策略三个方面，对电力系统灵活性进行优化。基于电力系统灵活性，提出针对电力系统灵活性需求的资源优化方法；利用灵活性需求的时间尺度和方向性的特点，总结了电力系统灵活性资源分类依据，形成不同时间尺度和方向下的灵活性资源集合；根据灵活性资源的特点及其分析，确定了灵活性资源响应灵活性需求的成本，在考虑灵活性约束的前提下，建立了灵活性资源优化模型。灵活性资源优化是在灵活性应对系统不确定性的前提下提出，与传统能源优化的紧密联系，是对传统优化过程补充；灵活性资源受到灵活性约束程度较大，且优化结果与灵活性资源本身的特点相关程度较高；遗传算法在该优化问题中能起到较好的效果，但是由于启发式算法自身的局限性，计算速度较慢，结果的精确度有待提高。

二、考虑不确定性因素的电力电量平衡方法

本书提出了大规模间歇式能源参与电力电量平衡方法，从配网的角度分析了分布式能源、配电网、新型负荷之间的电力电量平衡。研究了在我国哈密、酒泉、蒙西、蒙东等风电和火电联合运行，建立了火电利用小时数、风电弃风比例等指标。

在电源侧引入储能装置和在负荷侧引入了可中断高载能负荷，分别建立了以火电机组运行成本最小和火电机组及可中断负荷运行费用最小的优化目标函数，并综合考虑了这些元件的运行特性和约束条件。结果表明储能装置和可中断高载能负荷均可有效地将高峰负荷搬运至低负荷时段进行消化，不仅降低了间歇式能源的弃能量，还减小了系统负荷峰谷差。

从电源结构分析了增加大容量灵活电源可以提高系统消纳间歇式能源的能力；此外加强电网互联，有利于平抑不同地域间歇式能源的出力差异。针对风火打捆、引入储能装置、可中断负荷设备、增加灵活电源、加强电网互联网等方法可以综合提高间歇式能源消纳能力，提出了采用效益成本方法评估所提的综合方案。

在电源侧，针对光伏、风电等可再生能源提出了基于 Markov 的时序建模方法。在混合框架下，通过时序负荷修正或时序负荷卷积对风电，光伏，负荷响应等时序特征显著的资源类型进行生产模拟，采用等效电量函数法计算分析占系统主导地位的火电，核电与水电机组。该方法能够很好地兼顾新能源与传统能源的特性。精细地分析了大规模风电接入后系统可靠性指标，燃料成本，环境成本与动态费用等的变化，研究了风电装机规模对系统动态费用率的影响。

三、适应不确定性因素的电网规划方法

本书综合考虑了间歇式电源接入所带来的各不确定性因素对电网规划的影响，结合变电站选址，分别提出了适应不确定性因素的电网静态规划方法和适应不确定性因素的电网动态规划方法。

将随机对偶理论应用于两阶段混合整数规划问题的原理和求解过程，提出了一种基于随机对偶理论的电网动态规划模型的求解方法；基于系统阻塞分析，提出一种电网规划候选集的选取方法；针对大规模可再生能源接入情形下的系统运行问题，提出了一种基于机会约束规划的系统运行模型及一种新的求解方法；以线路投资费用和期望运行费用为优化目标，将系统甩负荷、弃风弃光和线路功率越限作为机会约束，同时考虑电网 $N-1$ 和同杆双回 $N-2$ 校验，建立不确定性情形下的电网动态规划数学模型。

对电网规划中各项不确定性因素进行了详细的数学建模，包括发电机容量的不确定性、负荷的不确定性、线路故障的不确定性、风电功率不确定性和光伏功率不确定性的概率学模型；基于随机机会约束理论，结合各项适应性指标，建立了相应的电网不确定性规划模型：基于随机机会约束的电网不确定性规划模型、考虑概率传输能力的电网不确定性规划模型、考虑最小切负荷费用悲观值的电网不确定性规划模型和考虑网络综合指标的电网不确定性规划模型。

本书提出一种配电网分布式电源对输电系统功率缺额的补偿模型，进一步给出一种输电系统分层风险计算方法，可有效考虑大电网失电后配电网分布式发电的支撑能力，以及配电网因分布式发电设备接入引起的潮流双向流动问题；提出负荷侧多态能效电厂模型，将分布式电源、储能系统及需求侧负荷的大量不确定性因素在能效电厂的范畴内充分消纳，实现系统的削峰填谷，可有效降低短时间段内系统峰值负荷需求，降低电网规划的经济成本；提出考虑负荷侧不确定性因素的变电站选址与定容方法，在考虑负荷不确定性的基础上，利用加权 Voronoi 图法在空间分割上的优势，以负荷矩最小为目标，进行变电站规划，实现了变电站供电范围内的整体规划。

四、考虑不确定性因素的电网规划软件系统研究

本书在上述理论研究成果基础上，开发了考虑不确定性因素的电网规划平台。该平台为电网规划提供了一体化辅助决策及仿真分析技术手段。除完成平台总体架构和基础数据库的设计开发外，还开发并嵌入随机生产模拟、可再生能源评估、可再生能源消纳评估、系统灵活性评估、区域负荷预测、系统负荷预测、变电站选址、静态规划、动态规划模块、经济性评估、可靠性评估以及弃能评估等 12 个专用功能模块。

第二节　应用前景及展望

应用本书的电力系统随机生产模拟模块，可以通过结合间歇式能源出力信息、机组检修计划，实现电力系统生产过程的模拟。提出准确的运行方式调整方案，实现电力对可能存在的稳定薄弱环节提出应对措施预案。此外应用本书研究的风火打捆模式、储能装置、可中断负荷设备可以有效提高间歇式能源的利用率，可提高接入电网稳定水平和接纳间歇式电源的能力，减少或避免因运行方式安排过于保守导致的弃风、弃光损失，经济效益显著，有效减少了提高系统消纳间歇式能源的能力。

应用本书的电网不确定性规划及动态规划方法，可同时兼顾到间歇式电源功率的特点和电网规划方案的固有特性，从不同规划侧重点获取适应不确定性因素的最佳电网规划方案，既可以避免由输电网过度规划而引起的资源浪费，又可以使电网以合理的代价接纳最优容量的间歇式电源，进而可获得显著的经济效益和社会效益。所建立的适应不确定性因素的电网规划模型及其规划方案评估方法已在甘肃—青海实际电网规划中进行了应用，并可推广到其他省际电网和区域电网的不确定性电网规划中。

我国风能资源和太阳能资源丰富。我国陆地风能资源理论储量在 40 亿 kW 以上，陆上理论技术可开发量为 6 亿～10 亿 kW，太阳能资源理论储量达每年 17000 亿 t 标准煤。我国规划在内蒙古、甘肃、河北、吉林、新疆、江苏等省区建设大型风电基地，西北部地区将建设大规模太阳能发电基地。我国新能源发电资源及负荷分布的特点决定了必须大容量远距离外送，在全国范围内消纳，间歇式电源大规模开发对电力系统的影响范围将扩大至全国范围，国家级电网、区域电网和省级电网均存在本书研究成果的应用需求，因而本书的研究成果具有广阔应用前景。

高比例可再生能源成为未来电力系统可能的蓝图，国内外的相关研究机构分别开展了类似研究，提出了在 2050 年将可能实现的高比例可再生能源发电场景分别达到 100%、80% 和 60%。对我国而言，消纳高比例大规模间歇式能源具有更大的技术挑战，资源与负荷逆向分布导致了以集中式发电为主的现有开发模式，未来会向集中式、分布式并举的新模式过渡，而更广泛的网源荷灵活互动会导致更多刚性负荷向弹性负荷转变，可持续电力系统规划理论是支撑新一代能源系统的基础科学问题和关键技术。

随着我国特高压和智能电网建设的不断深入发展和完善，我国在新能源接纳和并网规划分析方面取得了可喜进步。与欧洲发达国家相比，如丹麦、德国、英国等，我国新能源发电所占的比例相对较低（约为 3%），但是在西北、内蒙古和东北可再生能源资源丰富的地区，可再生能源的渗透率已接近欧洲国家。另外，我国目前消纳可再生能源遇到了较大的困难，消纳手段单一，造成了大量弃风弃光问题。因此，亟须在规划、运行理论与技术方面取得突破，从根本上解决可再生能源消纳问题，为提高我国接纳大规模可再生能源奠定理论基础、开发急需的应用分析软件与工具。目前我国在可持续电力系统规划理论与技术方面在国际上处于并跑阶段。

可持续电力系统规划要综合考虑电力能源优化布局、可再生能源开发与消纳、大规模远距离输送、主动配电网、规模化储能、多类能源综合利用（含微电网）、需求侧管理技术发展和众多不确定因素所带来的安全和风险问题。

可持续电力系统规划需要研究考虑可再生能源及弹性负荷时空不确定性的可再生能源出力和电力需求预测理论与方法；含可再生能源的电源协调规划理论与方法；含可再生能源多目标、多时空尺度、随机不确定性的输电网与配电网协调规划理论与方法；可再生能源接入环境下可持续电力系统规划的综合评价理论与系统平台研发。

参 考 文 献

[1] 曲翀，王秀丽，曾平良，等. 基于条件成本收益分析的长期备用规划与决策 [J]. 中国电机工程学报，2014，34 (31)：5642-5650.

[2] 田书欣，程浩忠，曾平良，等. 大型集群风电接入输电系统规划研究综述 [J]. 中国电机工程学报，2014，34 (10)：1566-1574.

[3] 孙伟卿，王承民，曾平良，等. 基于线性优化的电动汽车换电站最优充放电策略 [J]. 电力系统自动化，2014，38 (01)：21-27.

[4] 肖定垚，王承民，曾平良，等. 电力系统灵活性及其评价综述 [J]. 电网技术，2014，38 (06)：1569-1576.

[5] 葛少云，郭建祎，刘洪，等. 计及需求侧响应及区域风光出力的电动汽车有序充电对电网负荷曲线的影响 [J]. 电网技术，2014，38 (07)：1806-1811.

[6] 代倩，曾平良，周勤勇，等. 多风电场与梯级水电站协调运行对电力系统可靠性的影响 [J]. 电网技术，2015，39 (06)：1679-1684.

[7] 肖定垚，王承民，曾平良，等. 考虑短时灵活性需求及资源调用成本的灵活性资源优化调度 [J]. 华东电力，2014，42 (05)：809-815.

[8] 田书欣，程浩忠，曾平良，等. 基于调频层面的风电弃风分析 [J]. 电工技术学报，2015，30 (07)：18-26.

[9] 肖创英，汪宁渤，陟晶，等. 甘肃酒泉风电出力特性分析 [J]. 电力系统自动化，2010 (17)：64-67.

[10] 牟聿强，王秀丽，别朝红，等. 风电场风速随机性及容量系数分析 [J]. 电力系统保护与控制，2009，37 (1)：65-70.

[11] 兰华，廖志民，赵阳. 基于 ARMA 模型的光伏电站出力预测 [J]. 电测与仪表，2011，48 (2)：31-35.

[12] 郑志伟，邹卫美，裘微江，等. 电力系统规划仿真平台设计与实现 [J]. 电力信息与通信技术，2016，14 (08)：14-21.

[13] 于大洋，韩学山，梁军，等. 基于 NASA 地球观测数据库的区域风电功率波动特性分析 [J]. 电力系统自动化，2011，05：77-81.

[14] 郭创新，张理，张金江，等. 风光互补综合发电系统可靠性分析 [J]. 电力系统保护与控制，2013，8 (1)：102-108.

[15] 赵继超，袁越，傅质馨，等. 基于 Copula 理论的风光互补发电系统可靠性评估 [J]. 电力自动化设备，2013，8 (1)：124-129.

[16] 梁双，胡学浩，张东霞，等. 考虑风速变化特性的风电容量可信度评估方法 [J]. 中国电机工程学报，2013，33 (10)：18-27.

[17] 张宁，康重庆，陈治坪，等. 基于序列运算的风电可信容量计算方法 [J]. 中国电机工程学报，2011，11 (25)：1-9.

[18] 张硕，李庚银，周明. 考虑输电线路故障的风电场容量可信度计算 [J]. 中国电机工程学报，2010，10 (16)：19-25.

[19] 张树京，齐立心. 时间序列分析简明教程 [M]. 北京：清华大学出版社，2003.

[20] Iowa Environmental Mesonet & Iowa State University Departmentof Agronomy. Wind speed data from the network of AWOS sensors [EB/OL]. [2014-04-01]. http://mesonet. agron. iastate. Edu/request/awos/1min. php.

[21] JEON J, TAYLOR J W. Using conditional kernel density estimation for wind power density forecasting [J]. Journal of the American Statistical Association, 2012, 107 (497): 66-79.

[22] 蔡菲，严正，赵静波，等. 基于 Copula 理论的风电场间风速及输出功率相依结构建模 [J]. 电力系统自动化，2013，37 (17)：9-16.

[23] NOLTE I. Modeling a multivariate transaction process [J]. Journal of Financial Econometrics, 2008, 6 (1): 143-170.

[24] 王秀丽，武泽辰，曲翀. 光伏发电系统可靠性分析及其置信容量计算 [J]. 中国电机工程学报，2014，34 (1)：15-21.

[25] 汪海瑛，白晓民，许婧. 考虑风光储协调运行的可靠性评估 [J]. 中国电机工程学报，2012，32 (13)：13-20.

[26] 吕芳，江燕兴，刘莉敏，等. 太阳能发电 [M]. 北京：化学工业出版社，2009，33-35.

[27] 姜会飞，温德永，李楠，等. 利用正弦分段法模拟气温日变化 [J]. 气象与减灾研究，2010，33 (3)：61-65.

[28] Iowa Environmental Mesonet & Iowa State University Department of Agronomy. Hourly data from the legacy ISU AgClimate Network sites [EB/OL]. [2014-04-01]. http://mesonet. agron. iastate. edu/agclimate/hist/hourlyRequest. php.

[29] 郭永基. 电力系统可靠性分析 [M]. 北京：清华大学出版社，2003.

[30] XIE K, BILLINTON R. Considering wind speed correlation of WECS in reliability evaluation using the time-shifting technique [J]. Electric Power Systems Research, 2009, 79 (4): 687-693.

[31] 陈树勇，戴慧珠. 风电场的发电可靠性模型及其应用 [J]. 中国电机工程学报，2000，20 (3)：26-29.

[32] 高英. 计及相关性的光伏电站容量可信度评估 [D]. 重庆：重庆大学，2013.

[33] WANGDEE W, BILLINTON R. Considering load-carrying capability and wind speed correlation of WECS in generation adequacy assessment [J]. Energy Conversion, IEEE Transactions on, 2006, 21 (3): 734-741.

[34] 徐智威，胡泽春，宋永华，等. 充电站内电动汽车有序充电策略 [J]. 电力系统自动化，2012，36 (11)：38-43.

[35] 葛少云，黄镠，刘洪，等. 电动汽车有序充电的峰谷电价时段优化 [J]. 电力系统保护与控制，2012，40 (10)：1-5.

[36] 孙晓明，王玮，苏粟，等. 基于分时电价的电动汽车有序充电控制策略设计 [J]. 电力系统自动化，2013，37 (1)：191-195.

[37] 于大洋，宋曙光，张波，等. 区域电网电动汽车充电与风电协同调度的分析 [J]. 电力系统自动化，2011，35 (14)：24-28.

[38] 王成山，郑海峰，谢莹华，等. 计及分布式发电的配电系统随机潮流计算 [J]. 电力系统自动化，2005，29 (24)：39-44.

[39] 石东源，蔡德福，陈金富，等. 计及输入变量相关性的半不变量法概率潮流计算 [J]. 中国电机工

程学报，2012，32（28）：104-113.

[40] PETERSON S，WHITACRE J F．The economics of using plug-in hybrid electric vehicle battery packs for grid storage [J]．Journal of Power Sources，2010，195（8）：2377-2384.

[41] WANG J，SHAHIDEHPOUR M，LI Z．Security constrainedunit commitment with volatile wind power generation [J]．IEEE Trans on Power Systems，2008，23（3）：1319-1327.

[42] SORTOMME E，HINDI M M，MACPHERSON S D J，et al．Coordinated charging of plug-in hybrid electric vehicles to minimize distribution system losses [J]．IEEE Trans on Smart Grid，2011，2（1）：198-205.

[43] 田立亭，史双龙，贾卓，等．电动汽车充电功率需求的统计学建模方法 [J]．电网技术，2010，34（11）：126-130.

[44] 胡泽春，宋永华，徐智威，等．电动汽车接入电网的影响与利用 [J]．中国电机工程学报，2012，32（4）：1-10.

[45] 赵俊华，文福栓，薛禹胜，等．计及电动汽车和风电出力不确定性的随机经济调度 [J]．电力系统自动化，2010，34（20）：22-29.

[46] BRADLEY T，QUINN C．Analysis of plug-in hybrid electric vehicle utility factors [J]．Journal of Power Sources，2010，195（16）：5399-5408.

[47] QUINN C，ZIMMERLE D，BRADLEY T．The effect of communication architecture on the availability，reliability，and economics of plug-in hybrid electric vehicle-to-grid ancillary services [J]．Journal of Power Sources，2010，195（5）：1500-1509.

[48] 白高平．电动汽车充（放）电站规模化建设与电网适应性研究 [D]．北京：北京交通大学，2011.

[49] 康继光，卫振林，程丹明，等．电动汽车充电模式与充电站建设研究 [J]．电力需求侧管理，2009，11（5）：64-66.

[50] 徐凡，俞国勤，顾临峰．电动汽车充电站布局规划浅析 [J]．华东电力，2009，37（10）：1678-1682.

[51] ANDREW F．Electric vehicles and the electric utility company [J]．Energy Policy．1994，22（2）：555-570.

[52] 董秀金．区域农业环境与蔬菜质量安全风险评价——以浙江省为例 [D]．杭州：浙江大学，2011.

[53] 曹成军，别朝红，王锡凡．蒙特卡洛发全周期抽样研究 [J]．西安交通大学学报，2002，36（4）：344-452.

[54] 陆凌蓉，文福拴，薛禹胜．计及可入网电动汽车的电力系统机组最优组合 [J]．电力系统自动化，2011，35（21）：16-20.

[55] 罗卓伟，胡泽春，宋永华．电动汽车充电负荷计算方法 [J]．电力系统自动化，2011，35（14）：36-42.

[56] 宋永华，阳岳希，胡泽春．电动汽车电池的现状及发展趋势 [J]．电网技术，2011，35（4）：1-7.

[57] 陈加盛，张建华，林建业．以降低电网损耗为目标的电动汽车充电策略．电力系统及其自动化学报，2012，24（3）：139-144.

[58] 王冬容．电力需求侧响应理论与实证研究 [D]．北京：华北电力大学，2010.

[59] 肖涧松，张志强．消费心理学 [M]．北京：电子工业出版社，2010.

[60] 戴冠中，徐乃平．以汇总新的优化搜索算法—遗传算法 [J]．控制理论与应用，1995，12（3）：18-30.

[61] ZHANG Libo, CHENG Haozhong, ZENG Pingliang, et al. A novel point estimate method for proba-bilistic power flow considering correlated nodal power [C] //2014 IEEE Power and Energy Society General Meeting (PESGM2014), Washington DC, July 27-31, 2014: 1-5.

[62] 刘文颖, 文晶, 谢昶, 等. 考虑风电消纳的电力系统源荷协调多目标优化方法 [J]. 中国电机工程学报, 2015, 35 (5): 1079-1088.

[63] 吴宏宇, 管晓宏, 翟桥柱, 等. 水火电联合短期调度的混合整数规划方法 [J]. 中国电机工程学报, 2009, 29 (28): 82-88.

[64] 王彩霞, 乔颖, 鲁宗相, 等. 低碳经济下风火互济系统日前发电计划模式分析 [J]. 电力系统自动化, 2011, 35 (22): 111-117.

[65] 刘德伟, 黄越辉, 王伟胜, 等. 考虑调峰和电网输送约束的省级系统风电消纳能力分析 [J]. 电力系统自动化, 2011, 35 (22): 77-81.

[66] 刘晓, 艾欣, 彭谦. 计及需求响应的含风电场电力系统发电与碳排放权联合优化调度 [J]. 电网技术, 2012, 36 (1): 213-218.

[67] 王蓓蓓, 刘小聪, 李扬. 面向大容量风电接入考虑用户侧互动的系统日前调度和运行模拟研究 [J]. 中国电机工程学报, 2013, 33 (22): 35-44.

[68] 王锡凡. 电力系统优化规划 [M]. 北京: 水利电力出版社, 1990.

[69] 张运洲, 白建华, 辛颂旭. 我国风电开发及消纳相关重大问题研究 [J]. 能源技术经济, 2010, 22 (1): 1-6.

[70] 张宁, 周天睿, 段长刚, 等. 大规模风电场接入对电力系统调峰的影响 [J]. 电网技术, 2010, 34 (1): 152-158.

[71] 娄素华, 卢斯煜, 吴耀武, 等. 低碳电力系统规划与运行优化研究综述 [J]. 电网技术, 2013, 37 (6).

[72] 陈启鑫, 康重庆, 夏清, 等. 电力行业低碳化的关键要素分析及其对电源规划的影响 [J]. 电力系统自动化, 2009, 33 (15), 18-23.

[73] 王建学, 高卫恒, 王锡凡, 等. 考虑环境成本的电源规划 JASP 模型 [J]. 西安交通大学学报, 2008, 42 (8): 1015-1020.

[74] 陈皓勇, 王锡凡. 电源规划 JASP 的改进算法 [J]. 电力系统自动化, 2000, 24 (11): 22-25.

[75] 王锡凡. 电力系统随机生产模拟的等效电量函数法 [J]. 西安交通大学学报, 1984, 18 (6): 13-26.

[76] 王锡凡. 包含多个水电机组的电力系统随机生产模拟 [J]. 西安交通大学学报, 1985, 19 (4): 69-81.

[77] 曲翀, 王秀丽, 谢绍宇, 等. 含风电电力系统随机生产模拟的改进算法 [J]. 西安交通大学学报, 2012, 46 (06): 115-121.

[78] 刘纯, 吕振华, 黄越辉, 等. 长时间尺度风电出力时间序列建模新方法研究 [J]. 电力系统保护与控制, 2013, (1): 7-13.

[79] 胡泽春, 丁华杰, 孔涛. 风电-抽水蓄能联合日运行优化调度模型 [J]. 电力系统自动化, 2012, 36 (2): 36-41.

[80] 张节潭, 程浩忠, 胡泽春, 等. 含风电场的电力系统随机生产模拟 [J]. 中国电机工程学报, 2009, 29 (28): 34-39.

[81] 邹斌, 李冬. 基于有效容量分布的含风电场电力系统随机生产模拟 [J]. 中国电机工程学报, 2012,

32（7）：23-31.

[82] 黄海煜，于文娟. 考虑风电出力概率分布的电力系统可靠性评估 [J]. 电网技术，39（9）：2585-2591.

[83] MAISONNEUVE N，GROSS G. A production simulation tool for systems with integrated wind energy resources [J]. IEEE Transactions on Power Systems，2011，26（4）：2285-2292.

[84] HOLTTINEN H，MILLIGAN M，ELA E，et al. Methodologies to determine operating reserves due to increased wind power [J]. IEEE Transactions on Sustainable Energy，2012，3（4）：713-723.

[85] WANG M Q，GOOI H B. Spinning reserve estimation in microgrids [J]. IEEE Transactions on Power Systems，2011，26（3）：1164-1174.

[86] AHMADI-KHATIR A，BOZORG M，CHERKAOUI R. Probabilistic spinning reserve provision model in multi-control zone power system [J]. IEEE Transactions on Power Systems，2013，28（3）：2819-2829.

[87] 王锡凡. 电力系统规划基础 [M]. 北京：中国电力出版社，1994.

[88] BILLINTON R，KARKI R，GAO Y，et al. Adequacy assessment considerations in wind integrated power systems [J]. Power Systems，IEEE Transactions on，2012，27（4）：2297-2305.

[89] WANGDEE W，BILLINTON R. Probing the intermittent energy resource contributions from generation adequacy and security perspectives [J]. Power Systems，IEEE Transactions on，2012，27（4）：2306-2313.

[90] KARKI R，HU P，BILLINTON R. Reliability evaluation considering windand hydro power coordination [J]. Power Systems，IEEE Transactions on，2010，25（2）：685-693.

[91] WANG X，XIE S，WANG X，et al. Decision-making model based on onditional risks and conditional costs in power system probabilistic planning [J]. IEEE Transactions on Power Systems，2013，28（4）：4080-4088.

[92] TANG A，CHIARA N，TAYLOR J E. Financing renewable energy infrastructure：formation，pricing and impact of carbon revenue bond [J]. Energy Policy，2012（45）：691-703.

[93] 张宁，康重庆，周宇田，等. 风电与常规电源联合外送的受端可信容量研究 [J]. 中国电机工程学报，2012，32（10）：72-79.

[94] 吴雄，王秀丽，李骏，等. 考虑风电外送的省级系统调峰分析模型 [J]. 电网技术，2013，37（6）：1578-1583.

[95] 谭忠富，宋艺航，张会娟，等. 大规模风电与火电联合外送体系及其利润分配模型 [J]. 电力系统自动化，2013，37（23）：63-70.

[96] 华文，徐政. 风电火电打捆送出时的输电容量优化方法 [J]. 电力系统保护与控制，2012，40（8）：121-125.

[97] 谢绍宇，王秀丽，曲翀，等. 分割多目标风险分析框架下不同风速模拟方法对电力系统可靠性评估的影响 [J]. 中国电机工程学报，2013，33（31）：81-89.

[98] 冯长有，梁志峰. 考虑潮流断面约束的电力系统随机生产模拟 [J]. 电网技术，2013，37（2）：493-499.

[99] 汪宁渤，王建东，何世恩. 酒泉风电跨区消纳模式及其外送方案 [J]. 电力系统自动化，2012，35（22）：82-89.

［100］ 田廓，邱柳青，曾鸣. 基于动态碳排放价格的电网规划模型［J］. 中国电机工程学报，2012，32（4）：57-65.

［101］ 赵新刚，冯天天，杨益晟. 可再生能源配额制对我国电源结构的影响机理及效果研究［J］. 电网技术，2014，38（4）：974-979.

［102］ ROY B，HUANG D. Incorporating wind power in generating capacity reliability evaluation using different models［J］. IEEE Transactions on Power Systems，2011，26（4）：2509-2517.

［103］ ROY B，RAJESH K. Application of Monte Carlo simulation to generating system well-being analysis［J］. IEEE Transactions on Power Systems，1999，14（3）：1172-1177.

［104］ ROY B，RAJESH K，GAO Yi，et al. Adequacy assessment considerations in wind integrated power systems［J］. IEEE Transactions on Power Systems，2012，27（4）：2297-2305.

［105］ ANDREW K，MICHAEL M，CHRIS J D，et al. Capacity value of wind power［J］. IEEE Transactions on Power Systems，2011，26（2）：564-572.

［106］ LEOU R C. A multi-year transmission planning under a deregulated market［J］. International Journal of Electrical Power & Energy Systems，2011，33：708-714.

［107］ AKBARI T，RAHIMIKIAN A，KAZEMI A. A multi-stage stochastic transmission expansion planning method［J］. Energy Conversion and Management，2011，52：2844-2853.

［108］ CADINI F，ZIO E，PETRESCU C A. Optimal expansion of an existing electrical power transmission network by multi-objective genetic algorithms［J］. Reliability Engineering & System Safety，2010，95：173-181.

［109］ HOOSHMAND R A，HEMMATI R，PARASTEGARI M. Combination of ac transmission expansion planning and reactive power planning in the restructured power system［J］. Energy Conversion and Management，2012，55：26-35.

［110］ MOEINI-AGHTAIE M，ABBASPOUR A，FOTUHI-FIRUZABAD M. Incorporating large-scale distant wind farms in probabilistic transmission expansion planning 2014：Part i：Theory and algorithm［J］. IEEE Transactions on Power Systems，2012，27：1585-1593.

［111］ AKBARI T，HEIDARIZADEH M，SIAB M A，et al. Towards integrated planning：simultaneous Transmission and substation expansion planning［J］. Electric Power Systems Research，2012，86：131-1129.

［112］ MOTAMEDI A，ZAREIPOUR H，BUYGI M O，et al. A transmission planning framework considering future generation expansions in electricity markets［J］. IEEE Transactions on Power Systems，2010，25：1987-1995.

［113］ LUMBRERAS S，RAMOS A，SANCHEZ P. Automatic selection of candidate investments for transmission expansion planning［J］. International Journal of Electrical Power & Energy Systems，2014，59：130-140.

［114］ SHAPIRO A. Analysis of stochastic dual dynamic programming method［J］. European Journal of Operational Research，2011，209：63-72.

［115］ MOHAMMADI M，SGANI A，ADAMINEJAD H. A new approach of point estimate method for probabilistic load flow［J］. International Journal of Electrical Power & Energy Systems，2013，51（10）：54-60.

[116] FEIJO A E，VILLANUEVAA D，PAZOSA J L，et al．Simulation of correlated wind speeds a review [J]．Renewable and Sustainable Energy Review，2011，15（6）：2826-2832.

[117] BRANO V L，ORIOLI A，CIULLA G，et al．Quality of wind speed fitting distributions for the urban area of Palermo, Italy [J]．Renewable Energy，2011，36（3）：1026-1039.

[118] Qin Z，Li W，Xiong X．Estimating wind speed probability distribution using kernel density method [J]．Electric power systems research，2011，81（12）：2139-2146.

[119] Zou B，Xiao Q．Solving probabilistic optimal power flow problem using quasi Monte Carlo method and ninth-order polynomial normal transformation [J]．IEEE transactions on power systems，2014，29（1）：300-306.

[120] Cai D，Shi D，Chen J．Probabilistic load flow computation using Copula and Latin hypercube sampling [J]．IET Generation，2014，8（9）：1539-1549.

[121] 刘宝碇，彭锦．不确定理论教程 [M]．北京：清华大学出版社，2005.

[122] 柳璐．考虑全寿命周期成本的输电网规划方法研究 [D]．上海：上海交通大学，2012.

[123] 程浩忠，张焰．电力系统规划 [M]．北京：中国电力出版社，2008.

[124] 刘宝碇，赵瑞清，王钢．不确定规划及应用 [M]．北京：清华大学出版社，2003.

[125] 赵书强，李勇，王春丽．基于可信性理论的输电网规划方法 [J]．电工技术学报，2011，26（6）：166-171.

[126] JABR R A．ROBUST Transmission network expansion planning with uncertain renewable generation and loads [J]．IEEE Transactions on Power Systems，2013，28（4）：4558-4567.

[127] BEHNAM A，SHAHAB D，NIMA A．Robust transmission system expansion considering planning uncertainties [J]．IET Generation, Transmission &Distribution，2013，7（11）：1318-1331.

[128] 陈雁，文劲宇，程时杰．电网规划中考虑风电场影响的最小切负荷量研究 [J]．中国电机工程学报，2012，31（34）：20-27.

[129] 陈雁．含大规模风电场电力系统的运行与规划方法研究 [D]．武汉：华中科技大学，2012.

[130] 别朝红，李更丰，王锡凡．含微网的新型配电系统可靠性综述 [J]．电力自动化设备，2011，31（1）：1-6.

[131] 宗炫君，袁越，张新松，等．基于 Well-being 理论的风储混合电站可靠性分析 [J]．电力系统自动化，2013，37（17）：17-22.

[132] 尤毅，刘东，于文鹏，等．主动配电网技术及其发展 [J]．电力系统自动化，2012，36（18）：10-16.

[133] 孙倩，李林川，崔伟，等．考虑风电不确定性的电力系统日运行方式优化 [J]．电力系统及其自动化学报，2013，25（4）：122-127.

[134] 王松岩，于继来．短时风速概率分布的混合威布尔逼近方法 [J]．电力系统自动化，2010，34（6）：89-93.

[135] 周玮，孙辉，顾宏，等．含风电场的电力系统经济调度研究综述 [J]．电力系统保护与控制，2011，39（24）：148-154.

[136] FAN M，VITTAL V，HEYDT G T，et al．Probabilistic power flow studies for transmission systems with photovoltaic generation using cumulants [J]．IEEE Transactions on PowerSystems，2011，27（4）：2251-2261.

[137] 余昆，曹一家，陈星莺．含分布式电源的地区电网动态概率潮流计算 [J]．中国电机工程学报，

2011, 31 (1)：20-25.

[138] 丁明, 吴兴龙, 陆巍. 含多个不对称光伏并网系统的配电网三相随机潮流计算 [J]. 电力系统自动化, 2012, 36 (16)：47-52.

[139] 刘晓娟, 方建安. 综合权重的模糊时间序列的电力负荷预测方法 [J]. 华东电力, 2012, 40 (4)：518-520.

[140] 高付良, 张鹏, 赛雪, 等. 考虑负荷不确定性的变现站选址定容 [J]. 电力系统保护与控制, 2010, 38 (15)：75-80.

[141] 何永秀, 罗涛, 方锐. 基于风险分析的变电站选址优化研究 [J]. 华北电力大学学报, 2011, 38 (3)：53-57.

[142] 国建宝, 李兴源, 李宽. 电力系统 BPA 与 PSS/E 潮流数据转换研究 [J]. 电工电能新技术, 2015, 34 (5)：63-69.

[143] 王绍婷, 伦立军. 基于 BPA 算法的软件测试方法研究 [J]. 智能计算机与应用, 2014 (6)：106-108.

[144] 刘伟. 设计模式的艺术 [M]. 北京：清华大学出版社, 2013.

[145] 徐蔚, 任雷, 徐政. 电力系统潮流图自动生成软件的设计与实现 [J]. 电力系统及其自动化学报, 2008 (4)：46-50.

[146] 苏卫华, 李晓明, 子宏. C/S 模式下面向对象的电力系统绘图软件的开发设计 [J]. 电力科学与工程, 2001 (4)：38-41.

[147] 励刚, 苏寅生, 陈陈. 电力系统软件体系结构和框架设计 [J]. 计算机应用, 2001, 21 (9)：78-80.

索　引